EUL VERLAG

SCHRIFTEN DES INSTITUTS FÜR ENTWICKLUNG ZUKUNFTSFÄHIGER ORGANISATIONEN

Herausgegeben von Prof. Sonja A. Sackmann, Ph. D., Prof. Dr. Stephan Kaiser, Prof. Dr. Hans A. Wüthrich und Prof. Dr. Axel Schaffer, Universität der Bundeswehr München

Band 1
Katharina Schuster
Akzeptanz organisationaler Veränderungen – Eine experimentelle Studie zur Implementierung und Wirkung variabler Vergütung
Lohmar – Köln 2013 ◆ 384 S. ◆ € 65,- (D) ◆ ISBN 978-3-8441-0227-7

Band 2
Nicola B. Klaus
Kreativität bei virtueller Zusammenarbeit – Eine experimentelle Analyse des Einflusses von Virtualität, Vertrautheit und Vergütung auf die kreative Leistung von Individuen in Team-Settings
Lohmar – Köln 2013 ◆ 276 S. ◆ € 58,- (D) ◆ ISBN 978-3-8441-0261-1

JOSEF EUL VERLAG

Kreativität bei virtueller Zusammenarbeit

Eine experimentelle Analyse des Einflusses von Virtualität, Vertrautheit und Vergütung auf die kreative Leistung von Individuen in Team-Settings

Nicola B. Klaus

Vollständiger Abdruck der von der Fakultät für Wirtschafts- und Organisationswissenschaften der Universität der Bundeswehr München zur Erlangung des akademischen Grades eines Doktors rerum politicarum genehmigten Dissertation.

Gutachter/Gutachterin:

1. Prof. Sonja A. Sackmann, Ph.D. (Erste Berichterstatterin)
2. Prof. Dr. Hans A. Wüthrich (Zweiter Berichterstatter)

Die Dissertation wurde am 13. Februar 2013 bei der Universität der Bundeswehr München eingereicht und durch die Fakultät für Wirtschafts- und Organisationswissenschaften am 13. Februar 2013 angenommen. Die mündliche Prüfung fand am 19. Juni 2013 statt.

Schriften des Instituts für Entwicklung zukunftsfähiger Organisationen · Band 2
Herausgegeben von Prof. Sonja A. Sackmann, Ph. D., Prof. Dr. Stephan Kaiser, Prof. Dr. Hans A. Wüthrich und Prof. Dr. Axel Schaffer, Universität der Bundeswehr München

Dr. Nicola B. Klaus

Kreativität bei virtueller Zusammenarbeit

Eine experimentelle Analyse des Einflusses von Virtualität, Vertrautheit und Vergütung auf die kreative Leistung von Individuen in Team-Settings

Mit einem Geleitwort von Prof. Sonja A. Sackmann, Ph. D.,
Universität der Bundeswehr München

EUL VERLAG

Bibliografische Information der Deutschen Nationalbibliothek

Die Deutsche Nationalbibliothek verzeichnet diese Publikation in der Deutschen Nationalbibliografie; detaillierte bibliografische Daten sind im Internet über <http://dnb.d-nb.de> abrufbar.

Dissertation, Universität der Bundeswehr München, 2013

ISBN 978-3-8441-0261-1
1. Auflage Juli 2013

JOSEF EUL VERLAG GmbH
Brandsberg 6
53797 Lohmar
Tel.: 0 22 05 / 90 10 6-6
Fax: 0 22 05 / 90 10 6-88
E-Mail: info@eul-verlag.de
http://www.eul-verlag.de

Bei der Herstellung unserer Bücher möchten wir die Umwelt schonen. Dieses Buch ist daher auf säurefreiem, 100% chlorfrei gebleichtem, alterungsbeständigem Papier nach DIN 6738 gedruckt.

Geleitwort

Mit wachsender Internationalisierung und Globalisierung hat auch das Ausmaß virtueller Zusammenarbeit in Unternehmen maßgeblich zugenommen, da Informations- und Kommunikationstechnologien das Arbeiten rund um die Uhr und um den Globus ermöglichen. Damit hat sich aber auch der Wettbewerb für Unternehmen verschärft und fordert von ihnen und vor allem ihren Mitarbeiterinnen und Mitarbeitern Innovationen zum Erhalt ihrer Überlebensfähigkeit. Am Beginn jeder Innovation steht eine kreative Idee, die in ihrer Umsetzung zu neuen Produkten und Dienstleistungen führt, bestehende verbessert oder dazu beiträgt, Arbeitsprozesse intelligenter zu gestalten. Hier setzt die vorliegende Dissertation von Frau Dr. Klaus an. Die Autorin bedient sich der Untersuchungsform des Experiments, um den Einfluss verschiedener Faktoren, und zwar vor allem Virtualität, Vertrautheit und Vergütung, auf die kreative Leistung von Einzelpersonen im Teamkontext zu bestimmen.

Mit dieser Forschungsarbeit hat Frau Klaus ein hoch relevantes und aktuelles Thema aufgegriffen und auf der Basis des fundiert recherchierten, aktuellen Kenntnisstandes eine Forschungslücke identifiziert, die sie in sehr differenzierter, systematischer und interdisziplinärer Weise bearbeitet. Die Wahl der Forschungsmethode des Experiments ist für die hier untersuchte Fragestellung stimmig und liefert z.T. überraschende Erkenntnisse wie z.B. zur Rolle der Vertrautheit in virtueller Zusammenarbeit. Das konkrete experimentelle Design wurde kreativ entworfen und die Daten fundiert statistisch ausgewertet. Die Ergebnisse werden detailliert beschrieben und in den bestehenden Erkenntnisstand eingeordnet. In der aufschlussreichen weiterführenden Diskussion erarbeitet Frau Klaus wertvolle Implikationen für Forschung und Praxis.

Die in der wissenschaftlichen Arbeit von Frau Klaus gewonnenen Erkenntnisse aus dem Experiment zu Bestimmungsfaktoren von Kreativität bei virtueller Zusammenarbeit stellen einen originären Beitrag und zusätzlichen Erkenntnisgewinn nicht nur für die Forschung, sondern auch für die Praxis dar und akzentuieren die interdisziplinäre, theoretisch fundierte und zugleich anwendungs- und entwicklungsorientierte Ausrichtung dieser Schriftenreihe des Instituts für Entwicklung zukunftsfähiger Organisationen (EZO).

München, im Juni 2013

Prof. Sonja A. Sackmann, Ph.D.

Danksagung

Angemessener Dank gebührt meinen Gutachtern, Frau Prof. Sonja A. *Sackmann*, Ph.D. und Herrn Prof. Dr. Hans A. *Wüthrich*, für ihre rasche und wohlwollende Betrachtung dieser Dissertation. Selbstverständlich danke ich auch den *Teilnehmern* an dem meiner Studie zu Grunde liegenden Experiment; gemeint sind sowohl die selbstlosen Vortester als auch die Probanden, deren kuriose und kreative Beiträge die empirische Arbeit sehr ertrag- und abwechslungsreich machten.

Ganz herzlichen Dank an die *Kreativitätsexperten*, die bereitwillig und schnell diesen bunten Durchsatz beurteilt haben und ohne die eine Auswertung der Daten nicht möglich gewesen wäre!

Vor allem aber nutze ich diese vielleicht einmalige Gelegenheit, um mich öffentlich und ausgiebig bei meinem sozialen Umfeld zu bedanken! Nicht nur für die Unterstützung während meiner Promotionszeit, sondern eigentlich vor allem für den Beitrag zu meinem Leben und meinem allgemeinen Glück. Ich danke also *Mama* für ihre Freude an diesem ganzen Prozess und auf die Doktorin in der Familie, für grenzenloses Verständnis und beflügelnde Beachtung, *Papa* für den fragenden und den verstehenden Brauenhub, das Schaffen erkenntnissuchender Neugier sowie den schon früh verabreichten und oft verzweifelt befolgten Ratschlag "das alles professioneller zu sehen", *Julia* für das intellektuelle Ideal, auf das ich zustreben konnte und für ihre unendliche Hilfsbereitschaft, *Kat* für die Idee, die motivationale Zwischenfinanzierung und so manche Erkenntnis, *Irvoxa* für Humor, ehrliches Interesse und Gastfreundschaft in Haus und Herz, *Manu* für ihr spezifisches Manu-Sein, die korrespondierende mentale Befreiung und für ihre Großzügigkeit was nicht nur Meinungen, Wissen und Geschenke betrifft, *Bianca* für den Erhalt meiner außerakademischen Persönlichkeit und geistigen Gesundheit, *Silvia und Poto* für Erinnerung, Rückhalt und Hoffnungen, meinen *Großeltern* für gute Gene und interessierte Nachfragen, *KaWo* für Freundschaft und willkommene Ablenkung, nicht zuletzt *Flobert* für das Zurechtrücken von Perspektiven, freigiebig zur Verfügung gestellte Expertise und so viel mehr und, zuletzt, *den Katzen*, weil sie alles in etwa gleich ernst nehmen.

Kolbermoor, im Juni 2013

Dr. Nicola B. Klaus

Inhaltsverzeichnis

ABBILDUNGSVERZEICHNIS

TABELLENVERZEICHNIS

Abkürzungsverzeichnis

AB	Aufgabenbedeutung
AI	Aufgabenidentität
AST	*Adaptive Structuration Theory*
AU	Autonomie
AV	abhängige Variable
AW	Anforderungswechsel
BFI	*Big Five Inventory*
bspw.	beispielsweise
CET	*Cognitive Evaluation Theory*
CT	*Contingency Theory*
D.	Distanz
df	*degrees of freedom* (Freiheitsgrade)
ftf	*face-to-face* / persönliche Zusammenarbeit, ohne Unterstützung durch Kommunikationsmedien
ggf.	gegebenenfalls
IPIP	*International Personality Item Pool*
JCM	*Job-Characteristics-Model*
KpP	Kreativitätswert pro Person
KSAO	*knowledge, skill, ability, other*
LpM	Leistungssteigerung pro Minute
M	Mittelwert
m	Meter
MBTI	Myers-Briggs-Typen-Indikator
MPS	*Motivating Potential Score*; Motivationspotenzial
MRT	*Media Richness Theory*
MST	*Media Synchronicity Theory*
NEO	Neurotizismus-Extraversion-Offenheit
NPD	*New Product Development*
o. g.	*oben genannt/e/n*
OLS	*ordinary least squares*

p	Signifikanzwert (von engl. *Probability*)
r	Pearson Korrelationskoeffizient
S.	Seite
SD	Standardabweichung
SDT	*Self-Determination Theory*
SIP	*Social Information Processing (Theory)*
SR	sachliche Rückmeldung
T	Testprüfgröße des T-Test
u. U.	unter Umständen
UV	unabhängige Variable
vgl.	vergleiche
z. B.	zum Beispiel

Symbolverzeichnis

>	größer als
≥	größer gleich
<	kleiner als
≤	kleiner gleich
α	Alpha
β	Beta
Δ	Delta
%	Prozent

I. Kreativität und virtuelle Zusammenarbeit in Organisationen als Kapital für die Zukunft

Bereits 1959 weist Guilford (1959) darauf hin, dass jedes Zeitalter neue kreative Herausforderungen an allen "intellektuellen Fronten [eigene Übersetzung]" (Guilford, 1959, S. 142) birgt, sei es militärisch, wissenschaftlich, kulturell, ökonomisch oder politisch. In Hinblick auf die Erforschung des Weltraums, die 1959 ein aktuelles Thema für den Einsatz kreativer Kräfte war, schreibt er:

> In a world grown small so far as travel and communication are concerned and a world in which the exploding population competes ever more strongly for its resources, adjustments in the political and personal relations areas call increasingly for imaginative solutions (Guilford, 1959, S. 143).

Gleiches gilt heutzutage in verschärfter Form, allein durch die Geschwindigkeit neuer technologischer Entwicklungen, die eine immer schnellere Anpassung an neue Herausforderungen und neue Technologien erforderlich machen und umgekehrt auch immer schnellere, neue kreative Lösungen verlangen, wenn Stakeholder der zunehmend rascher veraltenden Technologien müde werden (Oldham, 2003; Proctor, 2010; Shalley, Zhou & Oldham, 2004). Allerdings spiegelte sich diese zentrale Bedeutung von Kreativität für den Erfolg eines Unternehmens nicht unbedingt immer im Umgang des Managements mit ihr wider, wie Amabile und Khaire (2008, S. 101) schreiben: „Creativity has always been at the heart of business, but until now it hasn't been at the top of the management agenda".

Innovation ist, im Gegensatz zu Kreativität, bereits seit mehreren Jahrzehnten allgegenwärtig in Praxis und Literatur (Amabile, 1988; Sackmann, 2003). Unternehmen müssen heute mehr denn je darauf achten, im internationalen Wettbewerb durch immer neue Produkte und Prozesse zu bestehen. Sich verändernde Rechtslagen, demographische Entwicklungen, und schnell veränderliche Marktbedingungen machen ständige und visionäre Innovation unabdingbar. Die Grundlage aller Innovation bildet die individuelle Kreativität der Individuen im Unternehmen. Organisationale Innovation ist nichts anderes als die erfolgreiche Implementierung kreativer Ideen in einer Organisation (Amabile, 1988; Paulus, 2008). Nur wenige Modelle organisationaler Innovation beziehen jedoch diese Komponente der individuellen Kreativität mit ein, während Definitionen von Innovation den Prozess der kreativen Ideenfindung häufig als Bestandteil der organisationalen Innovation betrachten. Bei Van de Ven (1986) ist Innovation die Entwicklung und Implementierung neuer Ideen, und auch Kanter (1983) oder Müller-Prothmann und Dörr (2009) definieren Innovation als einen Prozess, in dem neue, problemlösende Ideen umgesetzt werden.

Amabile und Müller (2008, S. 34f.) erläutern, dass jemand, der mit neueren Fortschritten auf dem Gebiet der Kreativitätsforschung nicht vertraut ist, Kreativität für wenig relevant halten mag, da sie zum Beispiel ausschließlich für Kunst und in geringerem Maße für Wissenschaft Bedeutung habe, zu unspezifisch definiert, zu flüchtig und zu „weich" sei, und darüber hinaus wenig praktische Relevanz habe, da sie nicht beeinflusst werden könne. Möglicherweise sind auch die Erfolge, die eine Konzentration auf Kreativität und kreativitätsförderliche Maßnahmen bringt, zu wenig unmittelbar, im Vergleich zu Auswirkungen von Maßnahmen, die direkte Umsetzung von Plänen oder Ideen betreffen (Amabile & Khaire, 2008). Während Kreativität bereits seit einigen Jahrzehnten in der Forschung immer wieder thematisiert wird, vollzieht sich jedoch auch in der Wirtschaft derzeit ein Wandel hin zur kreativitätsbezogenen Innovationsförderung auf allen Ebenen. Exekutive Fähigkeiten sind durch immer stärkere globale Vernetzung allgegenwärtig, die Lebenszyklen neuer Angebote werden stetig kürzer. Durch die immer pointiertere Konzentration auf die Kompetenz, die besten und die meisten Ideen zu produzieren, wird Kreativität nun also auch vermehrt in den Fokus des Management gerückt (Binnewies & Wörnlein, 2011; George, 2008).

Wenngleich Kreativität, nicht nur als Basis von Innovation, eine gefragte Eigenschaft in Mitarbeitern, Entrepreneuren und auch Führungskräften in höheren Positionen darstellt (Amabile & Khaire, 2008; Sackmann & Klaus, 2012), ist es bislang nur ansatzweise gelungen, sie systematisch zu analysieren und definitorisch eindeutig zu fassen. Trotz vielversprechender theoretischer Ansätze bleibt die Frage nach dem genauen Verlauf des kreativen Prozesses weiterhin unbeantwortet. Welche Faktoren nehmen Einfluss auf diesen Prozess? Was ist zum Beispiel der Zusammenhang zwischen Kreativität und Persönlichkeit? Wie stark wirken sich situative Variablen aus?

Dem DEKRA Innovationsbarometer 2009 (Dekra, 2010) zufolge sinkt die Innovationsfähigkeit deutscher Unternehmen. Gründe dafür werden unter anderem in der Qualifikation der Mitarbeiter gesucht. 80% der im Barometer befragten Firmen nannten Mangel an qualifiziertem Personal als wichtigsten Grund für wenig Innovation. Die mangelhafte Vermarktung neuer Entwicklungen lag mit 70% an zweiter Stelle, aber auch fehlende Akzeptanz von Veränderungen in Unternehmen (69%) sowie finanzielle Schwierigkeiten (54%) wurden als Hemmnisse für Innovation genannt.

Da Mitarbeiter eine der wichtigsten Innovationsquellen im Unternehmen darstellen, üben sie auch den größten Einfluss auf den Erfolg von Innovationen aus. Neben der Qualifikation, Kreativität und Kommunikationsfähigkeit von Mitarbeitern gibt es auch Unterschiede in der Bereitschaft, innovativ zu handeln. Diese Bereitschaft hängt unter anderem auch vom Arbeitsumfeld ab (Jasper, Rohwedder & Schletz, 2001). Neben dem Können (=Qualifikation) und dem grundsätzlichen Wollen (=Bereitschaft/Motivation; vgl. Kap. 5) ist es also auch die situative Ermöglichung sowie das soziale Dürfen am Arbeitsplatz, die kreatives Verhalten bedingen. Diese vier Eckpfeiler des menschlichen Verhaltens, definiert von Rosenstiel (von Rosenstiel, 2007), lassen sich unter anderem auf Kreativität und, in der Folge, Innovation im Unternehmen anwenden. Die situative Ermöglichung besteht hier im Schaffen von Freiräumen, was es Mitarbeitern ermöglicht, außerhalb der üblichen Routine neue Ideen zu entwickeln und mit deren Verwirklichung zu beginnen. Das soziale Dürfen bezeichnet beispielsweise eine Unternehmenskultur, die Fehler zulässt oder sogar feiert. Sobald eine der vier Komponenten entfällt, kann kein innovatives Verhalten erfolgen.

Das Innovationsbarometer zeigt, dass das Aufbrechen von Routinen sowie zusätzliche Schulungen den Innovationserfolg um bis zu 36% steigen lassen. Dazu gehört auch die Kommunikation über Hierarchie- und Altersgrenzen hinweg. Wo dieser Austausch von Wissen misslingt, werden innovative Ideen um die Hälfte seltener erfolgreich am Markt etabliert (Dekra, 2010). Häufig mag eine Hürde für den erfolgreichen Wissenstransfer in der Art der Kommunikation im Unternehmen liegen.

Durch die stetig fortschreitende Globalisierung kommt kaum ein Unternehmen heutzutage noch ohne Informations- und Kommunikationstechnologien und virtuelle Kommunikation oder Zusammenarbeit aus. Die gewohnten Grenzen, sei es physisch, kulturell, oder organisational, verschwimmen auf den heutigen globalen Märkten, die durch verteilte Unternehmensbereiche und komplexe Lieferketten gekennzeichnet sind. Diese sich rapide wandelnde Geschäftswelt fordert kontinuierliche Innovationen, auch im Bereich der „grenzenlosen" Kommunikation, um den Unternehmenserfolg sicher zu stellen.

Einem von Cisco geförderten Bericht der Economist Intelligence Unit zufolge sind Unternehmen nur dann zukunftsfähig, wenn effektive Zusammenarbeit im Firmenprofil fest verankert ist (Cisco Systems, 2008). Unternehmen sind sich dieser neuen Anforderungen bewusst. In immer mehr Firmen werden virtuelle Arbeitsformen wie virtuelle Teams, verteilte Arbeit und Telearbeit implementiert. 2008 gaben 67% der vom Institute for Corporate Productivity (*i4cp*; Institute for Corporate Productivity, 2008) befragten Unternehmen an, dass sie sich künftig voraussichtlich immer mehr auf virtuelle Teams verlassen werden. In Firmen mit mehr als 10.000 Mitarbeitern waren es sogar 80%. Mit 77% ist die häufigste Verwendungsform für diese Teams die Arbeit an einem Einzelprojekt, wobei jedoch auch über die Hälfte sie im täglichen Geschäft einsetzen.

Virtuelle Zusammenarbeit ist keine völlig neue Form der Arbeit. Eine Umfrage des Stellenportals Monster (Terpitz, 2007) ergab, dass bereits 2007 40% der mehr als 7.000 befragten europäischen Arbeitnehmer überwiegend virtuell miteinander kommunizierten. Der Umfang des Einsatzes virtueller Teams steigt stetig an: Nach einer Untersuchung des Instituts für Mittelstandsforschung haben auch mehrere Tausend mittelständische deutsche Betriebe Tochterfirmen im Ausland oder investieren in ausländische Firmen, so dass auch in diesem Segment virtuelle Teams eine immer größere Rolle spielen (o. V., 2008). Im gleichen Bericht sagt Udo Konradt voraus, dass 2012 30% der Festangestellten virtuell zusammenarbeiten werden. Einer Studie des Beratungsunternehmens ComTeam zu Folge hat sich diese Vorhersage bewahrheitet und es arbeitet heute ein Drittel der 400 befragten Fach- und Führungskräfte aus Deutschland, Österreich und der Schweiz in virtuellen Teams (Govedarica, 2012). Diese Entwicklung ist angesichts steigender Reisekosten und immer stärker global verteilter Arbeitskraft nicht verwunderlich.

Vieles spricht für verteilte Teams, die mit einem hohen Grad an Virtualität zusammenarbeiten. Unabhängig von der geographischen Position können mehrere Experten auf einem Gebiet in einer projektspezifischen Arbeitsgruppe zusammengeführt werden (Wüthrich & Philipp, 1998). Zudem kann in globalen Teams auf Grund verschiedener Zeitzonen rund um die Uhr an einem Projekt gearbeitet werden. Einige weitere Vorteile sind zum Beispiel die Einsparung von Reisekosten auf lange Sicht sowie bessere Dokumentierbarkeit durch den höheren Anteil an schriftlicher Kommunikation (Hertel, Geister & Konradt, 2005; Mannix, Griffith & Neale, 2002). Die virtuelle Zusammenarbeit in Teams, die nicht nur räumliche und zeitliche sondern auch Unternehmensgrenzen überschreiten, birgt für Organisationen eine Reihe weiterer Vorteile, wie zum Beispiel eine Verteilung von Risiken und Investments auf mehrere gleichermaßen verantwortliche System-Partner oder sogar die Sicherung des eigenen Überlebens, wenn sich weltweite und je nach Bedarf austauschbare, vergleichsweise lose Netzwerke von Partnerfirmen bilden (Wüthrich & Philipp, 1998).

Die Forschung auf diesem Gebiet liefert jedoch Hinweise darauf, dass virtuelle Zusammenarbeit Risiken für die effiziente Arbeit und Leistung birgt (z. B. Martins, Gilson & Maynard, 2004; Montoya-Weiss, Massey & Song, 2001). So berichteten 35% der befragten Führungskräfte in der *i4cp*-Studie von Schwierigkeiten bei der Führung virtueller Teams (Institute for Corporate Productivity, 2008). Auch viele Mitarbeiter sehen sich ungewohnten Herausforderungen gegenüber, die in Zusammenhang mit diesen neuen Formen der Arbeit stehen und häufig nicht ohne Einbußen zu bewältigen sind. Daraus ergibt sich eine Notwendigkeit, die Zusammenhänge zwischen virtuellen Arbeitsumgebungen und individueller Leistung systematisch zu erforschen. Die Frage danach, inwiefern Aspekte virtueller Arbeit sich auf die Mitarbeiterperformanz auswirken, ist bis dato in der Forschung zu virtueller Zusammenarbeit unterrepräsentiert (Martins et al., 2004).

Die Frage die sich immer deutlicher stellt ist also, ob die Entwicklungen hin zu immer mehr Innovation und immer mehr virtueller Zusammenarbeit miteinander vereinbar sind. Unter welchen Bedingungen ist virtuelle Zusammenarbeit für die Bearbeitung kreativer Aufgaben geeignet? Amabile und Müller (2008) regen an, in der Forschung ein größeres Augenmerk auf den Einfluss unterschiedlicher Arbeitsumgebungen auf Kreativität zu legen. Verschiedene Forscher weisen zudem darauf hin, dass Mitarbeiterkreativität ein wichtiges Wirtschaftsgut darstellt, wenn es um die Anpassung einer Organisation an sich schnell verändernde wirtschaftliche Rahmenbedingungen geht (Johnson, 2001; de Jonge & de Ruyter, 2004).

1.1 Empirische Untersuchung

Empirische Untersuchungen zum Einfluss virtueller Arbeit auf kreative Ergebnisse sind bislang in der Literatur noch sehr selten zu finden (Martins et al., 2004). Ergebnisse dieser wenigen Untersuchungen sind zudem teilweise widersprüchlich (Gallupe et al., 1992; Valacich, Dennis & Connolly, 1994). Dies kann möglicherweise auf methodische Artefakte zurückgeführt werden, da zur Untersuchung kreativer Leistung in virtuellen Teams meist Brainstorming Aufgaben in Laborstudien herangezogen werden (z. B. Chidambaram & Tung, 2005; Pinsonneault, Barki, Gallupe & Hoppen, 1999; Ziegler, Diehl & Zijlstra, 2000). Zur Beantwortung der Frage, welchen Einfluss die virtuelle Arbeitsumgebung auf die kreative Leistung hat, sind jedoch realitätsnähere Aufgaben sowie gründliche Vergleiche unterschiedlicher Zusammenarbeitsformen notwendig. In der vorliegenden Arbeit wurde daher ein Experiment durchgeführt, um Kausalzusammenhänge zwischen der Arbeitsform (virtuell/*face-to-face*), der Vertrautheit der Teammitglieder untereinander und der Vergütungsform sowie verschiedenen Kontrollvariablen und dem kreativen Ergebnis aufzudecken.

Konkret wird in dieser Arbeit also die Frage untersucht, welches die Determinanten der Bewältigung kreativer Aufgaben bei virtueller Zusammenarbeit sind. Um diese sehr breite Fragestellung in prüfbare Hypothesen aufbrechen zu können, wurden auf Basis der theoretischen und empirischen Literatur zum Thema diejenigen Determinanten identifiziert, die einerseits den größten Einfluss auf die individuelle kreative Leistung ausüben und auf der anderen Seite für Arbeitsorganisationen die höchste Relevanz aufweisen.

Variable Vergütungsformen sind in Europäischen Unternehmen seit einigen Jahren allgegenwärtig. Im Jahre 2005 betrug der fixe Anteil eines Geschäftsführer-Gehalts in der Schweiz durchschnittlich 41%, im Vereinigten Königreich nur 29% und in den USA sogar nur 19% (Piazza, 2006). Auch für Mitarbeiter auf niedrigeren Hierarchieebenen in Unternehmen werden immer häufiger variable Vergütungssysteme eingeführt, so dass es sich hier um eine in der Praxis aktuelle und relevante Thematik handelt. Auch die Forschung widmet sich seit Beginn des 21. Jahrhunderts immer stärker diesem Themenfeld (Rost & Osterloh, 2007).

Angesichts der steigenden globalen Verbreitung virtueller Teams und der zunehmenden Wichtigkeit kreativer Neuerungen stellt sich die Frage, inwieweit sich diese Form der Bezahlung auf die verteilte Zusammenarbeit bei kreativen Aufgaben auswirkt. In mehreren empirischen Studien wurde ein nachteiliger Einfluss variabler Vergütung auf die kreative Leistung gefunden (Amabile, 1998; Amabile, Hennessey & Grossman, 1986). Da bei virtueller Zusammenarbeit die Vergütung als extrinsischer Motivator eine potenziell geringere Rolle spielt als bei anderen Zusammenarbeitsformen, weil sie gegenüber der intrinsischen Motivation der Mitarbeiter an Bedeutung verliert (Amabile, 1988; Amabile & Mueller, 2008), ist es interessant, den Einfluss auf die in unterschiedlicher Form zusammenarbeitenden Gruppen zu betrachten. Zudem stellt variable Vergütung einen Einflussfaktor dar, der vom Arbeitgeber beeinflussbar ist.

Vertrauen wird häufig als einer der wichtigsten Faktoren für erfolgreiche virtuelle Zusammenarbeit genannt. In der vorliegenden Studie wird, auf Basis verschiedener Forschungsergebnisse (z. B. Thatcher und Greer, 2008), argumentiert, dass bereits ein geringes Maß an Informationen über das virtuelle Gegenüber koordinativ und kommunikativ erleichternd wirken kann. Der *Media Synchronicity Theory* (Dennis & Valacich, 1999) und *Social Information Processing Theory* (Walther, 1992) zufolge, sinken das Bedürfnis nach hoch synchronen Kommunikationsmedien[1] sowie die mit virtueller Kommunikation verbundene Unsicherheit mit steigender Vertrautheit mit den Teammitgliedern. Es wird auf Basis einschlägiger Literatur erwartet, dass sich diese Vertrautheit mit den Teammitgliedern ebenfalls positiv auf die kreative Leistung bei virtueller Zusammenarbeit auswirkt (vgl. z. B. DeRosa, Hantula, Kock & D'Arcy, 2004; Mockaitis, Rose & Zettinig, 2009; Zülch, Barrantes & Steinheuser, 2006). Auch der Grad der Vertrautheit der Teammitglieder untereinander kann, durch entsprechende Gestaltung der Zusammenarbeit, vom Arbeitgeber beeinflusst werden, womit Wissen über Zusammenhänge zwischen Vertrautheit und kreativer Leistung für Organisationen Relevanz besitzt.

Des Weiteren werden solche Faktoren betrachtet, die sich für Kreativität oder virtuelle Zusammenarbeit in der Literatur als bedeutsam herausgestellt haben. Als besonders relevant erweist sich in vielen Untersuchungen die intrinsische Motivation. Diese wiederum wird von der wahrgenommenen Autonomie bei der Aufgabenbearbeitung sowie der Wahrnehmung der eigenen Kompetenz stark beeinflusst, weshalb auch diese Aspekte hier Beachtung finden. Darüber hinaus werden auch Persönlichkeitsmerkmale, die häufig in einen Zusammenhang mit Kreativität und virtueller Zusammenarbeit gebracht worden sind, betrachtet. Weiterhin ist es für den Vergleich zwischen *face-to-face* (*ftf*) und virtuellen Settings notwendig, die wahrgenommenen Merkmale dieser unterschiedlichen Arbeitsumgebungen zu untersuchen.

Das für die vorliegende Studie durchgeführte Experiment zielt darauf ab, neben weiteren Determinanten die Einflüsse virtueller Arbeit, Vertrautheit und variabler Vergütung auf die kreative Leistung in einer verbal kreativen Aufgabe zu beleuchten. 120 Probanden wurden im experimentellen Setting jeweils zufällig unterschiedlichen Versuchsbedingungen zugeteilt: virtuelle vs. *face-to-face* (*ftf*) Zusammenarbeit, fixe vs. variable Vergütung, sowie in der virtuellen Bedingung mit vs. ohne ein kurzes miteinander Vertrautmachen. Die Kreativität der jeweiligen Arbeitsergebnisse wurde von mehreren Experten auf einer Skala von 1-10 hinsichtlich mehrerer kreativitäts-

[1] Synchrone Kommunikationsmittel ermöglichen eine umgehende Reaktion des Kommunikationspartners, „in Echtzeit", was gegenüber asynchronen Kommunikationsmitteln (wie z. B. Email), wo unklar bleibt, wann eine Antwort kommt und weshalb sie ggf. verzögert ist, z. B. Unsicherheit reduziert.

relevanter Dimensionen bewertet, um eine quantitative Hypothesentestung zu ermöglichen.

Hypothesen, die mittels dieses Experiments getestet werden sollten, umfassen Einflussfaktoren auf die kreative Leistung sowie diesbezügliche Unterschiede in *ftf* und virtuell zusammenarbeitenden Teams. Weiterhin wird die hervorstechende Rolle intrinsischer Motivation für den kreativen Output thematisiert und versucht zu ermitteln, ob diese in virtuellen und *ftf*-Settings unterschiedlich starken Einfluss nimmt.

Im Verlauf des Experiments füllten die Probanden drei Fragebögen aus und absolvierten zwei (virtuelle: drei) fünf- bis zehnminütige Aufgaben, die verbale Kreativität erforderten: Es sollten möglichst viele und möglichst kreative und angemessene gereimte Grußkartentexte produziert werden. Während der Studie wurden die Probanden gebeten, sich in die Vorstellung hineinzuversetzen, dass sie Angestellte einer fiktionalen Grußkartenfirma seien.

Das Experiment wurde originär entwickelt und durchgeführt, um die in dieser Studie aufgeworfenen Forschungsfragen zu beantworten. Zudem wurden weitere Aspekte erhoben, die als Grundlage der Studie von Schuster (2013) dienten. Es wird im Verlauf dieser Arbeit jeweils an geeigneter Stelle auf die verwandte Studie verwiesen, alle Fragen, die sich mit den genannten Einflussfaktoren auf die kreative Leistung in virtuellen und *face-to-face*-Settings beziehen, sind jedoch als losgelöst von der Studie von Schuster zu betrachten.

1.2 Aufbau der Arbeit

Der Hauptteil der vorliegenden Arbeit ist in drei Abschnitte unterteilt: Theoretische Grundlagen und Stand der Forschung (Teil II, Kap. 2 bis 7) mit anschließender Ableitung von Fragestellung und Hypothesen (Teil III, Kap. 8), Methodologie (Teil III, Kap. 9) sowie Ergebnisdarstellung (Teil IV, Kap. 10) und –interpretation (Teil V). Die einzelnen Bestandteile werden in diesem Kapitel kurz erläutert und ihr Zusammenhang dargestellt.

In Teil II werden theoretische Grundlagen und Stand der Forschung auf den für diese Arbeit relevanten Gebieten aufgearbeitet. Die Kapitel 2 und 3 behandeln theoretische und empirische Grundlagen der beiden zentralen Themen dieser Untersuchung, Kreativität und virtuelle Zusammenarbeit. Es wird jeweils eine ausführliche Begriffsbestimmung vorgenommen, bevor die wesentlichen Aspekte der beiden Forschungsgebiete in einzelnen Unterkapiteln abgehandelt werden. Da diese zentralen Konzepte in unterschiedlichen Forschungsrichtungen und Betrachtungsebenen verankert sind, sind die Kapitel nicht parallel aufgebaut. Während im Rahmen der Ausführungen zur Kreativität beispielsweise auf Korrelate in der Person eingegangen werden muss (Kap. 2.2), da es sich um ein personales Konstrukt handelt, werden im Kontext der virtuellen Arbeit vor allem organisationale Themen fokussiert.

Kapitel 4 behandelt kurz den Themenkomplex der variablen Vergütung, die einen der hier untersuchten Einflussfaktoren auf die kreative Leistung bei virtueller Zusammenarbeit konstituiert. In Kapitel 5 werden unterschiedliche Motivationstheorien erörtert, wobei der Schwerpunkt auf der intrinsischen Motivation (Kap. 5.2) liegt, die in dieser Untersuchung einen weiteren wesentlichen Einflussfaktor darstellt. Kapitel 6 schließlich beschäftigt sich in gebotener Ausführlichkeit mit dem Konzept der Persönlichkeit, da diese ebenfalls einen Einflussfaktor auf die kreative Leistung bei virtueller Zusammenarbeit bildet. Besonderes Augenmerk liegt dabei auf dem Fünf-Faktoren-Modell der Persönlichkeit (Kap. 6.2), das sowohl in der empirischen Sozialforschung als auch in der Praxis besonders häufige Anwendung findet und auch in der vorliegenden Untersuchung zur Operationalisierung des Persönlichkeitskonstrukts herangezogen wurde.

In Kapitel 7 werden die in den Kapiteln 2 bis 6 herausgearbeiteten Determinanten der erfolgreichen virtuellen und kreativen Zusammenarbeit noch einmal zusammengefasst, bevor in Kapitel 8 die untersuchungsleitenden Hypothesen formuliert werden. Kapitel 8 umfasst weiterhin die Vorstellung des Modells, das mittels der in Kapitel 9 beschriebenen Methode untersucht und getestet werden soll. Das Methodenkapitel 9, in dem das Forschungsdesign vorgestellt wird, bietet zunächst grundsätzliche Überlegungen zu prinzipiell geeigneten Untersuchungsmethoden, bevor die Entscheidung für das hier gewählte Experiment begründet wird (Kap. 9.1). Neben allgemeinen Ausführungen zum experimentell-empirischen Vorgehen in der Sozialforschung (Kap. 9.2.1) wird genau auf die Operationalisierung der einzelnen Variablen eingegangen (Kap. 9.2.2). Die Durchführung des für diese Studie entwickelten Experiments (Kap. 9.3) wird ebenso detailliert erläutert wie die zur statistischen Hypothesentestung eingesetzten Verfahren (Kap. 9.4).

Kapitel 10 beinhaltet die Darstellung der Ergebnisse. Nach einer ausführlichen Beschreibung der Stichprobe (Kap. 10.1) wird zunächst die Prüfung der einzelnen Hypothesen vorgenommen (Kap. 10.2), bevor das Gesamtmodell sowie die Teilmodelle getestet werden (Kap. 10.2.5). Zuletzt wird eine explorative Zusatzfragestellung zum Zusammenhang zwischen Selbst- und Fremdeinschätzung beantwortet (Kap. 10.2.6) bevor die Ergebnisse noch einmal zusammengefasst werden (Kap.10.2.7).

In Kapitel 11 werden die berichteten Ergebnisse interpretiert und diskutiert, bevor in Kapitel 12 Implikationen für die Praxis aus den Studienergebnissen abgeleitet werden, die Hinweise darauf geben, wie Unternehmen die Anforderungen an Innovativität und Virtualität miteinander vereinbaren können. In Kapitel 13 werden noch einmal methodische Aspekte dieser Studie kritisch hinterfragt und Limitationen aufgezeigt, die zu Implikationen für die weitere Forschung überleiten. Die Arbeit endet in Kapitel 14 mit einer Zusammenfassung und einem kurzen Ausblick.

II. Theoretischer Hintergrund

Die zentralen Konzepte, die der vorliegenden Untersuchung zu Grunde liegen, wenngleich – oder auch gerade weil – sie größtenteils längst in den allgemeinen Sprachgebrauch übergegangen sind, bedürfen einer gründlichen Definition, bevor eine wissenschaftliche Betrachtung der Einflussfaktoren auf die kreative Leistung bei virtueller Zusammenarbeit erfolgen kann. Neben der reinen Begriffsbestimmung ist zudem eine Auswertung des bereits vorliegenden Wissens zu den einzelnen Themenbereichen unabdingbar, um den sozialwissenschaftlichen Kontext für die vorliegende Studie herauszuarbeiten.

In diesem Teil der Arbeit werden die für diese Untersuchung zentralen Begriffe bestimmt und relevante theoretische Ansätze und Konstrukte in jeweils gebotener Detailliertheit präsentiert und diskutiert. Weiterhin wird auf dieser Basis der aktuelle Stand der Forschung kritisch reflektiert, um Defizite und Forschungslücken bestimmen zu können. Dieses Kapitel bildet die Grundlage für die Extraktion der untersuchungsleitenden Hypothesen sowie des zu testenden Modells in Teil III.

2 Kreativität

Es sind in den letzten Jahrzehnten vor allem auf den Gebieten der Psychologie und des Management neue Methoden zur Erforschung von Kreativität entwickelt worden, die eine Reihe von Forschungs- und Anwendungsrichtungen, u.a. die Organisationspsychologie, betreffen (Amabile & Khaire, 2008; Amabile & Mueller, 2008, S. 34f.). Darüber hinaus konnten einige Einflussfaktoren auf Kreativität identifiziert werden, die in der Person, ihrer Umwelt, und auch in der organisationalen Umgebung liegen. Zudem ist Kreativität, wie auch Innovation, inhärent interdisziplinär, denn sie macht es erforderlich, Wissen aus unterschiedlichen Bereichen zu synthetisieren (Amabile & Khaire, 2008; Rhodes, 1961, S. 310).

Der Begriff der *Kreativität* hat, wie zum Beispiel auch *Motivation*, *Intelligenz* und *Zeit*, seine Entsprechungen in der Alltags- wie auch in der wissenschaftlichen Sprache. In der Regel hat jedoch nur ein kleiner Teil des komplexen wissenschaftlichen Phänomens Kreativität in die Alltagssprache Eingang gefunden; nämlich die emotionale Komponente. *Kreativ* bedeutet im Alltag häufig nichts weiter als emotional frei, entspannt, enthemmt oder frei von Zensur (Rhodes, 1961). Dies wird bei Barzun (1960) recht anschaulich erläutert. Kreativität wird ihm zufolge im Alltagsgebrauch häufig mit einem Mangel an technischer Kompetenz verwechselt, wie zum Beispiel beim kreativen Schreiben oder kreativen Malen. Ebenso werde Kreativität häufig mit Intelligenz im Sinne von schneller Auffassungsgabe, Sinn für Ordnung und Relevanz sowie Wortgewandtheit gleichgesetzt und beschwöre vor allem das Gefühl von Moderne, Neuheit und von Konventionen Losgelöstem herauf. Des Weiteren gibt Barzun zu bedenken, dass der Gebrauch des Begriffs *Kreativität* in der Alltagssprache häufig die Spannweite menschlicher Fähigkeiten bewusst oder unbewusst negiert. Indem zum Beispiel ein Kindergartenkind aufgrund seiner Malereien mit Fingerfarben als kreativ bezeichnet werde, verkürze sich der Abstand zwischen diesem Kind und einem Maler wie Rembrandt.

Noch 1959 beklagt Guilford einen Mangel an Wissen über Kreativität in der Psychologie. Diesen Mangel führt er auf die Popularität des *Stimulus-Response*-Modells zurück, das der psychologischen Forschung lange sehr gute Dienste geleistet habe, dessen Möglichkeiten bei höheren Denkprozessen, im Besonderen bei kreativem Denken, aber begrenzt seien (Guilford, 1959). Seit der Rede von Guilford vor der American Psychological Association (Guilford, 1950) wurden in der Kreativitätsforschung große Fortschritte gemacht. Eine Datenbanksuche unter dem Begriff *creativ** bringt 2012 105.777 Ergebnisse, davon 12.857 allein in expertenbegutachteten Zeitschriften aus den unterschiedlichsten wissenschaftlichen Disziplinen. Aufgrund der Vielzahl an verschiedenen Kreativitätsbegriffen aus unterschiedlichen Forschungsrichtungen ist es essenziell, eine für diese Arbeit gültige Definition zu erarbeiten. Dazu ist es unter anderem erforderlich, Kreativität und Innovation voneinander abzugrenzen. Diese Abgrenzung wird im folgenden Kapitel vorgenommen, bevor eine ausführliche Bestimmung des Kreativitätsbegriffs erfolgt.

2.1 Begriffsbestimmung Kreativität und Innovation

Die Begriffe *Kreativität* und *Innovation* bezeichnen, wenngleich sie häufig im selben Zusammenhang verwendet werden, zwei unterschiedliche Konstrukte bzw. Vorgänge. Nach Schumpeter (2005) ist die *schöpferische Zerstörung*, die im Wesentlichen durch Innovationen ausgelöste ständige innere Revolution der Wirtschaft, ein Grundprinzip des Kapitalismus. Innovative Unternehmen versuchen ständig, neue Kombinationen von Produktionsfaktoren am Markt durchzusetzen, wobei diese Kombinationen von neuen Produkten und Methoden über neue Märkte bis hin zu einer Neuorganisation reichen können. Innovation bezeichnet dabei die erfolgreiche Implementierung neuer, kreativer Ideen in einer Organisation (Amabile, Conti, Coon, Lazenby & Herron, 1996), jedoch nicht die ursprüngliche Idee (Schumpeter, 1997). Müller-Prothmann und Dörr (2009) weisen ebenfalls darauf hin, dass kreative Ideen oder neue Erkenntnisse für sich genommen noch keine Innovation ausmachen, sondern dazu erst in neuartige Produkte, Dienstleistungen oder Prozesse übersetzt werden müssen. Sie bringen die Definition von Innovation in der Formel „Innovation=Idee+Invention+Diffusion" (Müller-Prothmann & Dörr, 2009, S. 7) auf den Punkt. Die Erfindung, auf der eine Innovation beruht, der neuartige Gedanke oder die neue Zusammensetzung bereits vorhandener Konzepte wird dem Begriff der Kreativität zugeordnet (z. B. Amabile & Mueller, 2008; Barron, 1955; Rhodes, 1961).

Kreativität schafft also die grundlegende Idee, die eine anschließende Umsetzung und damit Innovation ermöglicht.

Eine allgemeingültige Definition des Begriffs der Kreativität bildet sich in der wissenschaftlichen Gemeinschaft nur langsam heraus. Wie bereits angemerkt, hat sich im Laufe der Zeit eine Vielzahl von Kreativitäts-Definitionen entwickelt, die jeweils unterschiedliche Teilaspekte dieses Konstrukts in den Vordergrund stellen und so den Eindruck erwecken können, Kreativität sei wenig greifbar.

Der konservativ-psychologische Ansatz zur Definition von Kreativität bezieht sich vor allem auf Charakteristika kreativer Personen (z. B. Barron, 1955; MacKinnon, 1962). Die Ausführungen von Tuska (1957) implizieren einen Zusammenhang zwischen Neugier, Phantasie und Kreativität. So rät er zum Generieren einer Erfindung dazu, vor allem zu beobachten und zu hinterfragen. Seine Empfehlungen schließt er zusammenfassend mit dem Hinweis: "In brief, daydream with a purpose" (Tuska, 1957, S. 77). Auch Findlay und Lumsden (Findlay & Lumsden, 1988) definieren Kreativität als eine Konstellation von Persönlichkeits- und intellektuellen Eigenschaften von Individuen, die, wenn ihnen ein gewisses Maß an Freiheit gelassen wird, beträchtliche Zeit mit kreativen Prozessen verbringen.

Rhodes (1961) definiert Kreativität über die vier „*P*": Person, Prozess, Umwelt (*press* im englischen Original) und Produkt. Die Kreativität betreffende Personenfaktoren sind in Kap. 2.2 näher beschrieben. Der kreative Prozess umfasst bei Rhodes (1961) Motivation, Wahrnehmung, Lernen, Denken und Kommunikation, und führt letztlich, unter Berücksichtigung von Person und Umweltfaktoren, zum kreativen Produkt (Rhodes, 1961). Wenngleich Rhodes selbst noch keine zufriedenstellende Antwort auf die Frage liefert, wie der kreative Prozess sich genau ereignet, beschreibt er fünf Phasen des Denkprozesses: *Preparation, Inkubation, Intimation, Illumination* und *Verifikation*. In der ersten Phase, Preparation, wird explorierende, Informationen sammelnde Vorarbeit geleistet, welche die Gedanken des Individuums auf das Problem fokussiert und dessen Ausmaße erforscht. Die Phase der Inkubation ist, äußerlich betrachtet, eine Ruhephase und dient zur Internalisierung des Problems ins

Unbewusste. Während der Phase der Intimation entsteht in der Person ein Gefühl, dass eine Lösung in greifbare Nähe rückt. In der Illuminationsphase dringt die unbewusste kreative Idee plötzlich ins Bewusstsein vor, wo sie während der Verifikation auf ihren Wahrheitsgehalt und ihre Machbarkeit geprüft, ausgearbeitet und schließlich angewandt werden kann.

Der Faktor *press*, wie Rhodes (1961) ihn bezeichnet, beinhaltet Wahrnehmungseinflüsse auf das Individuum, die aus seiner unmittelbaren Umwelt oder aus sich selbst stammen. Erfindungen geschehen nicht etwa zufällig zu einem bestimmten Zeitpunkt sondern sind das geistige Produkt einer Person, die in einen bestimmten historischen, technischen und sozialen Hintergrund eingebettet ist (Rhodes, 1961). Einflüsse der Umwelt auf den kreativen Prozess werden beispielsweise im Komponentenmodell der Kreativität (Amabile, 1988) oder im Modell von Woodman, Sawyer und Griffin (1993) näher beschrieben (vgl. Kap.2.3 sowie Kap.2.4).

Merkmale eines kreativen Produkts sind Rhodes (1961) zufolge Neuheit und eine gewisse Greifbarkeit: "When we speak of an original idea, we imply a degree of newness in the concept. When an idea becomes embodied into tangible form it is called a *product* [Hervorhebung im Original]" (Rhodes, 1961, S. 309). Auch Barron (1955) fordert eine Definition des Begriffes *kreativ*, die auf einer Abgrenzung des Originellen vom Unoriginellen basiert. Eine kreative Idee ist also zunächst vor allem ungewöhnlich. Weiterhin muss eine kreative Idee eine gewisse Anwendbarkeit in der Realität besitzen, sie muss also, einfacher ausgedrückt, nützlich oder sinnvoll sein. Diese beiden Kriterien, neu und nützlich, finden sich in den Definitionen des Begriffs der Kreativität bei den meisten der aktuell mit diesem Thema befassten Forscher wieder, wie im Folgenden näher ausgeführt wird.

Mednick (1962) definiert Kreativität als die Formung assoziativer Elemente in neue Kombinationen, die entweder spezifischen Erfordernissen genügen oder in irgendeiner Weise nützlich sind. Je weiter die einzelnen Elemente der neuen Kombination voneinander entfernt sind, desto kreativer war der Prozess oder ist das Ergebnis. Er thematisiert hier also insbesondere den Aspekt der Synthese von Wissenselementen aus unabhängigen Bereichen. Auch Amabile und Müller (2008, S. 35) definieren Kreativität als einen Produktionsprozess, der durch eine Aufgabenstellung mit offenem Ausgang angestoßen wird und in einem neuen und angemessenen Produkt mündet. Amabile und Khaire (2008, S. 101) brechen den definitorischen Konsens vieler Kreativitätsforscher (z. B. Amabile et al., 1996; George, 2008; Hirsh, 2010; Stein, 1974; Woodman et al., 1993) herunter auf „die Fähigkeit, etwas Neues und Angemessenes zu schaffen [eigene Übersetzung]". Auch für diese Arbeit ist die produktfokussierte Kreativitäts-Definition sinnvoll, da auf dieser Basis explizite und implizite Person- und Prozess-Variablen identifiziert werden sollen, die auf das objektiv mess- und beobachtbare kreative Produkt Einfluss nehmen.

Als weiteren wichtigen Aspekt der Kreativität, der für die vorliegende Studie über die reine Definition hinaus inhaltlich hohe Bedeutung hat, betont Florida den sozialen Austausch (2002, S. 8; vgl. dazu auch Allen, 1977): "Kreativität ist ein Grundelement der menschlichen Existenz, ein breit angelegter sozialer Prozess, der Zusammenarbeit erfordert. Diese wird stimuliert durch menschlichen Austausch und durch Netzwerke; sie findet statt in tatsächlichen Gemeinschaften und an realen Orten". Allerdings findet sie auch in virtuellen Gemeinschaften und an virtuellen Orten statt, wie von Amabile und Khaire (2008) befragte Persönlichkeiten aus innovativen Unternehmen betonen: Beispiele wie Mozilla oder Wikipedia zeigen, dass die dezentrale, bottom-up-Struktur dieser Firmen eine Beteiligung vieler interessierter Mitwirkender erreicht. Firmen, die ausschließlich auf persönlichen Austausch ihrer Mitarbeiter vor Ort setzen, ließen sich demnach das enorme kreative Potenzial entgehen, das erst durch den Einsatz virtueller Informations- und Kommunikationstechnologien voll ausgeschöpft werden kann (Amabile & Khaire, 2008).

2.2 Korrelate der Kreativität in der Person

1955 unternimmt Barron den Versuch, nachdem in der Forschung zu Kreativität bis dahin vor allem auf die kreative *Handlung* fokussiert worden war, das kreative *Individuum als Ganzes* näher zu beschreiben. Er beklagt die Tendenz der Forschung, die kreative Handlung und den kreativen Prozess zu „entleiben [eigene Übersetzung]" (Barron, 1955, S. 478), indem die mentalen Vorgänge in der kreativen Person lediglich zum Zeitpunkt deren kreativer Einsicht betrachtet werden, während die komplexen, dahinterliegenden Denksysteme außen vor gelassen werden. Barron zufolge erzählt die Biographie eines erfindungsreichen Individuums von einem Leben voller regelmäßig auftretender origineller Einfälle. Es müssten sich also in regelmäßig kreativen Personen Muster überdauernder Eigenschaften identifizieren lassen, die kreative Einfälle erleichtern, während auf der anderen Seite die Untersuchung regelmäßig unorigineller Individuen Muster aufdecken müsste, die die Produktion solcher Einfälle behindern.

Die wichtigste und nach Guilford (1959) einzige in gewisser Verbreitung auffindbare kreativitätsförderliche Eigenschaft ist eine generell hohe Motivation. Auch die Forschergruppe um Amabile (z. B. Amabile, 1998, 1993, 1988) identifiziert vor allem intrinsische Motivation immer wieder als zentralen Kreativität determinierenden Faktor. Sauermann und Cohen (2008) untersuchten mehr als 11.000 Mitarbeiter von Forschungs- und Entwicklungsabteilungen in Dienstleistungs- und Produktionsfirmen hinsichtlich ihrer Ausprägung intrinsischer und extrinsischer Motivation. Sie stellen fest, dass intrinsisch motivierte Individuen, vor allem, wenn das Motiv intellektuelle Herausforderung ist, eine signifikant höhere Anzahl von Patenten anmelden als extrinsisch, also zum Beispiel durch Bezahlung, motivierte Personen. Finanzielle Entlohnung hat zwar ebenfalls einen Effekt auf die Anzahl angemeldeter Patente, jedoch ist dieser deutlich geringer. Dieses Ergebnis gilt allerdings nur für das Frühstadium von Innovationen, also in der kreativen Phase der Entwicklung neuer Ideen. Auch positiver Affekt als motivationaler Faktor wird in einer Tagebuchstudie von Binnewies und Wörnlein (Binnewies & Wörnlein, 2011) als kreativitätsförderlich identifiziert. Gleichwohl Motivation einen besonders hohen Beitrag zu Kreativität leisten mag, ist dieser Beitrag nicht auf Kreativität beschränkt und mag in allen Bestrebungen eines Individuums zum Erfolg beitragen. Daher ist es notwendig, spezifischere kreativitätsförderliche Eigenschaften zu bestimmen.

Barron (1955) findet, dass kreative Personen gerne mit unordentlichen Gegebenheiten beginnen, um letztlich eine von ihnen getriebene Ordnung herstellen zu können. Er identifiziert weiterhin mehrere sozial erwünschte und unerwünschte Persönlichkeitseigenschaften, die mit Kreativität einhergehen, wie z. B. Aufsässigkeit und Freiheit im Ausdruck. Diese werden von Getzels und Jackson (1962) teilweise bestätigt. Es wurden darüber hinaus Zusammenhänge zwischen Kreativität und Schlagfertigkeit (Getzels & Jackson, 1962) sowie Dominanz und Impulskontrolle (Barron, 1955) gefunden. Fromm (1959) beobachtet an kreativen Personen Konzentrations- und eine gewisse Konfliktfähigkeit. Rogers (1959) verknüpft kreatives Potenzial mit Offenheit für neue Erfahrungen, einem internalen *Locus of Evaluation* sowie der Fähigkeit, mit Elementen und Konzepten zu spielen und sie neu zu ordnen. Kubie (1966) schreibt intellektualisierten Personen im Gegensatz dazu eine restriktivere Zurückhaltung zu, während vorbewusste Inhalte bei kreativen Personen leichter Eingang ins Bewusstsein finden, was sich in der in Kapitel 2.1 beschriebenen Phase der Illumination auswirken dürfte.

Binnewies und Wörnlein (Binnewies & Wörnlein, 2011) stellen in ihrer Studie bei Männern und jüngeren Personen höhere Kreativitätslevel fest als bei Frauen und älteren Personen. Guilford, Christensen, Frick und Merrifield (1957, zitiert nach Guilford, 1959) finden in faktorenanalytischen Untersuchungen weitere kreativitätsrelevante Dispositionen. So wird zum Beispiel Ambiguitätstoleranz als Einflussfaktor auf Kreativität identifiziert (Ocker, 2005). Ambiguitätstoleranz bezeichnet das Vermögen, einen gewissen Grad an Unsicherheit bei Entscheidungen und Schlussfolgerungen sowie allgemein in Situationen zu akzeptieren, ebenso wie die Tendenz, das Denken in fest umgrenzten Kategorien zu vermeiden. Bei Sauermann und Cohen (2008) und Barron (1955) erweist sich in vergleichbarer Weise ein Bedürfnis nach Unabhängigkeit als förderlich für kreative Leistung. Auch Guilford (1959) und Fromm (1959) stellen fest, dass eine originelle Person selbstbewusster und ambiguitätstoleranter sei als eine weniger originelle Person, während letztere größere Gewissenhaftigkeit zeige. Barron (1955) findet ebenfalls heraus, dass kreative Personen eine höhere Komplexität und eine gewisse Ambiguität bevorzugen, also eine höhere Unsicherheitstoleranz aufweisen. Weiterhin findet er in seiner fragebogengestützten Studie einen Zusammenhang zwischen größerer Offenheit und Kreativität, wobei er erstere nicht mit den *Big Five* Persönlichkeitsdimensionen (z. B. Costa & McCrae, 1985; s. Kap. 6.2) in Zusammenhang bringt, sondern Offenheit über künstlerische

Vorlieben erhebt. In der Studie von Guilford et al. (1957, zitiert nach Guilford, 1959) werden divergentes und konvergentes Denken als Einflussfaktoren auf Kreativität ermittelt. Konvergentes Denken bezeichnet den Denkprozess, der auf das Auffinden einer feststehenden, richtigen Lösung ausgerichtet ist, während beim divergenten Denken nach mehreren angemessenen Lösungen für ein Problem gesucht wird.

Ein häufig als für Kreativität relevant identifizierter Faktor ist die Flexibilität. Guilford erkennt hier sowohl die spontane Flexibilität (die Neigung, eine große Bandbreite von Ideen zu entwickeln und bereitwillig von einer Kategorie zur nächsten zu wechseln) als auch die adaptive Flexibilität (die Fähigkeit, ein Problem auf die ungewöhnlichste Art zu lösen). Als weitere Begabung, die Kreativität unterstützt, nennt Guilford die Originalität, die häufig gemessen wird, indem die Ideen eines Probanden im Verhältnis zur Häufigkeit ihres Auftauchens in der untersuchten Population gewichtet werden. Weitere Indikatoren, die zur Messung der Originalität häufig angewandt wird, sind einerseits die *„remote association"* (Guilford, 1959, S. 148), also der Grad an Ungewöhnlichkeit der getroffenen Assoziationen, und andererseits die Anzahl als raffiniert oder intelligent eingestufter Ideen. Guilford stellt die Vermutung an, Originalität sei eine Sonderform adaptiver Flexibilität, wenn es um die Lösung von Aufgaben im sprachlichen Bereich geht. Durch faktorenanalytische Forschungen belegt ist als weiterer Begabungsfaktor die Fähigkeit zur Neudefinition (*„redefinition"* Guilford, 1959, S. 148), wobei die ursprüngliche, vertraute Deutung eines Begriffs oder Objekts aufgegeben wird, um ihn/es in Gänze oder auch teilweise auf neue Arten und in neuen Kombinationen zu verwenden.

Bei denjenigen Persönlichkeitseigenschaften, die Guilford (1959, S. 144) zu Folge Bezüge zu Kreativität aufweisen unterscheidet dieser zwischen *aptitude traits*[2] (im Folgenden: Begabungen) und *nonaptitude traits* (im Folgenden: Eigenschaften), wobei sich die letzteren zusätzlich in natürliches Temperament (*„temperament"*, Guilford, 1959, S. 144) und Motivation aufteilen lassen. Für Kreativität notwendige Begabungen, die empirisch gut belegt sind, umfassen Guilford zufolge zum einen die Fähigkeit, Probleme zu erkennen. Bezogen auf die Ergiebigkeit von Ideen identifiziert

[2] Guilford 1959 definiert traits als Eigenschaften von Individuen bzw. genauer als unterscheidbare, relativ überdauernde Unterschiede zwischen Individuen.

Guilford (1959, S. 145ff.) vier *fluency*-Begabungen: Wortgewandtheit (*word fluency*), Assoziationsfluss oder *associational fluency*, Flüssigkeit im Ausdruck (*expressional fluency*) und *ideational fluency*, was die Fähigkeit bezeichnet, Ideen zur Erfüllung bestimmter Anforderungen in einem begrenzten Zeitraum zu entwickeln. Da es im Prozess der Problemlösung häufig darauf ankommt, mehrere angemessene Ideen zu entwickeln und zu testen, spielt dieser Ideenfluss bei der Problemlösung eine herausgehobene Rolle (vgl. bspw. Paulus, 2008). Dies macht ihn besonders relevant für arbeits- und organisationspsychologische Forschung. *Ideational fluency* korreliert negativ mit Nervosität/Depression (Persönlichkeitsfaktor Neurotizismus, s. Kap. 6.2) (Guilford, 1959). *Associational fluency* korreliert positiv mit Abenteuerlust, die mit dem Persönlichkeitsfaktor der Offenheit für neue Erfahrungen zusammenhängt (s. Kap. 6.2), und Ambiguitätstoleranz.

Amabile (1988) identifiziert in einer Interviewstudie verschiedene Merkmale von Personen, die bei der kreativen Problemlösung unterstützen. Allen voran werden von ihren Befragten verschiedene Persönlichkeitsvariablen genannt, die neben Neugier, Durchhaltevermögen und Energie auch intellektuelle Ehrlichkeit umfassen. Selbstmotivation und Risiko-Orientierung sind neben kognitiven Fähigkeiten (kontextrelevantes Wissen, Problemlösefähigkeiten, kreative Denktaktiken) und Vorerfahrungen[3] weitere vorherrschende Eigenschaften kreativer Problemlöser (s. auch Ocker, 2005). Weiterhin werden soziale Skills und eine hohe allgemeine Intelligenz genannt. Interessanterweise gilt bei einem verhältnismäßig geringen Prozentsatz der Befragten eine Naivität hinsichtlich der Problem-Materie ebenfalls als kreativitätsförderlich. Als hinderlich für Kreativität identifiziert Amabile (1988) entsprechend externale Motivation sowie einen Mangel an Motivation, relevanten Fähigkeiten oder Erfahrungen und sozialen Fähigkeiten. Zusammenfassend stellt Amabile (1988) drei Faktoren fest, die für individuelle Kreativität jeweils unabdingbar sind (vgl. Kap. 2.3): domänenspezifische Fähigkeiten, kreativitätsrelevante Fähigkeiten und intrinsische Arbeitsmoti-

[3] Amabile 1988 macht an dieser Stelle deutlich, dass es, einer weitläufigen Meinung entgegen, für Kreativität nicht hinderlich sei, über einen Gegenstand gut Bescheid zu wissen. Vielmehr sei es die Art wie dieses Wissen kognitiv gespeichert wird, die den Unterschied zwischen Kreativitätsförderung und -hemmnis ausmacht. Bestehendes Wissen über einen Sachverhalt verhindere Kreativität nur dann, wenn es in starren Algorithmen gespeichert sei. Dies sei bei Personen, die sich schon lange in einem bestimmten Arbeitsgebiet befinden, wahrscheinlicher als bei Anfängern, weshalb letztere häufig kreativere Ideen produzieren.

vation. In ähnlicher Weise identifizieren Ng und Feldman (2009) einen Zusammenhang zwischen Ausbildungsgrad, der zu den domänenspezifischen Fähigkeiten gezählt werden kann, und Kreativität. Auch soziale Skills, die Amabile (1988) zu den kreativitätsrelevanten Fähigkeiten zählt, sind in der Studie von Ng und Feldman mit Kreativität verbunden.

Ein weiterer Faktor, der die individuelle Kreativität beeinflussen kann ist Studien der Forscher um Cheng, Sanchez-Burks und Lee (2008, 2007; Cheng, Sanders et al., 2008) zufolge die soziale Identität, bzw. die Kombination mehrerer sozialer Identitäten und der dazugehörigen Wissenssysteme. Die Autoren zeigen in einer Reihe von Experimenten, dass Personen, die ihre multiplen sozialen Identitäten integrieren können, ein höheres Maß an Kreativität und Innovation für Aufgaben aufweisen, die mit den sozialen Identitäten in Zusammenhang stehen. Zum Beispiel wurden weibliche Ingenieure in einem Experiment gebeten, neue Funktionalitäten für ein Mobiltelefon zu entwickeln, das sich an eine weibliche Zielgruppe richtet. Personen, die Gender und Profession besser integrieren konnten, sind in dieser Studie kreativer bei der Entwicklung des neuen Produkts.

2.3 Der kreative Prozess

Rogers (1959) betont, wie bereits beschrieben, den Prozesscharakter der Kreativität und betrachtet sie als das Hervorbringen eines neuen Produktes, aus der Einzigartigkeit der Person heraus ebenso wie aus den verfügbaren Ressourcen und Ereignissen oder Personen aus dem Leben des kreativen Schöpfers. Der kreative Prozess nach Rhodes (1961) beginnt bei der persönlichen Motivation und Wahrnehmung, und führt über Lernen, Denken und Kommunikation letztlich zum kreativen Produkt, das jedoch zusätzlich von Personenvariablen und Merkmalen in der Umwelt abhängig ist (Rhodes, 1961).

Das in Abbildung 1 auf S. 26 dargestellte Komponenten-Modell der Kreativität von Amabile (1988; Amabile & Mueller, 2008), das für psychologische und organisationale Forschung gleichermaßen anwendbar sein soll (Amabile & Mueller, 2008), beruht auf unterschiedlichen empirischen Studien. Es beinhaltet im Wesentlichen drei

Komponenten der individuellen Kreativität, die multiplikativ verknüpft sind – es sind also alle drei für ein gewisses Maß an Kreativität notwendig und keiner der Faktoren ist jeweils allein ausreichend. Je höher die Ausprägung der einzelnen Komponenten im Individuum, desto höher auch das Maß an Kreativität. Die drei Komponenten dieses Modells sind *domänenspezifische Fähigkeiten, kreativitätsrelevante Fähigkeiten/Prozesse* und *intrinsische Motivation zur Bearbeitung einer bestimmten Aufgabe.*

Im Folgenden werden zunächst die einzelnen Komponenten genauer beleuchtet, bevor das Modell in seiner Gesamtheit erläutert wird.

Domänenspezifische Fähigkeiten bestimmen die Sammlung möglicher Antworten und Lösungen, die einem Individuum bei der Betrachtung eines spezifischen Problems zur Verfügung stehen. Aus diesen vorhandenen Lösungen wird die neue, kreative Reaktion auf das Problem synthetisiert. Sie umfassen Wissen, Expertise, technische Kompetenzen sowie Talent auf dem spezifischen fraglichen Gebiet (Amabile & Mueller, 2008). Newell und Simon (1979, S. 82) prägten für die domänenspezifischen Fähigkeiten die poetische Umschreibung „the problem solver's ‚network of possible wanderings'". Die Ausbildung einer solchen Sammlung möglicher Reaktionen auf ein Problem erfordert eine gewisse Vorerfahrung mit der fraglichen Domäne, die faktisches Wissen und Skripten für den Umgang mit Fragen und Problemen hervorbringt, aber auch Einstellungen einzelnen Bestandteilen der Domäne gegenüber. Diese Vorerfahrung kann beispielsweise durch eine formale oder informelle Ausbildung im jeweiligen Arbeitsgebiet gesammelt werden. ***Kreativitätsrelevante Fähigkeiten/Prozesse*** beinhalten Persönlichkeitseigenschaften (Unabhängigkeit, Selbstdisziplin, die Fähigkeit zum Belohnungsaufschub, Disziplin und Durchhaltevermögen bei Frustration, geringe Konformität, Risiko-Orientierung), diverse Erfahrungen und soziale Skills, unter anderem in Gruppensituationen. Ebenso ist ein kognitiver Stil gemeint, der Wahrnehmungs- und Kognitionsmuster durchbricht, um Probleme aus unterschiedlichen Perspektiven zu betrachten. Dazu gehört auch, Antwortoptionen möglichst lange offen zu halten, Beurteilung von Ideen auf später zu verschieben, Information in breiten Kategorien zu speichern und vorhandene kognitive Skripten zu verlassen (Amabile, 1988; Amabile & Mueller, 2008). ***Intrinsische Arbeitsmotiva-***

tion, Amabile (1988) zufolge die wichtigste Komponente, macht letztlich, unabhängig von grundsätzlich vorhandenen Fähigkeiten, den Unterschied zwischen dem, was ein Individuum leisten *könnte* und dem, was es tatsächlich leisten *wird*. Intrinsische Arbeitsmotivation beinhaltet zwei Bestandteile: die Einstellung einer Person der Aufgabe gegenüber und die Wahrnehmung der Person über ihre eigenen Gründe für die Ausübung der Tätigkeit. Diese individuelle Wahrnehmung beruht vor allem auf bewusst wahrgenommenen extrinsischen Beschränkungen und/oder Belohnungen in der Arbeitsumgebung, die die intrinsische Motivation (und damit auch die Kreativität) unter bestimmten Bedingungen korrumpieren oder fördern können.[4]

Die Komponenten des Modells unterscheiden sich weiterhin in ihrer Spezifität. Kreativitätsrelevante Fähigkeiten/Prozesse sind sehr generell, in dem Sinne, dass sie Reaktionen und Lösungen unabhängig vom spezifischen Arbeits- oder Problemfeld beeinflussen. Domänenspezifische Fähigkeiten sind mittel-spezifisch. Sie beziehen sich im Wesentlichen auf einen bestimmten Bereich, überlappen aber naturgemäß mit Fähigkeiten, die für andere Bereiche relevant sein mögen. Intrinsische Aufgabenmotivation ist die spezifischste der drei Komponenten, da sie stark von der jeweiligen Aufgabe abhängt und sich für eine bestimmte Aufgabe sogar über die Zeit hinweg verändern kann (Amabile, 1988).

Amabile erweitert ihr Modell von 1988 im Jahre 1996 um eine externe Komponente, nämlich das soziale, bzw. Arbeits-Umfeld, das neben extrinsischen Motivatoren, die die intrinsische Motivation korrumpieren oder verstärken können, auch eine Reihe weiterer Einflussfaktoren enthält, die für Motivation sowie individuelle oder Team-Kreativität förderlich oder hinderlich sein können. Den größten Einfluss der Arbeitsumgebung sehen Amabile und Müller (Amabile & Mueller, 2008) auf die individuelle intrinsische Motivation, da die Kreativität dem intrinsischen Motivationsprinzip der Kreativität zufolge am höchsten ist, wenn die Person ausschließlich durch Interesse und Freude an der Aufgabe motiviert ist, und nicht durch externale Anreize. Allerdings beeinflusst die Arbeitsumgebung auch domänenrelevante Fähigkeiten und kreativitätsrelevante Prozesse (West & Anderson, 1996). In ihrer differen-

[4] Vgl. zum Korrumpierungseffekt sowie motivationaler Synergie Kap.5.2, ebenfalls zu Einflussfaktoren auf intrinsische Motivation und darüber auch auf Kreativität.

zierten Betrachtung des Modells führen Amabile, Conti, Coon, Lazenby und Herron (1996) weiter aus, dass eine organisationale Unterstützung und Wertschätzung kreativen Verhaltens sowie Unterstützung durch die Arbeitsgruppe und Freiheit bzw. Autonomie sich positiv auf das kreative Ergebnis auswirken, und zwar zum Teil vermittelt über eine Verstärkung der intrinsischen Motivation. Organisationale Unterstützung beinhaltet Faktoren wie eine Unternehmenskultur, die Risikobereitschaft fördert, faire, wohlwollende Evaluation neuer Ideen (vgl. auch Cummings, 1965), Belohnung und Wertschätzung von Kreativität und Arbeit im Team, die einen kooperationsförderlichen Fluss der Ideen zur gegenseitigen Inspiration ermöglicht. Die Unterstützung durch die Arbeitsgruppe besteht diesem Modell zufolge vor allem darin, dass sich gemeinschaftlich dem gleichen Ziel verschrieben wird und jedes Individuum einer möglichst hohen Anzahl ungewöhnlicher Ideen ausgesetzt ist.

Im Folgenden wird nun, nachdem die einzelnen Bestandteile erläutert wurden, der Ablauf des Komponenten-Modells der Kreativität nach Amabile beschrieben (Amabile, 1996, 1988; Amabile et al., 1996; Amabile & Mueller, 2008).

ABBILDUNG 1: KOMPONENTEN-MODELL DER KREATIVITÄT

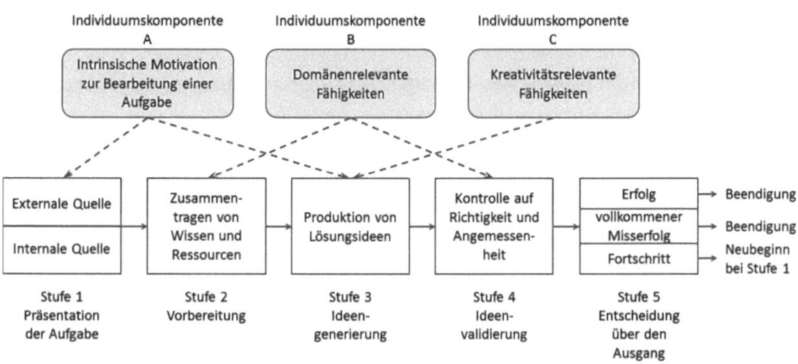

Quelle: in Anlehnung an *Simplified depiction of componential theory of creativity*, Amabile & Müller (Amabile & Mueller, 2008)

Im ersten Schritt des Modells wird die Aufgabe oder das zu lösende Problem präsentiert. Wenn das fragliche Individuum ein hohes intrinsisches Interesse an einer Aufgabe besitzt, kann dies ausreichend sein, um den kreativen Prozess anzustoßen, indem die Person sich diese Aufgabe selbst stellt (internale Quelle). In organisationalen Kontexten wird das zu lösende Problem allerdings häufiger *von oben* präsentiert werden (externale Quelle). Generell ist eine von außen an ein Individuum herangetragene Aufgabe weniger intrinsisch interessant; dies muss aber nicht der Fall sein. Im zweiten Schritt erfolgt das Zusammentragen vorhandenen Wissens und sonstiger verfügbarer Ressourcen. Je nach Ausgangssituation kann diese Phase verhältnismäßig lange dauern und einen hohen Lernaufwand bedeuten. In dieser Phase gewinnt die extrinsische Motivation daher gegenüber der intrinsischen an Bedeutung. Im kreativen Prozess einer Gruppe, der, Amabile (1988) zufolge dem individuellen vergleichbar verläuft, unterstützen sich die Mitglieder gegenseitig und poolen ihre Ressourcen. An dieser Stelle muss kritisch angemerkt werden, dass Interaktionsprozesse innerhalb von Gruppen in diesem Modell nicht berücksichtigt werden. In der dritten Phase werden Vorwissen und relevante Umgebungsvariablen nach Wegen durchsucht, das Problem zu lösen und eine neuartige Reaktion darauf zu entwickeln. Das in dieser Phase entwickelte Ergebnis kann ein physisches Produkt, eine Dienstleistung, oder aber auch eine Idee oder ein Gedicht sein (Amabile & Mueller, 2008). Je mehr kreativitätsrelevantes Wissen in dieser Phase aktiviert werden kann, desto flexibler können diese kognitiven Lösungswege beschritten werden und desto mehr Ideen werden produziert, da eine Bewertung verschoben wird (s.o.). Ein hohes Maß an intrinsischer Motivation stellt in diesem Schritt sicher, dass der Aufgabe die nötige Aufmerksamkeit geschenkt wird (vgl. Kapitel 5.2) und kann überdies dazu beitragen, dass bei der Lösung gewisse kreativitätsförderliche Risiken eingegangen werden. Die Kontrolle der gefundenen Antwort auf Richtigkeit und Angemessenheit findet in der vierten Phase statt, wozu domänenspezifische Fähigkeiten zur Analyse eingesetzt werden. Die fünfte Phase stellt schließlich die Entscheidung dar, wie auf Basis der Bewertung in Phase vier weiter verfahren wird. Ist die Aufgabe perfekt erfüllt oder aber falls kein nennenswerter Fortschritt zur Lösung gemacht wurde (vollkommener Misserfolg), wird der Prozess mit hoher Wahrscheinlichkeit beendet; wurde jedoch ein gewisser Fortschritt verzeichnet (und bleibt die intrinsische Motivation bestehen), wird der Prozess auf Stufe eins erneut begonnen, wobei die gewonnene Erfahrung beim erneuten Durchlauf als neue domänenrelevante Fähigkeit mit einbezogen werden kann.

Je komplexer die fragliche Aufgabe gestaltet ist, desto mehr Wiederholungen dieses Prozesses werden bei der Lösung voraussichtlich durchlaufen. Wie oben kurz angemerkt ist eine fortbestehende Motivation die Voraussetzung dafür, dass an der Lösung einer kreativen Aufgabe weiter gearbeitet wird. Diese kann durch das Ergebnis eines Zyklus positiv oder negativ beeinflusst werden. Wenn perfekter Erfolg oder aber vollkommener Misserfolg erzielt wurde, wird das Individuum kaum motiviert sein, die gleiche Aufgabe erneut zu bearbeiten. Bei partieller Erfüllung der Aufgabe sollte die intrinsische Motivation für einen erneuten Zyklus steigen (Amabile, 1988).

Wie bereits erwähnt, geht die Forschergruppe um Amabile davon aus, dass sich Kleingruppen bei der Bearbeitung kreativer Aufgaben ähnlich wie Individuen verhalten (Amabile, 1988). Der einzige Unterschied bestehe darin, dass domänenrelevante Fähigkeiten zusammengelegt werden und die Gruppenmitglieder sowohl gemeinsam als auch einzeln an Lösungen arbeiten. Es kann, dieser Argumentation zufolge, daher ebenso sinnvoll sein, den jeweils individuellen kreativen Prozess zu betrachten, wie den Gruppenprozess als Ganzes. Ein Aspekt, der in diesem Modell also unberücksichtigt bleibt, von vielen Autoren im Gebiet der Team-Forschung (z. B. Lechler, 2001; Leenders, van Engelen & Kratzer, 2003) jedoch als zentral für die Produktivität von Gruppen erachtet wird, sind Interaktionseffekte zwischen den Mitgliedern einer Gruppe. Fähigkeiten mögen zwar gepoolt werden, wie es im Komponentenmodell der Kreativität angenommen wird, allerdings ergeben sich aus der sozialen Interaktion darüber hinaus gehende Synergieeffekte, so dass, im angestrebten Idealfall, ein Team letztlich mehr Leistung erbringen kann als alle seine Mitglieder in der Summe. Baer, Oldham, Jacobson und Hollingshead (2008) finden beispielsweise, dass ein geteiltes Vertrauen in die eigene kreative Leistung sich stark förderlich auf das kreative Ergebnis der Gruppe auswirkt.

Im Modell des kreativen Prozesses in Organisationen von Woodman et al. (1993) ist kreatives Verhalten eine Funktion aus Charakteristika der Gruppe (z. B. Normen, Kohäsion, Größe, Problemlöseverhalten) und organisationalen Charakteristika (z. B. Organisationskultur, Ressourcen, Belohnungen, Strukturen). Dabei wirken sich intraindividuelle Faktoren wie Persönlichkeit, Wissen, intrinsische Motivation und kognitive Fähigkeiten, vermittelt über individuelles kreatives Verhalten, auf Gruppenaspekte aus und werden im Gegenzug von diesen beeinflusst.

2.4 Einfluss der Arbeitsumgebung auf Kreativität

Freiheit bei der Wahl von Arbeitsmitteln, -methoden und -gebieten stellt sich in der Interviewstudie von Amabile (1988) sowie auch bei Amabile et al. (Amabile et al., 1996) als bedeutendster kreativitätsförderlicher Aspekt heraus, wobei die operationale Autonomie (Wahl der eigenen Arbeitsweise) die für Kreativität wichtigste Art von Freiheit ist. Auch Barron (1955) identifiziert eine höhere Anzahl möglicher anwendbarer Reaktionen (also größere Freiheit in der Beantwortung) als förderlich für eine ungewöhnliche Antwort, wobei auch ein gewisser Grad an Organisation komplexer Gegebenheiten Freiheit schafft, da sie die Notwendigkeit eliminiert, der kognitiven Entwirrung einer Situation allzu große Aufmerksamkeit zu widmen. Auch in der Praxis hat es sich bewährt, Mitarbeitern ein hohes Maß an Freiheit und Selbstbestimmung zu gewähren, um ihnen Gelegenheit zu bieten, kreative Ideen zu entwickeln und auszuarbeiten, wie in einer Vielzahl von Studien berichtet wird (Amabile, Hadley & Kramer, 2002; Amabile & Khaire, 2008; Binnewies & Wörnlein, 2011; Frese, Teng & Wijnen, 1999; Ohly, Sonnentag & Pluntke, 2006). In der letztgenannten Studie zeigt sich zum Beispiel ein negativer Einfluss von negativem Affekt und situativen Einschränkungen auf Kreativität, der durch größere Freiheit bei der Aufgabenbearbeitung moderiert wird.

Der im Management oft verfolgte *Top-Down* Ansatz, bei dem die Führungskraft Projektideen und genaue Ziele vorgibt und einzelnen Mitarbeitern geeignete Aufgabenanteile zuweist, ist für Unternehmen, die von einem hohen Maß an Kreativität abhängig sind offenbar überholt. Bei Google hat es sich beispielsweise gezeigt, dass Innovationen, die, ohne Unterstützung oder Vorgaben von oben, aus den Reihen der

Angestellten kommen und auch dort ausgeführt werden, eine weitaus höhere Erfolgsrate aufweisen (Amabile & Khaire, 2008). Die mittlerweile zum Beispiel auch bei Google gängige Praxis, einen Teil der Arbeitswoche für die Verfolgung persönlich interessierender kreativer Projekt zu reservieren, stammt ursprünglich aus der Glanzzeit des Innovations-Kraftwerks 3M (Amabile et al., 2002; Amabile & Khaire, 2008). Bei Google resultierten aus dieser Praxis neue Angebote wie beispielsweise das Literaturportal Google Scholar (Amabile & Khaire, 2008). Der positive Einfluss größerer Freiheit auf kreative Leistung steht hier in engem Zusammenhang mit intrinsischer Motivation.

Neben angemessenem Projektmanagement, ausreichenden Ressourcen (u.a. Zeit und Freiheit bei der Aufgabenbearbeitung) und einer anregenden Arbeitsatmosphäre ist einer kreativitätsförderlichen Unternehmenskultur (Amabile & Khaire, 2008; Perlow, 1997; Sackmann, 2007) hohe Bedeutung beizumessen. In Unternehmen, die eine Verbesserung ihres kreativen Outputs anstreben, ist es zunächst oft unabdingbar, sich einem entsprechend tiefgehenden kulturellen Wandel zu unterziehen (Perlow, 1997). Amabile (1988) berücksichtigt diesen unternehmenskulturellen Faktor in ihrem Modell zu organisationaler Innovation als wichtige Einflussgröße der Organisation auf die intrinsische Motivation des Individuums. Dazu gehören eine hohe Wertigkeit von Innovation innerhalb des Unternehmens, Risikoorientierung, Stolz auf die Mitarbeiter und ihre Errungenschaften sowie eine offensive, zukunftsorientierte Strategie-Ausrichtung (Amabile, 1988). Darauf aufbauend kann auch der individuelle Eindruck, dass kreative Anstrengungen anerkannt und belohnt werden, und dass Rückmeldung über die eigene Arbeit erfolgt, zur Erhöhung von individueller Kreativität beitragen (Amabile, 1988; Amabile et al., 1996; Amabile et al., 2002). Dabei ist es wichtig, eine Unternehmenskultur zu entwickeln, die Fehler zulässt und ihr Potenzial zur Verbesserung von Problemlösefähigkeiten, Lernen und Leistung ausschöpft (Amabile & Khaire, 2008). Weitere förderliche Bedingungen für Kreativität sind herausfordernde Aufgaben, Kooperation innerhalb eines Teams, ein ausreichend langer Zeitraum, um das Problem von verschiedenen Seiten *kreativ* betrachten zu können, aber auch durch das Unternehmen kommunizierte Dringlichkeit und ein gewisser Druck seitens des Unternehmens, der Konkurrenz oder auch selbst auferlegt (Amabile, 1988; Amabile et al., 2002; Ocker, 2005). Auch eine Unternehmenskultur, die Statusunterschiede möglichst wenig betont, sowie flache Hierarchien im Unternehmen wirken kreativitätsförderlich, denn hervorstechende Statusunterschiede behindern den Austausch von Ideen (Amabile & Khaire, 2008).

Neben diesen für die individuelle Kreativität förderlichen Faktoren beinhaltet die Arbeitsumgebung auch Gegebenheiten, die kreative Ideen hemmen können. Dazu gehören, der Interviewstudie von Amabile (1988) zufolge vor allem verschiedene Merkmale der Unternehmenskultur, wie unangemessene Belohnungssysteme, wenig Kooperation zwischen unterschiedlichen Bereichen und ein insgesamt geringes Interesse an Innovation. Aber auch Einschränkungen der Entscheidungs- und Arbeitsfreiheit, mangelnde organisationale Unterstützung, schlechtes Projektmanagement, auf unrealistischen Erwartungen basierende Evaluations- und Belohnungssysteme, unzureichende Ressourcen, technische Schwierigkeiten und zu viel Wettbewerbsdruck wirken sich negativ auf individuelle Kreativität aus (Amabile, 1988; Amabile et al., 1996; Amabile & Mueller, 2008; Ocker, 2005). Auch Arbeitsnormen, die dazu führen, dass neue Ideen brüsk kritisiert werden, können Kreativität hemmen (Amabile & Mueller, 2008).

Dieser Vergleich kreativitätsförderlicher und -hemmender Eigenschaften der Arbeitsumgebung weist viele einfache Gegensatzpaare auf. Allerdings werden auch einige weniger trennscharfe Bereiche offenbar, wie etwa *Leistungs-, Wettbewerbs- und Zeitdruck* oder auch die *Belohnung* der kreativen Arbeit, die sowohl auf der kreativitätsförderlichen als auch auf der -hinderlichen Seite der Gegenüberstellung erscheinen.

Offenbar wirkt ein gewisser ***Druck***, unter den richtigen Bedingungen, positiv auf individuelle Kreativität. Einerseits kann nämlich das eigene Projekt eventuell unwichtig erscheinen, wenn von oben *keine* Dringlichkeit kommuniziert wird, andererseits kann zu hoher Zeitdruck dazu führen, dass die erstbeste, nicht die ausgereifteste kreative Idee als Lösung angenommen wird. Wenngleich Arbeitsgruppen dazu neigen, unter Zeitdruck produzierte Ergebnisse als kreativer zu empfinden, ist dies tatsächlich meist nicht der Fall (Amabile et al., 2002). Amabile et al. (2002) sowie Binnewies und Wörnlein (2011) identifizieren in ihren Tagebuchstudien Bedingungen, unter denen hoher, bzw. geringer Zeitdruck sich positiv oder negativ auf kreative Leistung auswirken kann. Geringer Zeitdruck kann, wie bereits erwähnt, zu weniger Engagement führen, wenn das eigene Projekt dadurch als unwichtig wahrgenommen wird. Entsprechend wirkt sich geringer Zeitdruck, Amabile et al. (2002) zufolge, negativ auf Kreativität aus, wenn aus dem Management wenig Unterstützung kommt, Meetings eher in großen Gruppen als bilateral abgehalten werden, und insgesamt wenig Zusammenarbeit erfolgt. Wenn allerdings vor allen Dingen mit Einzelnen zusammengearbeitet wird und das Gefühl entsteht, sich auf einer „Erkundungsreise" („on an expedition", Amabile et al., 2002, S. 56) zu befinden, kann unter geringem Zeitdruck vor allem Kreativität entstehen, die sich auf die Entwicklung oder Erforschung neuer Ideen konzentriert. Mittlerer Zeitdruck, vor allem in Verbindung mit positivem Affekt, wirkt sich in der Studie von Binnewies und Wörnlein (2011) auf Kreativität förderlich aus.

Hoher Zeitdruck wirkt vor allem dann negativ auf Kreativität, wenn er ein unangemessen hohes Ausmaß erreicht (Andrews & Farris, 1972), der Arbeitsprozess häufig unterbrochen wird, sich das Individuum sich dadurch abgelenkt fühlt und seinen Arbeitsablauf insgesamt als äußerst fragmentiert erlebt. Dazu tragen auch gehäufte Plan- und Ablaufänderungen in letzter Minute bei. Weiterhin sind auch bei hohem Zeitdruck Gruppenmeetings eher hinderlich für Kreativität, da das Gefühl entstehen kann, wertvolle Arbeitszeit zu verlieren, was den subjektiv empfundenen Zeitdruck weiter zuspitzt. Auch wenn die eigene Aufgabe als insgesamt nicht wichtig empfunden wird, wirkt hoher Zeitdruck Kreativität entgegen. Auf der anderen Seite wirkt Zeitdruck förderlich für Kreativität, wenn Individuen oder kleinen Gruppen die Gelegenheit gegeben wird, sich über einen längeren Zeitraum mit nur einer Aktivität zu beschäftigen, wobei sie ungestört und geschützt arbeiten können. Zudem ist eine gewisse Sinnhaftigkeit der Aufgabe und als positiv empfundene Herausforderung unter hohen Zeitbeschränkungen für Kreativität förderlich.

Wenn Wettbewerbsdruck innerhalb eines Teams als bedrohlich aufgefasst wird, sind negative Auswirkungen auf Kreativität zu erwarten, da die für Kreativität wichtige geistige Flexibilität und Freiheit dadurch beeinträchtigt sein kann (Guilford, 1959). Gesunder Wettbewerb mit einer Gruppe außerhalb des eigenen Teams kann hingegen zu stärkerem Zusammenwachsen, besserer Zusammenarbeit und erhöhten Synergien führen. Gruppensynergien wiederum können Kreativität in einer Einzelperson fördern (Amabile, 1988). Der Befund, dass ein gewisser Leistungsdruck sich, vermittelt über eine Erhöhung der intrinsischen Motivation, kreativitätsförderlich auswirken kann, wird von Eisenberger und Aselage (2009) gestützt. Der positive Einfluss von Leistungsdruck auf intrinsische Motivation erklärt sich möglicherweise durch größere Konzentration auf die Aufgabe oder den effizienteren und somit bewussteren Einsatz der eigenen Fähigkeiten, denn im Sinne der *CET* (Ryan & Deci, 2000; s. Kap. 5.2) würde dies zu einer verbesserten Integration des vorgegebenen Ziels ins eigene Wertesystem führen. Amabile et al. (Amabile et al., 1996) nennen in dem Zusammenhang weiterhin die deutliche Artikulation einer zur Kreativität ermutigenden Vision.

Amabile (1988) weist darauf hin, dass auch das Verhalten und die Fähigkeiten von Vorgesetzten und Managern die individuelle Kreativität von Mitarbeitern stark beeinflussen können. Sie fasst die Erkenntnisse mehrerer empirischer Studien zusammen, in denen die folgenden Eigenschaften von Vorgesetzten als förderlich für die Kreativität ihrer Mitarbeiter identifiziert wurden (Amabile, 1988): ein gewisses Gleichgewicht zwischen Freiheit und Kontrolle; enge Zielformulierungen was das Ergebnis betrifft, jedoch weitgefasst, wenn es um den Prozess geht; partizipative und kooperative Führung; die auf Fähigkeiten und Interessen abgestimmte Arbeitsaufträge; offene Kommunikation; häufiges, konstruktives Feedback; gerechte und großzügige Belohnungen und Beachtung kreativer Arbeit, wobei die Belohnung intrinsische Anteile, wie zum Beispiel größere Freiheit bei der eigenen Aufgabenwahl, beinhalten sollte. Zudem sollten Vorgesetzte dafür sorgen, dass kreativ arbeitende Mitarbeiter, vor allem, wenn sie unter Zeitdruck stehen, für einen wesentlichen Anteil ihrer Arbeitszeit gegen Ablenkungen und Unterbrechungen abgeschirmt sind (Amabile et al., 2002). Zudem ist eine hohe Offenheit neuen Formen des Management gegenüber gefragt, da ein Abschied vom klassischen Gruppen-Meeting zugunsten von mehr bilateralen Diskussionen Amabile et al. (2002) zufolge positiv auf Kreativität wirkt. Weiterhin ist die Fähigkeit, die erforderlichen Bedingungen zu schaffen, damit Mitarbeiter Motivation erfahren können, eine wichtige Aufgabe von Führungskräften, auch und besonders im Zusammenhang mit Kreativität. Falsches Führungsverhalten, wie auch schlichte Vernachlässigung der Führungsaufgabe, kann sich schnell kontraproduktiv auf die Mitarbeitermotivation auswirken, während scheinbar kleine Gesten wie ehrliche öffentliche Anerkennung kreativer Leistung, mehr zur Motivation beitragen als monetäre Belohnungen (Amabile & Khaire, 2008).

2.5 Kreativität und Intelligenz

Es wird häufig argumentiert, Kreativität ließe sich zu einem großen Teil durch Intelligenz erklären. Da beide Konstrukte in der Literatur häufig Seite an Seite untersucht und auch definiert werden, soll in diesem Kapitel eine Abgrenzung vorgenommen werden.

Die Definitionen von Intelligenz sind vielfältig und reichen vom zielbezogenen, adaptiven Verhalten (Sternberg, 1982) über "gesunden Menschenverstand [good sense]" (Binet, 1905, no. 81) bis hin zu komplexeren Definitionen, die unter anderem die Begabung zum effektiven Umgang mit der individuellen Umgebung (Wechsler et al., 1961) sowie Fähigkeiten zur Problemlösung (Gardner, 1983) enthalten. Daneben haben sich Intelligenzkonzepte herausgebildet, die Kreativität als Teil oder Unterkategorie menschlicher Intelligenz betrachten. Sternbergs *Theory of Successful Intelligence* unterteilt intellektuelle Kapazität in die drei grundlegenden Faktoren analytische, praktische und kreative Intelligenz (Sternberg, 2003, 1999). Auch Guilford (1959) geht davon aus, dass Intelligenz ein multidimensionales Konstrukt ist, das unter anderem auch Kreativität zu einem gewissen Grad enthält. Getzels und Jackson (1962) kritisieren gar die Vernachlässigung von Kreativität zu Gunsten von Intelligenztests, die über wichtige Lebensschritte, wie zum Beispiel die Auswahl von Studenten für Graduiertenprogramme oder die Einstellung von Führungskräften entscheiden. Ihrer Ansicht nach müsste Kreativität einen ähnlich hohen Stellenwert bei solcherlei Entscheidungen einnehmen, da nicht nur alltägliche Beobachtungen einen starken Zusammenhang der beiden Konstrukte zu bestätigen scheinen sondern auch empirische Forschungsergebnisse diesen Zusammenhang stützen (Getzels & Jackson, 1962; Preckel, Holling & Wiese, 2006). Andere empirische Studien konnten allerdings auch das Gegenteil zeigen (z. B. Hollingworth, 1926; Rindermann & Neubauer, 2004; Terman, 1954), so dass bislang nur geschlossen werden kann, dass hohe Intelligenz nicht notwendigerweise mit hoher Kreativität einhergeht.

Guilford (Guilford, 1959) geht der Frage nach, ob die Komponenten, die Kreativität begründen, auch als Komponenten von Intelligenz aufgefasst werden können. Dazu fasst er 47 bekannte Faktoren von Intellekt in einem Strukturmodell zusammen und versucht, die Aspekte, die Kreativität konstituieren, darin zu verorten. Diese Intellektstruktur wird im Folgenden kurz dargestellt (Guilford, 1959, S. 153ff.). Die 47 Faktoren organisiert Guilford dazu nach drei Grundbestandteilen des Intellekts: 1) Gedankenmaterie oder -inhalt, 2) Verfahren des Denkens oder Denkvorgänge, und 3) das Produkt des Denkens.

1) *Gedankenmaterie oder -inhalt*

Guilford unterteilt diesen Bestandteil des Intellekts in Fähigkeiten, die den Gebrauch figuraler Gedankenmaterie (wahrgenommene Objekte mit ihren jeweiligen Eigenschaften) ermöglichen und in einer generellen Kategorie konkreter Intelligenz zusammengefasst werden, sowie Fähigkeiten, mit semantischer (Bedeutungen in verbalisierter Form) bzw. symbolischer Materie (wie Ziffern, Silben, Wörter, jeweils im Sinne ihrer Struktur, nicht Bedeutung) umzugehen, wobei er innerhalb der generell akzeptierten Kategorie der abstrakten Intelligenz die semantische und symbolische Intelligenz unterscheidet. Eine vierte Materie, die als verhaltensbasierter Inhalt bezeichnet werden könnte, ist nicht empirisch belegt, lässt sich Guilford zufolge aber theoretisch ausreichend begründet herleiten.

2) Verfahren des Denkens oder Denkvorgänge

Guilford charakterisiert hier fünf Arten von Denkvorgängen, die an den drei Arten des Gedankeninhalts jeweils vollzogen werden: Verbales Verständnis, Erinnerung, konvergentes und divergentes Denken, sowie Bewertung.

3) Produkt des Denkvorgangs

Abhängig von der Anwendung einzelner Denkvorgänge und -inhalte kann das Denken in Gedankenelementen (z. B. eine Struktur oder ein Konzept), Klassen oder Verbindungen von Elementen, Mustern/Systemen aus Elementen, oder aber in Implikationen (wie etwa Vorhersagen) resultieren.

Diejenigen Fähigkeiten, die nun deutliche Bezüge zur Kreativität aufweisen, umfassen Guilford (1959) zufolge zunächst das divergente Denken, das Begabungen wie die verschiedenen Formen der *fluency* (vgl. 2.2), Flexibilität und Originalität beinhaltet. Er warnt jedoch davor, kreatives Denken willkürlich als divergentes Denken zu definieren, da es nicht die Gesamtheit der intellektuellen Komponenten kreativer Erzeugnisse abdecke. So kann der Faktor der Problemsensitivität beispielsweise der Intellekt-Kategorie der Bewertung zugeordnet werden, während die Neudefinition im Rahmen des konvergenten Denkens stattfindet. Guilford weist allerdings darauf hin, dass die divergente Denkfähigkeit für Geistes- und Sozialwissenschaften die größte Relevanz aufweist, da sie unter anderem vor allem im verbalen Bereich zum Tragen kommt.

Diese eben diskutierten Faktoren lassen sich auf zwei grundlegende kognitive Modi herunter brechen (Getzels & Jackson, 1962, S. 13f.):

a) Speicherung von Wissen, Lernen von zuvor festgelegten Inhalten, Bewahrung dessen, was ist
b) Revision von Wissen, Erforschen des Unbekannten, Konstruktion dessen, was sein könnte

Der zuerst genannte Denkmodus kann in unterschiedlichen psychologischen Kontexten zum Beispiel als Sicherheitsbedürfnis (Maslow, 1956; s. auch Kap. 5.1) oder eben konvergentes Denken (Guilford, 1959) bezeichnet werden, während der zweite Modus dem Maslow'schen Wachstumsbedürfnis (s. Kap. 5.1) und dem divergenten Denken entspricht. Beide Denkmodi werden von jedem Individuum in unterschiedlichem Ausmaß angewandt und bilden so jeweils einen Anteil der individuellen Persönlichkeit (Getzels & Jackson, 1962): Den ersten Modus kennzeichnet insbesondere intellektuelles Erwerbsstreben, den zweiten hingegen intellektueller Erfindungsreichtum und Innovation. Beide sind für jeweils unterschiedliche Situationen angemessen und bilden jeweils einen Teil der individuellen Intelligenz. Allerdings wird in traditionellen Intelligenztests üblicherweise lediglich die Reproduktion von Wissen verlangt, während Neues mit hoher Wahrscheinlichkeit als falsch bewertet wird (Getzels & Jackson, 1962). Getzels und Jackson (1962) zeigen jedoch, dass solche klassischen Intelligenztests zwar zum Beispiel bei der Auswahl geeigneter Bewerber für eine Stelle helfen können, auf der anderen Seite jedoch auch einen großen Anteil von Personen „aussieben", die auch gute Leistung auf der Stelle gezeigt hätten. In ihrer Studie waren Schüler, deren mit Intelligenztests gemessene Intelligenz sich in den oberen 20% der Klasse befand, ebenso leistungsstark wie Schüler, die sich unterhalb dieser 20% befanden, dafür aber in Tests zum kreativen Potenzial (z. B. Wortassoziationstests, Einsatzmöglichkeiten diverser Gegenstände, Erkennen versteckter Formen, Komposition von Mathematikaufgaben) die höchsten Werte erzielten. Dieser Befund war nicht durch Unterschiede im Erfolgsmotiv erklärbar. Zudem korrelierten die Ergebnisse der Intelligenztests nur gering mit den Ergebnissen der Tests, die divergentes Denken erforderten. Schüler mit hohen Kreativitätswerten und weniger hohen Intelligenzwerten strebten für sich selbst ungewöhnliche Berufe (Schriftsteller, Erfinder) an. Ebenso hielten sie Eigenschaften für sich erstrebenswert, die nur schwach mit solchen korrelieren, die sie erfolgreichen Erwachsenen zuschrieben und sogar negativ mit solchen, von denen sie annahmen, dass sie von Lehrern bevorzugt werden. Die Eigenschaftenlisten der Schüler mit den höchsten Intelligenztestwerten korrelierten jeweils hoch. Interessanterweise bevorzugten Lehrer in dieser Studie die Schüler mit höheren Ergebnissen in Intelligenztests und kannten sie auch besser. Zeichnungen, die zu verbalen Cues angefertigt werden sollten, waren in der Gruppe der Schüler mit hohen Intelligenztestwerten detailgenauer, während die der kreativen Schüler mehr Humor, Unstimmigkeiten, Inkongruenzen und auch Gewalt enthielten.

Insgesamt kann aus den obigen Ausführungen geschlussfolgert werden, dass Kreativität und Intelligenz, je nachdem, wie sie gemessen werden, einen gewissen Zusammenhang aufweisen können. Allerdings scheint es sich um voneinander abgrenzbare Konstrukte zu handeln, die einer jeweils getrennten Betrachtung bedürfen. Daher wird in dieser Studie Kreativität weitgehend unabhängig von Intelligenz betrachtet.

2.6 Messen von Kreativität

Kreativität wird häufig über Fragebögen mittels Selbst- oder Fremdeinschätzung gemessen (Janssen, 2001). Ein Überblick über unterschiedliche Messinstrumente für Kreativität findet sich zum Beispiel bei Puccio & Murdock (1999). Weitere Ausführungen können auch in Kapitel 9.2.2.1 nachgelesen werden.

Amabile und Müller (2008) zufolge ist Kreativität selbst schwierig zu messen, und Einflussfaktoren darauf lassen sich allein durch sorgfältig entwickelte Experimente aufdecken. Amabile et al. (1996) entwickelten ein Instrument (*KEYS: Assessing the climate for Creativity*) zur Untersuchung der Arbeitsumgebung auf kreativitätsförderliche und –hinderliche Aspekte, das eine detaillierte und spezifische Umsetzung des Komponentenmodells der Kreativität (Amabile, 1988) darstellt. Dieses Instrument bezieht sich auf eine Erfassung der tatsächlichen Arbeitsbedingungen, wie sie in einer spezifischen Abteilung oder sonstigen zu untersuchenden Subgruppe bestehen. Dies ist relevant, da nicht alle Aspekte einer organisationalen Umgebung über alle Untergruppen hinweg konstant sind, sondern sich zum Teil bedeutend unterscheiden (Sackmann, 1992). Da sich die Leistung scheinbar vergleichbarer Arbeitsgruppen außerdem zum Teil erheblich unterscheidet, muss es als imperativ betrachtet werden, die individuelle Wahrnehmung von Umgebungsfaktoren zu erfassen, nicht etwa von oben vorgegebene Richtlinien und Regeln (Amabile, 1988; Amabile et al., 1996; Woodman et al., 1993).

Amabile und Müller (Amabile & Mueller, 2008) beschreiben eine beispielsweise von Amabile (Amabile, 1996, 1988, 1982) erfolgreich eingesetzte Methode zur Messung eines kreativen Ergebnisses. Die *CAT* (*consensual assessment technique*) beruht auf der seit Langem verbreiteten Praxis, die Leistung eines Mitarbeiters durch Vorgesetzte einschätzen zu lassen und wurde zunächst für die Verwendung in der psychologischen Forschung entwickelt. Mittlerweile wird sie auch für organisationale Studien verwendet (Amabile & Mueller, 2008). Die *CAT* beruht auf vier Grundannahmen: Kreativität kann auf einem Kontinuum eingeschätzt werden; Personen, die sich in einer bestimmten Domäne auskennen (Experten), können kreative Ideen auf diesem Gebiet erkennen; kumulierte Einschätzungen mehrerer Experten sind einer Einzelbewertung vorzuziehen; um eine Kalibrierung von Einzelleistungen auf dem Kreativitätskontinuum zu erreichen, ist es besser, Experten mehrere Ergebnisse mehrerer Individuen einschätzen zu lassen, als ihnen einzelne Resultate von Einzelpersonen vorzulegen (Amabile & Mueller, 2008). Da die *CAT* eine Methode ist, die sich empirisch bewährt hat und eine gründlichere Bestimmung der Kreativität einer Leistung erwarten lässt als beispielsweise eine Selbsteinschätzung per Fragebogen (vgl. Bortz & Döring, 2006), soll auf diese Methode im Folgenden näher eingegangen werden.

Innerhalb der *CAT* werden Experten gebeten, jeweils unabhängig voneinander die Kreativität der jeweiligen Ideen auf einer Skala einzuschätzen (Amabile & Mueller, 2008). Dabei wird ihnen üblicherweise keine Kreativitätsdefinition vorgegeben, sondern sie bewerten anhand ihrer eigenen, persönlichen Vorstellung davon, was kreativ ist (Amabile & Mueller, 2008). Der Mittelwert der Expertenratings dient als Kreativitätswert für jedes einzelne Ergebnis.

Amabile und Müller (2008) geben zu bedenken, dass die *CAT* bei sehr hohen Kreativitätslevels eventuell ungeeignet sein kann, da Experten auf einem Gebiet eine allzu bahnbrechende Idee häufig ablehnen. Weiterhin weisen sie darauf hin, dass Experten, die Ergebnisse von ihnen bekannten Personen einschätzen sollen, potenziell günstiger oder strenger bewerten als bei unbekannten Personen.

In vielen Studien werden Selbsteinschätzungen der kreativen Leistung berichtet, statt Produktivitäts- oder andere Ergebniskennzahlen (Cohen & Ledford, 1994). Amabile und Müller (2008) schlagen für künftige Forschung vor, diese Lücke zu schließen und einen Vergleich zwischen Selbsteinschätzung und Kennzahlen individueller Kreativität anzustellen. Ng und Feldman (2009) zufolge geben Vorgesetzte und Mitarbeiter hinsichtlich der Mitarbeiter-Kreativität sehr ähnliche Einschätzungen ab. Generell, also nicht spezifisch auf Kreativität bezogen, beträgt die Pearson-Korrelation zwischen Selbst- und Fremdeinschätzungen in der empirischen Literatur 0.30, wie Harris und Schaubroeck (1988) in einer Metaanalyse herausfanden. Der Zusammenhang zwischen Selbst- und Fremdeinschätzung ist demnach also generell zwar positiv, allerdings nicht sehr ausgeprägt.

3 Virtuelle Arbeit

Soziale Interaktion ist die am häufigsten untersuchte Größe in der Forschung zu virtuellen Teams (Schiller & Mandviwalla, 2007). Dies mag daher rühren, dass es sich hierbei um einen höchst komplexen Bereich handelt, was auch den Einbezug mehrerer unterschiedlicher Theorien rechtfertigt, um dieses Gebiet aus unterschiedlichen Blickwinkeln betrachten zu können. Es werden, der Meta-Analyse von Schiller und Mandviwalla (2007) zufolge allerdings nur wenige Theorien in der Forschung zu virtuellen Teams verwendet, die sich zur Untersuchung der Prozesse auf Gruppenebene eignen würden. Die Autoren vermuten, dass dies möglicherweise auf einen Mangel an geeigneten Theorien zurückzuführen sei.

Dieses Kapitel gibt nach einer kurzen Betrachtung des Virtualitätsbegriffs und virtueller Teams sowie virtueller Medien mit ihren Vorzügen und Unzulänglichkeiten einen Überblick über Forschung zu Vertrauen und Vertrautheit in virtuellen Teams sowie mehrere prävalente Theorien, die Relevanz für virtuelles Arbeiten aufweisen.

3.1 Begriffsbestimmung Virtuelle Zusammenarbeit und Virtualität

Der Begriff *Virtualität* kann dem Wortstamm nach diverse Bedeutungen haben. Häufig wird er aus dem Englischen (*virtual/virtually*) oder Französischen (*virtuel*) für den hier relevanten Zusammenhang unzutreffend übersetzt als das Gegenteil von *real*, nämlich *unwirklich* oder *scheinbar*. Ebenso wenig sind hier Definitionen unzutreffend, die sich auf den lateinischen Wortstamm *virtus* (Tugend, Tapferkeit, Tüchtigkeit, Kraft, Männlichkeit) beziehen. Tatsächlich bezeichnet *virtuell* im hier verwendeten Zusammenhang die Eigenschaft einer Sache oder eines Prozesses, mittels Computer hergestellt, simuliert, oder aufrecht erhalten zu werden, wie beispielsweise eine *virtuelle Unterhaltung* in einem Chatroom, oder auch eine *virtuelle Figur* in einem Computerspiel.

Diese definitorische Verwirrung mag historische Gründe haben, da der Begriff *virtuell* zu Beginn seiner Verwendung im technologischen Sinne für Dinge verwendet wurde, die vom Computer simuliert wurden, wie z. B. virtueller Speicher, der sich nicht im physisch realen Sinne im Prozessor befindet. Im Laufe der Zeit wurde der Begriff jedoch ausgeweitet, um alle Vorgänge einzuschließen, die mittels Computer abgewickelt werden (o. V., 2003). Der Begriff *digital* sowie auch die Präfixe *e-* und *cyber-*, wie in *E-Mail* und *Cyber-Space* etwa, bezeichnen üblicherweise das Gleiche wie das Adjektiv *virtuell*.

Virtuelle Teams unterscheiden sich, oberflächlich betrachtet, von herkömmlichen darin, dass sie regelmäßig räumliche und zeitliche Grenzen überschreiten und eine Reihe von *IuK*-Technologien verwenden (Lipnack & Stamps, 1997). Es gibt jedoch in der Wissenschaft wenig Konsens darüber, wie virtuelle Teams genau definiert werden sollten (Fiol & O'Connor, 2005). Allerdings werden von den meisten Autoren drei wichtige Schlüsselcharakteristika virtueller Teams identifiziert: die Mitglieder interagieren durch interdependente Aufgaben miteinander und verfolgen dabei ein gemeinsames Ziel (Kirkman & Mathieu, 2005; Konradt & Hertel, 2002; Lipnack & Stamps, 2000; Nerdinger, Blickle & Schaper, 2008; Schiller & Mandviwalla, 2007), sie verwenden Telekommunikationsmedien in substanziell größerem Umfang als direkte, persönliche Interaktionen (Fiol & O'Connor, 2005; Kirkman & Mathieu, 2005; Nerdinger et al., 2008; Schiller & Mandviwalla, 2007; Warkentin & Beranek, 1999), und sie sind geographisch verteilt (Cohen & Gibson, 2003; Kirkman & Mathieu, 2005; Nerdinger et al., 2008; Schiller & Mandviwalla, 2007). Einer Meta-Analyse zu virtueller Zusammenarbeit zufolge (Zakaria, Amelinckx & Wilemon, 2004, S. 16) gleichen sich die am häufigsten verwendeten Definitionen virtueller Teams am meisten darin, dass die Mitglieder keine gemeinsame Arbeitsgeschichte ("common history") aufweisen (s. auch Robert, Dennis & Hung, 2009). Zudem fehle ebenfalls häufig die persönliche Interaktion.

Virtuelle Teams können also, mit Townsend, DeMarie und Hendrickson (1998, S. 18) zunächst folgendermaßen grob definiert werden: "groups of geographically and/or organizationally dispersed coworkers that are assembled using a combination of telecommunications and information technologies to accomplish an organizational task". Mitglieder virtueller Teams stammen zudem häufig aus unterschiedlichen

Kulturen und Sprachräumen, da diese Zusammenarbeitsform vor allem für global verteilte Teams Vorteile, wie z. B. Reisekosteneinsparungen, birgt und daher häufig in global agierenden Firmen eingesetzt wird (Kirkman, Rosen, Tesluk & Gibson, 2004; Lipnack & Stamps, 2000; O'Leary & Cummings, 2007; Townsend et al., 1998). Virtuelle Zusammenarbeit lässt sich nicht nur innerhalb einzelner Firmen realisieren sondern wird auch für unternehmensübergreifende Kooperationen immer wichtiger, da die economies of scale heute oft nicht mehr allein die Wettbewerbsfähigkeit sichern können (Wüthrich & Philipp, 1998). In auftragsabhängig gebildeten temporären Zusammenschlüssen können mehrere gleichberechtigte Partnerfirmen jeweils den Anteil zur Auftragserfüllung beisteuern, in dem ihre Kernkompetenzen verortet sind (Wüthrich & Philipp, 2001). Während die an einem solchen Netzwerk beteiligten Organisationen geographisch weit verteilt sein können, treten sie dem Kunden gegenüber als ein Unternehmen auf.

Obwohl sie Virtualität eher dichotom als kontinuierlich betrachten, sehen Lipnack und Stamps (1997) Teams, die sich nie begegnen als Extremfälle. Bezogen auf die virtuelle Zusammenarbeit in Organisationen wenden sich Forschung und Praxis in den letzten Jahren immer mehr einem Virtualitätsverständnis zu, das Virtualität als Kontinuum mit den Polen „virtuell" und „direkt/persönlich/nicht virtuell" beschreibt (Martins et al., 2004). Häufig bleibt jedoch offen, woran sich ihr Ausmaß in jedem spezifischen Fall bemisst. Es stellt sich beispielsweise die Frage nach dem Radius kolozierter Zusammenarbeit, ab welchem räumlichen Abstand zueinander also von einem virtuellen Team gesprochen werden kann. Auch „herkömmliche" kolozierte Teams, die also vorwiegend in persönlicher Interaktion zusammenarbeiten, verwenden gelegentlich Informations- und Kommunikationstechnologien, wie zum Beispiel E-Mail.

Lipnack und Stamps (1997) verweisen auf die Ausführungen von Allen (1977), denen zu Folge ab 15 Metern bzw. 50 Fuß Abstand zwischen Teamkollegen von virtueller Zusammenarbeit gesprochen werden kann: Da die Wahrscheinlichkeit, mit der mehr als einmal pro Woche zusammengearbeitet wird, ab einer Entfernung von mehr als 15 Metern stark abnehme, müsse ab dieser Entfernung auf technologische Kommunikationsmittel zurückgegriffen werden, um die notwendige Frequenz der Kooperation aufrecht zu erhalten. Dies ist in Abbildung 2 grafisch verdeutlicht.

ABBILDUNG 2: DIE 15M-REGEL DER ZUSAMMENARBEIT

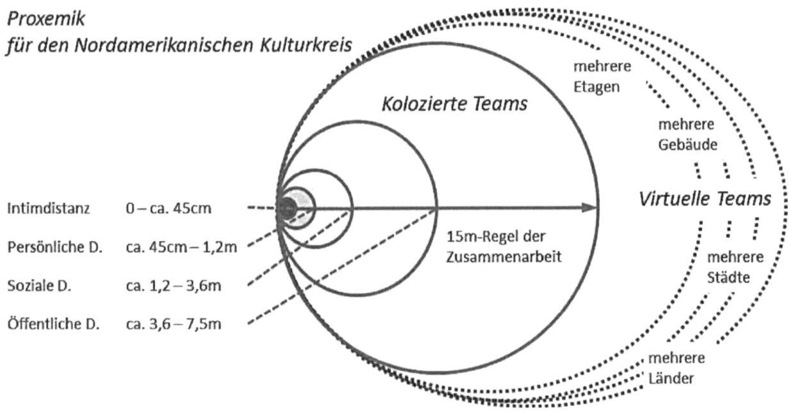

Quelle: in Anlehnung an *Collocated to Virtual Distance*, Lipnack & Stamps (1997, S. 9)

Schwierigkeiten der Zusammenarbeit häufen sich mit zunehmender Entfernung der Teammitglieder untereinander. Lipnack und Stamps (1997) differenzieren in ihrem Modell vier Entfernungsebenen. Teams verteilen sich demnach auf mehrere Etagen, mehrere Gebäude, mehrere Städte oder mehrere Länder. Spätestens dann, wenn von unterschiedlichen Ländern aus kooperiert wird, kommen probleminduzierende Faktoren wie Zeitzonen und Kulturunterschiede zum Tragen (Lipnack & Stamps, 1997).

Dieses Modell lässt allerdings verschiedene Kritikpunkte zu. Zum einen ist es nicht universell anwendbar, da es sich auf das Distanzgefühl im nordamerikanischen Kulturkreis bezieht. Davon abgesehen simplifiziert es die komplexen Beziehungen virtueller und nicht-virtueller Teammitglieder untereinander zu stark, indem es das Vorhandensein bzw. den Grad der Virtualität allein an die Entfernung knüpft, Aufgabenbeschaffenheit, Personen- und Kontextfaktoren jedoch außer Acht lässt. Auch Scholz (2001) und Sulzbacher (2003) betrachten das Modell als insgesamt zu stark vereinfacht.

In bestimmten Berufszweigen können beispielsweise auch eigentlich kolozierte Teams, deren Mitglieder in Büros arbeiten, die weniger als diese 15 Meter auseinander liegen, gezwungen sein, sich mit Schwierigkeiten auseinanderzusetzen, die sonst vor allem virtuelle Teams betreffen. Lipnack und Stamps (1997, S. 8) nennen selbst das Beispiel des Vertreters oder Beraters im Außendienst, der seine Teamkollegen nur selten zur gleichen Zeit im Büro antreffen wird und sich deshalb asynchroner virtueller Kommunikation bedienen muss. Andere Beispiele wären das Versenden wichtiger Dokumente per Email statt persönlich (um gleichzeitig digitale Kopien zu erstellen) oder die sequentielle Arbeit in Fast-Food-Restaurants, wo Bestellungen per Computer zur nächsten Verarbeitungsstelle weitergeleitet werden.

Mit Kirkman und Mathieu (2005, S. 712) kann daher geschlossen werden: "geographic dispersion is an antecedent to, and not a defining dimension of, a team's virtuality". Der Grad der Virtualität eines Teams ist, Kirkman und Mathieu zufolge, abhängig von mehreren Faktoren. Diese Ansicht vertreten eine ganze Reihe von Virtualitätsforschern (Chudoba, Wynn, Lu & Watson-Manheim, 2005; Cohen & Gibson, 2003; Gibson & Gibbs, 2006; Griffith, Sawyer & Neale, 2003; Kirkman & Mathieu, 2005; Martins et al., 2004), allerdings steht eine Einigung auf die Dimensionen, die eine virtuelle Arbeitsumgebung letztlich in geeigneter Weise beschreiben, noch aus. Eine umfangreiche Zusammenfassung unterschiedlicher Ansätze zur definitorischen Fassung des Virtualitätsbegriffs als Kontinuum bieten zum Beispiel Johnson, Bettenhausen und Gibbons (Johnson, Bettenhausen & Gibbons, 2009, S. 624). Martins et al. (2004) extrahieren in ihrer Meta-Analyse vier Virtualitäts-Dimensionen, die die geographische Verteilung der Team-Mitglieder, die Nutzung von Kommunikationstechnologien, zeitdynamische Faktoren und Diversity umfassen.

In Abbildung 3 sind diejenigen Einflussgrößen dargestellt, die nach Einschätzung von Kirkman und Mathieu (2005) zu höherer oder geringerer Virtualität eines Teams führen.

ABBILDUNG 3: EINFLUSSGRÖßEN AUF TEAM-VIRTUALITÄT

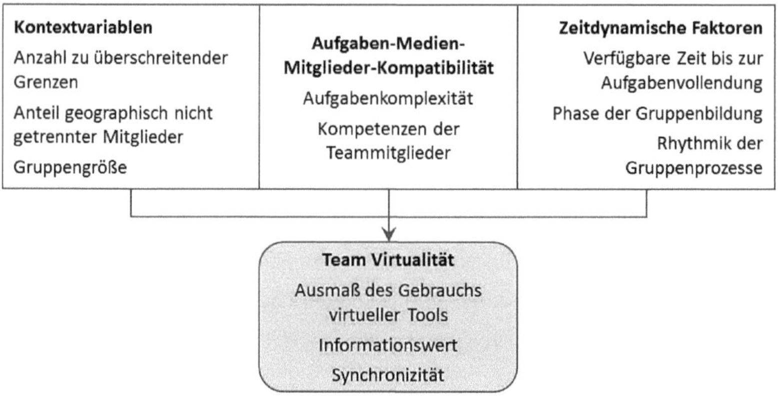

Quelle: in Anlehnung an *Antecedents of Team Virtuality*, Kirkman (2005, S. 706).

Kirkman und Mathieu (2005) gliedern diese Einflussgrößen auf in Kontextvariablen, Aufgaben-Medien-Mitglieder-Kompatibilität und zeitdynamische Faktoren, die sich in ihrer Kombination auf die Virtualität des Teams auswirken.

Bei den Kontextvariablen handelt es sich um solche, die Teammitglieder dazu bringen, mehr virtuelle Kommunikationswege zu verwenden. Beispielsweise nennen sie die Anzahl zu überschreitender Grenzen (*boundaries*) bei der Kommunikation, was nicht nur Grenzen der Organisation beinhaltet, sondern auch kulturelle und Landesgrenzen sowie Zeitzonen. Kirkman und Mathieu (2005) postulieren hier einen linearen Zusammenhang zwischen der Anzahl dieser Grenzen und Virtualität. Eine weitere Kontextvariable ist der Anteil geographisch nicht getrennter Mitglieder in der Arbeitsgruppe. Auch hier besteht ein linearer Zusammenhang zwischen dem Ausmaß dieses Anteils und der Team-Virtualität. Die dritte Kontextvariable bildet die Gruppengröße. Hier gilt ebenfalls: Je größer die Gruppe, desto höher der Grad der Virtualität. Dahinter steht die Annahme, dass größere Arbeitsgruppen eine größere Varietät in ihren Kommunikationswegen aufweisen und die verwendeten Medien mit hoher Wahrscheinlichkeit einen geringeren Informationswert haben als es bei kleineren Teams der Fall wäre.

Die zweite von Kirkman und Mathieu (2005) genannte Einflussgröße ist die Aufgaben-Medien-Mitglieder-Kompatibilität, die Synergien zwischen der Beschaffenheit der Aufgaben, den verfügbaren Technologien und den korrespondierenden Kompetenzen der Teammitglieder beschreibt. Zunächst ist hier die Aufgabenkomplexität genannt. Eine gepoolte Abhängigkeit der Teammitglieder voneinander (*pooled interdependence*) macht in den meisten Fällen lediglich eine statische geteilte Datenbasis, wie z. B. bei Verkaufsteams, notwendig. Daneben gibt es die *sequential interdependence*, also sequenzielle Abhängigkeit untereinander, wie z. B. die klassische Fließbandarbeit, die einer Technologie mit vergleichsweise geringem Informationswert bedarf. Die wechselseitige Interdependenz (*reciprocal interdependence*) meint, bezogen auf den Einflussfaktor der Aufgabenkomplexität Arbeit, die zwischen Mitgliedern einer Arbeitsgruppe wiederholt hin und her geschoben wird. Solche Aufgaben lassen sich mit Hilfe von Technologien mit höherem Informationswert sowie synchroner Interaktion besser bewältigen. Die intensive Abhängigkeit untereinander schließlich (*intensive interdependence*) verlangt besonders enge, gleichlaufende Zusammenarbeit und fortwährende Aufmerksamkeit, so dass Technologien mit hohem Informationswert notwendig sind. Nach Kirkman und Mathieu (2005) besteht ein inverser Zusammenhang zwischen Aufgabenkomplexität und Virtualität der Arbeitsgruppe. Der zweite Faktor der Aufgaben-Medien-Mitglieder-Kompatibilität neben der Komplexität sind die Kompetenzen der Teammitglieder, also verschiedene *KSAOs*: knowledge, skill, ability, other. Mitglieder virtueller Teams benötigen eine gewisse Gewandtheit mit Aufgaben und ihren Team-Kameraden, müssen aber auch die notwendigen Technologien beherrschen und Kenntnisse darüber besitzen, welche Informationen wann und unter Einsatz welcher Hilfsmittel am besten weitergeleitet werden können. Zwischen den virtualitätsrelevanten *KSAOs* der Teammitglieder und der Virtualität des Teams besteht ein linearer Zusammenhang (Kirkman & Mathieu, 2005).

Die dritte und letzte Gruppe von Faktoren, die nach Kirkman und Mathieu (2005) auf die Virtualität von Teams Einfluss nehmen, bezieht sich auf zeitdynamische Aspekte. Es wird ein linearer Zusammenhang zwischen dem Maß, in dem virtuelle, also nicht *face-to-face* erfolgende, Arbeit den Problemlösungsprozess beschleunigt und der Team-Virtualität angenommen (Kirkman & Mathieu, 2005). Das gleiche gilt für die Beziehung zwischen der Phase der Gruppenbildung, in der sich eine Arbeitsgruppe befindet, und dem Ausmaß der Virtualität der Zusammenarbeit. Der letzte Punkt ist die Rhythmik der gruppenintern ablaufenden Prozesse. Je nachdem, welche Aufgaben das Team gerade bearbeitet, verändert sich der Grad der Virtualität. In Übergangszeiten (*transition periods*), wo etwa neue Strategien erarbeitet werden oder anstehende Aufgaben geklärt werden, ist die Virtualität geringer als in aktiven Arbeitsperioden (*active periods*), in denen Resultate erzielt werden.

Cohen und Gibson (2003) unterscheiden zwei Dimensionen, anhand derer sich Virtualität messen lassen soll, nämlich Abhängigkeit von elektronischen Geräten und Kommunikationsmitteln und geografische Verteilung der Teammitglieder. Von Griffith, Sawyer und Neale (2003) werden drei Größen postuliert, die den Grad der Virtualität ausmachen: Ausmaß an technologischer Unterstützung der Zusammenarbeit, Prozentsatz der Zeit, die die Teammitglieder während der Bearbeitung einer Aufgabe getrennt voneinander verbringen, und den Grad der physischen Entfernung voneinander. Bei Chudoba, Wynn, Lu und Watson-Manheim (Chudoba et al., 2005) gibt es sechs Faktoren, anhand derer die Virtualität bestimmt wird. Neben geographischen, zeitlichen und kulturellen Aspekten nennen die Autoren auch Arbeitsmethoden, organisationale Größen und ebenfalls den Einsatz technologischer Kommunikations- und Arbeitsmittel.

Auch im Virtualitätskonzept nach Gibson und Gibbs (2006) wird die virtuelle Arbeitsumgebung anhand eines Kontinuums beschrieben. Die Virtualität einer Zusammenarbeitsform ist demnach umso geringer, je ähnlicher die virtuelle Kommunikation derjenigen ist, die persönlich erfolgen würde. Asynchrone Kommunikation repräsentiert in diesem Zusammenhang höhere Virtualität als synchrone Kommunikation (Kirkman & Mathieu, 2005), da letztere der persönlichen Interaktion ähnlicher ist. Dies geht zudem einher mit dem Informationswert des verwendeten Kommunikationsmediums, also der Menge und Unterschiedlichkeit der vermittelten Informationen. Je höher der Informationswert des verwendeten Kommunikationsweges, desto geringer auch in diesem Konzept die Virtualität (z. B. Videokonferenz mit hohem vs. Email mit geringem Informationswert; vgl. Kap. 3.2). In einem Team steigt die Virtualität in dem Maße an, in dem sich die Mitglieder auf virtuelle Kommunikationswege verlassen.

In Tabelle 1 sind die virtualitätsbestimmenden Faktoren in der Reihenfolge der Häufigkeit, mit der sie genannt werden noch einmal zusammengefasst.

TABELLE 1: DIMENSIONEN VON TEAM-VIRTUALITÄT

	Dimension/Faktor	Beispiele	Autoren
häufig	Nutzung von Kommunikationstechnologien	synchrone vs. asynchrone Kommunikation	(Chudoba et al., 2005) (Cohen & Gibson, 2003) (Griffith et al., 2003) (Kirkman & Mathieu, 2005) (Martins et al., 2004)
	geographische Verteilung der Team-Mitglieder	Zeit, in der getrennt gearbeitet wird, Entfernung, Anzahl zu überschreitender Grenzen, Anzahl kolozierter Teammitglieder	(Chudoba et al., 2005) (Cohen & Gibson, 2003) (Griffith et al., 2003) (Kirkman & Mathieu, 2005) (Martins et al., 2004)
eher häufig	zeitdynamische Faktoren	Phase der Gruppenbildung, beschleunigte Problemlösung	(Chudoba et al., 2005) (Kirkman & Mathieu, 2005) (Martins et al., 2004)
	Kultur/Diversity		(Chudoba et al., 2005) (Kirkman & Mathieu, 2005) (Martins et al., 2004)
	Aufgaben-Medien-Mitglieder-Kompatibilität	Arbeitsmethoden, Art der aktuellen Aufgabe, Aufgabenkomplexität, virtualitätsrelevante Kompetenzen, Informationswert des Mediums	(Chudoba et al., 2005) (Gibson & Gibbs, 2006) (Kirkman & Mathieu, 2005)
seltener	organisationale Faktoren	Gruppengröße, Prozesse	(Chudoba et al., 2005) (Kirkman & Mathieu, 2005)

Quelle: eigene Darstellung

Einige Autoren argumentieren, dass virtuelle Teams eine völlig neue Art von Team seien und daher nicht in bereits existierende Typologien eingeordnet werden können

(Bell & Kozlowski, 2002). Andere sehen, wie eben beschrieben, bei jeder Art von Team die Möglichkeit gegeben, sie anhand der Ausprägung ihrer Virtualität zu beschreiben (z. B. Cohen & Gibson, 2003; Martins et al., 2004). So kann der Begriff des virtuellen Teams neben solchen Arbeitsgruppen, die sich niemals persönlich begegnen auch Zusammenarbeit bezeichnen, bei der man gelegentlich oder regelmäßig *face-to-face* Meetings abhält. Auch sogenannte *hybride Teams*, deren Mitglieder zum Teil am gleichen Ort und zum Teil disloziert arbeiten, sowie *far-flung Teams*, definiert als „virtual teams that are multi-unit/multi-organizational, multi-functional, globally dispersed and conduct their interdependent activities mainly through electronic media with minimal or no *face-to-face* interactions" (Malhotra & Majchrzak, 2004, S. 75), können gemeint sein.

Virtuelle Teams sind im Folgenden definiert als Arbeitsgruppen/Teams, die im Rahmen ihrer Aufgaben keinen oder sehr wenig persönlichen Kontakt haben, also geographisch voneinander getrennt sind und vorwiegend über moderne Medien kommunizieren.

3.2 Virtuelle Medien

In vielen Bereichen der täglichen Erwerbsarbeit, nicht nur in virtuellen Teams, werden heutzutage virtuelle Medien verwendet. Viele Angestellte und Führungskräfte sehen mehrmals täglich im Posteingang ihres Email-Programms nach, ob neue Nachrichten angekommen sind, oder haben das Programm sogar ständig geöffnet (Tyler & Tang, 2003).

Der Begriff des *Mediums* ist in der Kommunikationsforschung definiert als ein Mittel zur Durchführung von Kommunikation (Burkart, 2002). Unterschiedliche Medien sind dabei in Klassen eingeteilt. Die sogenannten *primären Medien* beinhalten die natürlichen Ausdrucksarten des Sprechens, der Mimik und der Gestik. Wenn zum Aufbau von Informationsvermittlung ein spezielles Gerät erforderlich ist, der Empfang der Information jedoch nur die fünf Sinne notwendig sind, wie es zum Beispiel bei einem Druckerzeugnis, einer Radiosendung, oder einem Buch in Blindenschrift der Fall ist, wird von *sekundären Medien* gesprochen. *Tertiäre Medien* werden diejenigen Kommunikationsmittel genannt, die sowohl auf Sender- als auch Empfängerseite bestimmte Gerätschaften erfordern, wie zum Beispiel das Telefon, das nur funktioniert, wenn alle Kommunikationsteilnehmer über das Gerät verfügen. Quartäre Medien schließlich umfassen nach Burkart (2002) solche Medien, die eine Computernutzung notwendig machen, also beispielsweise *E-Mail* oder diverse Online-Inhalte wie *Wikis*, Diskussions-Foren und *Chats*.

Je größer die Virtualität eines Teams ist, desto mehr tertiäre und quartäre Medien werden zur interpersonellen Kommunikation verwendet, während klassische, *face-to-face* Teams vor allem über primäre und sekundäre Medien kommunizieren. Dies führt zu einem deutlichen Unterschied in der Variabilität von Informationskanälen. Emotionale Informationen beispielsweise werden am einfachsten und mit nur wenig Interpretationsspielraum über Mimik und Gestik übertragen, während dies mit tertiären oder quartären Medien nur mit größerem Aufwand möglich ist (Hofmann, 2003; Konradt & Hertel, 2002). Der fehlende Kanal für die Weitergabe impliziter Informationsanteile, wie zum Beispiel Ironie, führt bei virtueller Kommunikation mit informationsarmen Medien häufig zu Missverständnissen.

Ein Beispiel für bei virtueller Zusammenarbeit häufig genutzte Medien ist die E-Mail (kurz für *electronic mail*). Dabei handelt es sich um eine Nachricht, die per Computer oder inzwischen auch per mobilem Endgerät (z. B. Mobiltelefon) versandt und empfangen wird, also ein *quartäres Medium* in der Taxonomie von Burkart (2002). Der oder die Empfänger erhalten die Nachricht automatisch in den E-Mail Posteingang. Diese Form von Nachrichten wird als *push* Information bezeichnet, da sie im Gegensatz zu *pull*-Informationen, wie Inhalten einer Webseite, nicht aktiv angefordert werden muss. Weiterhin handelt es sich um eine *asynchrone* Form der Kommunikation, da der Empfänger zu jedem Zeitpunkt auf die Nachricht zugreifen kann, nicht nur genau dann, wenn sie gesendet wird. Dies hat den Vorteil, dass E-Mails abgerufen werden können, wann es für den Empfänger günstig ist und seinen Arbeitsablauf am wenigsten stört. Ein Nachteil asynchroner Kommunikation ist, dass dem virtuellen Schweigen des Gegenübers falsche oder zu viel Bedeutung beigemessen werden kann. Eventuell werden Rückschlüsse über Arbeitsmoral oder Persönlichkeit des Gesprächspartners gezogen, obwohl die Gründe für die Verzögerung der Antwort an anderer Stelle liegen.

Das *synchrone* Gegenstück zur E-Mail ist eine Unterhaltung in einem *Chat*. Auch hier wird per Computer kommuniziert, mit Hilfe einer speziell auf diese Art des Gesprächs ausgerichteten Anwendung. Diese Anwendung kann fest auf dem Computer installiert sein, wie zum Beispiel *Skype*, oder aber Teil einer Webseite sein, wie zum Beispiel ein Kundenservice-Chat auf der Webseite einer Telekommunikationsfirma. Die Teilnehmer an einem Chat schicken sich gegenseitig Nachrichten, die je nach Qualität der Internetverbindung beinahe in Echtzeit angezeigt und gleich beantwortet werden können.

Die Arbeit in einem virtuellen Team beinhaltet häufig die Gelegenheit, parallel zu einer Konversation im Chat auch andere Aufgaben zu erledigen, oder mehrere Chat-Unterhaltungen gleichzeitig zu führen. Bei korrekter Handhabung dieser Möglichkeit kann sie die Effizienz steigern (Wasson, 2004). Möglicherweise ist sie allerdings auch mit verantwortlich dafür, dass vor allem bei geringer Erfahrung mit *IuK*-Technologien häufig das Kommunikationsverhalten auf Kosten der Ausführlichkeit verändert wird, so dass Informationen verloren gehen können (Offelmann & Zülch, 2006). Ähnliches gilt für die Ausdrucksweise. Die Sprache, der sich heutzutage viele in Kurzmitteilungen von Mobiltelefon zu Mobiltelefon bedienen, ähnelt einer neuen Kurzschrift. Dies begünstigt zwar die Effizienz der Kommunikation, allerdings kann der Effekt nur greifen, wenn alle Beteiligten dieser verkürzten Sprache mächtig sind. Entsprechend eröffnen sich durch die Kommunikation mittels neuer Medien auch Möglichkeiten zur Entwicklung neuer Formen des sozialen Austauschs (Zakaria et al., 2004). In einem eingespielten virtuellen Team, das angemessene *IuK*-Technologie verwendet, kann der Informationsaustausch unter Umständen einfacher und schneller von Statten gehen als in einem klassischen *face-to-face* Team (Manchen Spörri, Springall & Grote, 2003; Offelmann & Zülch, 2006).

Dazu, welche Medien für welche Arbeitsaufgaben geeignet sind, existiert eine Reihe von Theorien, von denen eine Auswahl in Kapitel 3.4 vorgestellt wird. Scholz (2001) weist allerdings darauf hin, dass wirklicher Erfolg und eine echte Steigerung der Effizienz durch den Einsatz von *IuK*-Technologien nur dann möglich ist, wenn der Mensch, der sie verwendet, in den Mittelpunkt gestellt wird. Es muss also gelingen, die virtuellen Medien auf die angestrebten Kommunikationsergebnisse auszurichten und ihnen somit eine unterstützende, nicht steuernde Funktion zuzuweisen. Zusätzlich zur richtigen Passung unterschiedlicher Medien zu bestimmten Aufgaben ist es also auch notwendig festzustellen, inwieweit einzelne Personen und deren Arbeitsleistungen von ihrer Verwendung profitieren. Simon (2006) argumentiert, dass jüngere Mitarbeiter, da sie bereits mit den heute bestehenden *IuK*-Technologien aufgewachsen sind, besser für virtuelle Zusammenarbeit geeignet sein sollten. Weiterhin wurde postuliert (Kiesler & Sproul, 1992) und empirisch gezeigt (Caspi, Chajut & Saporta, 2008), dass Frauen in virtuellen Situationen vergleichsweise expressiveres Verhalten zeigen als Männer.

3.3 Vertrauen und Vertrautheit bei virtueller Zusammenarbeit

Der organisationale Kontext besteht in virtuellen Teams aus einem Konglomerat an Teilstücken der sozialen Umgebung, organisationaler Strukturen und Praktiken vor Ort, des verteilten organisationalen Kontexts und des professionellen Umfelds (Bjorn & Ngwenyama, 2009). Durch die geographische Verteilung wird es Firmen ermöglicht, die Expertise der besten verfügbaren Mitarbeiter unabhängig von deren Standort zur Aufgabenbearbeitung heranzuziehen, so dass ein virtuelles Team häufig eine ganze Reihe von Kernkompetenzen zur Verfügung stellt (Kirkman et al., 2004; Scholz, 2001). Virtuelle Zusammenarbeit bietet auch finanzielle Vorteile, da Reisekosten eingespart werden können. Nach Angaben von Linden Lab nutzten 2010 weltweit mehr als 1400 Unternehmen und andere Organisationen virtuelle Umgebungen für Meetings, Konferenzen oder Schulungen (heise online, 2010; Orlikowski, 2002).

Gerade aus dem hohen Grad an Selbststeuerung und der Tatsache, dass sich in virtuellen Teams häufig *High Potentials* mit stark nachgefragten Kompetenzprofilen unterschiedlicher Fachrichtungen von unterschiedlichen Standorten sammeln, können sich Zentrifugalkräfte entwickeln. Damit ergibt sich die Notwendigkeit, hier gegen zu steuern und ein Zusammenwachsen der Teammitglieder zu fördern. Zur Führung bei jeder Form virtueller Zusammenarbeit bedarf es neben der Vereinbarung von klaren und eindeutigen Zielen und regelmäßigen Feedbacks vor allem des Aufbaus von Kohäsion, Flexibilität und Empathie, Offenheit für andere Kulturen, der Förderung von Kooperation, des Erkennens und Förderns impliziter Teamführer, der Implementierung und Aufrechterhaltung entsprechender Normen sowie des Abgleichs der Teamaufgaben mit übergeordneten Organisationszielen (Cascio & Shurygailo, 2003; Cordery, Soo, Kirkman, Rosen & Mathieu, 2009; Geister, Konradt & Hertel, 2006; Kayworth & Leidner, 2002). Von einer Führungskraft werden in virtuellen Teams größere Detailtreue, mehr Struktur und Monitoring (Coppola, Hiltz & Rotter, 2002) sowie das Einhalten von Kommunikationsnormen und eine hohe Motivation gefordert (Zigurs, 2003). Ein virtuelles Team benötigt darüber hinaus nach Ansicht vieler Forscher (z. B. DeRosa, Hantula, Kock & D'Arcy, 2004; Jarvenpaa, Knoll & Leidner, 1998; Jarvenpaa & Leidner, 1999; Mockaitis, Rose & Zettinig, 2009; O'Hara-Devereaux & Johansen, 1994; Peters & Karren, 2009; Piccoli & Ives, 2003) eine Vertrauensbasis, die eine effektive Zusammenarbeit erst möglich macht. Diese kann beispielsweise durch eine besonders definierte Unternehmenskultur (Sackmann, 1992) mit spezifischen Normen und Werten aufgebaut werden. Kognitives Vertrauen ist definiert als "a trustor's rational expectations that a trustee will have the necessary attributes to be relied upon" (Kramer & Tyler, 1996, S. 943).

Der sogenannte *swift trust*, eine Sonderform von Vertrauen, entwickelt sich, bevor Teammitglieder Gelegenheit hatten miteinander zu interagieren (Meyerson, Weick & Kramer, 1996; Robert et al., 2009). Individuen ordnen ihre Mitarbeiter in Kategorien ein, die auf bekannten Charakteristika wie Geschlecht, Hautfarbe, Ausbildung etc. basieren. Da tatsächliches Verhalten der Teammitglieder noch nicht beobachtet werden konnte, werden Entscheidungen aufgrund dieser Kategorien getroffen (Meyerson et al., 1996). Nach Robert et al. (2009) beeinflussen Vertrauensdisposition und *In-Group-Bias* die Entwicklung von *swift trust* (nicht aber erfahrungsbasiertem Vertrauen) positiv, während wahrgenommene Fähigkeiten, Integrität und Wohlwollen erfahrungsbasiertes Vertrauen begünstigen. Ausprägung und Richtung des anfänglichen *swift trust* beeinflusst auch das später entstehende erfahrungsbasierte Vertrauen.

Ein unter Umständen leistungshemmender Faktor, der durch das Schaffen von gegenseitigem Vertrauen und einer Vertrautheit mit Kollegen und relevanter Materie reduziert werden kann ist die Unsicherheit. Unsicherheit wird üblicherweise definiert als das Gefälle zwischen der zur Aufgabenerfüllung notwendigen Information und derjenigen, die tatsächlich zur Verfügung steht (Daft & Lengel, 1986). Unsicherheit ist also die Abwesenheit von notwendiger Information. Da virtuelle Kommunikationsmedien Informationen anders transportieren als es bei *face-to-face*-Zusammenarbeit der Fall ist, werden vor allem weniger soziale Informationen transportiert. Daher sehen sich Organisationen, in denen virtuell zusammen gearbeitet wird, der Aufgabe gegenüber, Informationsverarbeitungsmechanismen zur Verfügung zu stellen, die diese Unsicherheit so weit wie möglich ausräumen (Daft & Lengel, 1986). Dies beinhaltet auch die Auswahl von Mitarbeitern mit einer möglichst hohen Unsicherheitstoleranz. Um die Unsicherheit virtueller Situationen zu reduzieren, ist es notwendig, Strukturen einzurichten, die nicht nur große Daten- und Informationsmengen transportieren, sondern Mitarbeitern auch die Möglichkeit einräumen zu diskutieren und Unklarheiten auszuräumen. Durch den ausgleichenden Effekt elektronischer Kommunikationsmedien (Kiesler & Sproul, 1992) kann virtuelle Kommunikation die Expressivität von Frauen begünstigen. Dies wurde unter anderem in der Studie von Caspi et al. (2008) gezeigt.

Thatcher und Greer (2008) untersuchen den Zusammenhang zwischen individueller Leistung und dem Grad in dem Mitarbeiter verstehen und berücksichtigen, mit welchen Rollen sich ein Individuum identifiziert und mit welchen nicht (wie z. B. Arbeiterin, Frau, Mutter). Bei *face-to-face* Zusammenarbeit wird dieses Verständnis häufig durch Familienfotos auf dem Schreibtisch oder personalisierte Screensaver geweckt. Bei virtueller Zusammenarbeit werden die Teilnehmer an der Projektarbeit häufig dazu angehalten, sich den übrigen Teammitgliedern kurz vorzustellen und dabei ihre Hobbies und Interessen anzugeben. Den Ergebnissen der Feldstudie von Thatcher und Greer (2008) zufolge steigen Kreativität und Arbeitszufriedenheit an, wenn Mitarbeiter die individuell wichtigen Identitäten ihrer Kollegen berücksichtigen, da durch dieses Verständnis Kommunikation und Koordination erleichtert werden. Außerdem wird insbesondere Kreativität erleichtert, da ein vertrauensvolles und unterstützendes Arbeitsklima entsteht, wenn Mitarbeiter sich die Zeit nehmen, auf individuell wichtige Identitäten gegenseitig einzugehen. Unterstützung durch Teammitglieder stellt nach Amabile et al. (1996) den einflussreichsten Umweltfaktor zur Generierung kreativen Verhaltens in Organisationen dar. Ebenso sinkt unter diesen Bedingungen der Absentismus. Dieser Zusammenhang wurde bisher nur für real interagierende Arbeitsgruppen untersucht. Es ist daher interessant zu untersuchen, ob und wie ein Verständnis für individuell wichtige Identitäten bei virtueller Zusammenarbeit überhaupt aufgebaut werden kann und wenn ja, inwieweit es sich hier auf die Leistung der Person auswirkt.

Virtuelle Kommunikation macht eine gemeinsame Basis erforderlich, einen Referenzrahmen, innerhalb dessen in einer geteilten Sprache mit gemeinsamer Symbolik interagiert werden kann (Cramton, 2001; Malhotra & Majchrzak, 2004; Olson & Olson, 2000). Die Ausbildung einer gemeinsamen Basis ist in virtuellen Teams aufgrund der seltenen oder fehlenden *face-to-face*-Interaktion sowie ihrer speziellen Zusammensetzung erschwert (Bjorn & Ngwenyama, 2009). Ein Faktor, der eng mit der Bildung einer gemeinsamen Basis zusammenhängt, ist das Teilen von Wissen (Bjorn & Ngwenyama, 2009). Workshops oder sogenannte *Kick-Off-Meetings* zu Beginn der virtuellen Zusammenarbeit werden häufig als essenziell für das Entstehen einer gemeinsamen Basis, auch als Grundlage für größeres Vertrauen bei der späteren Zusammenarbeit, betrachtet (Kirkman et al., 2004; Maznevski & Chudoba, 2000). Sie können für die Kommunikation auf der sozialen Ebene aber auch eine gewisse Gefahr darstellen, da Brüche bei persönlichen Begegnungen oft erst ins Bewusstsein treten (Bjorn & Ngwenyama, 2009).

Es bestehen zur Relevanz von Vertrauen für virtuelle Zusammenarbeit jedoch auch den eben ausgeführten Ergebnissen widersprechende Meinungen und Forschungsergebnisse. In ihrer Feldstudie mit 116 Mitgliedern verschiedener virtueller *new product development* (*NPD*) Teams stellen Bierly, Stark und Kessler (2009) fest, dass

Virtualität sich moderierend auf Teamprozesse auswirkt. Aus der Tatsache, dass Virtualität Konfliktlöseprozesse nicht behindert, schließen Bierly et al. (2009), dass Konfliktlösestrategien für aufgabenbezogene Konflikte auch bei virtueller Zusammenarbeit wirksam seien. Ein höherer Grad an Virtualität vermindert den Einfluss von Zielklarheit auf die Entwicklung von Vertrauen zwischen den Teammitgliedern (Bierly et al., 2009). Dies lässt sich dadurch erklären, dass sich eindeutig formulierte Ziele auf virtuelle Arbeit anders auswirken als auf Arbeit im traditionellen Team. Im letzteren Fall sorgen klare Ziele für mehr Vertrauen in zielgerichtetes Verhalten von Teamkollegen, während klare Ziele bei virtueller Zusammenarbeit mehr Unabhängigkeit und Fokus auf die jeweils eigene Aufgabe erlauben und somit weniger Interaktion zwischen den Teammitgliedern erforderlich machen. Zudem vermindert ein höherer Grad an Virtualität die Wichtigkeit von Vertrauen für die Zusammenarbeit im *NPD* Team. Auch für diesen Befund mag die höhere Unabhängigkeit bei virtueller Zusammenarbeit verantwortlich sein (Bierly et al., 2009). Die Ergebnisse dieser Studie zeigen unter anderem, dass hinsichtlich der tatsächlichen Bedeutung von Vertrauen für virtuelle Zusammenarbeit noch Forschungsbedarf besteht.

3.4 Theorien zu virtueller Arbeit

Es gibt keine dominante Theorie in der Forschung zu virtueller Zusammenarbeit (Schiller & Mandviwalla, 2007). Im Folgenden werden einige Theorien virtueller Arbeit herausgegriffen, die in der Forschung zu virtueller Zusammenarbeit Anwendung finden.

3.4.1 *Media Richness Theory*

Media Richness Theory (*MRT*) ist eine der am weitesten verbreiteten Theorien zur Mediennutzung und –auswahl, wobei Unsicherheit, also die Abwesenheit von Information, und Ambiguität einer spezifischen Aufgabe berücksichtigt werden (Daft & Lengel, 1986). Ihre Grundaussage besteht darin, dass die Leistung dann am höchsten ist, wenn das angewandte Medium die für die spezifische Aufgabe notwendige Reichhaltigkeit an weitergegebenen Informationen (*information richness*) aufweist. *Information richness* ist definiert als die Eigenschaft einer Information, das

Verständnis eines Sachverhalts innerhalb eines gegebenen Zeitraums zu verändern. Kommunikationsprozesse, die unterschiedliche Bezugsrahmen überwinden oder Doppeldeutigkeiten aufklären können, werden als reichhaltig bezeichnet (Dennis & Valacich, 1999, S. 560). Unmittelbarer persönlicher Kontakt weist die höchste Reichhaltigkeit auf, während Emails und einige andere, vor allem schriftbasierte, computermediierte Kommunikationsformen etwa am anderen Ende des Spektrums stehen. Diese erfordern längere Zeit, um Verständnis zu fördern und sind kaum dazu geeignet, unterschiedliche Perspektiven bzw. unsichere, ambigue Aufgaben zu bewältigen, wo es also mehrere mögliche Interpretationen der vorliegenden Informationen gibt (Dennis & Valacich, 1999). In der Taxonomie von Daft, Lengel und Trevino (1987) wird die Reichhaltigkeit eines Kommunikationsmediums beeinflusst von der Möglichkeit, unmittelbares Feedback zu erhalten, der Anzahl an Signalen und Kommunikationswegen, seinem Personalisierungsgrad sowie der sprachlichen Variabilität.

Im Rahmen der *MRT* wird davon ausgegangen, dass Medien, die besonders reichhaltige Informationen vermitteln, besser für ambigue Aufgaben geeignet sind. Aufgaben, die nur wenig Informationsweitergabe erfordern, können hingegen mit weniger reichhaltigen Medien bewältigt werden (Dennis & Valacich, 1999). Daft et al. (1987) postulieren einen Zusammenhang zwischen der Wahl des geeigneten Kommunikationsmediums und der Leistung eines Teams. Empirische Erkenntnisse zu *MRT* und neuen Medien, also computervermittelte Kommunikationsmittel, blieben wenig zufriedenstellend (vgl. Burke & Chidambaram, 1999; Dennis & Kinney, 1998; Mennecke, Valacich & Wheeler, 2000; Ngwenyama & Lee, 1997; Schiller & Mandviwalla, 2007; Trevino, Lengel, Bodensteiner, Gerloff & Muir, 1990). Aus diesem Grund wurde von Dennis und Valacich (1999) eine neuere Theorie formuliert, die die Möglichkeiten neuer Medien aufgreift und daher für die vorliegende Untersuchung geeigneter ist, die *Media Synchronicity Theory*.

3.4.2 *Media Synchronicity Theory*

Media Synchronicity Theory (*MST*), entwickelt von Dennis und Valacich (1999), ist eine präskriptive Kommunikationstheorie, die sich im Kern mit den Möglichkeiten verschiedener Medien beschäftigt, synchrone Kommunikation, und folglich die gleichzeitige Arbeit von Gruppenmitgliedern an einer gemeinsamen Aufgabe, zu unterstützen (Dennis, Fuller & Valacich, 2008) und so zu erhöhter Kommunikationsleistung beizutragen. Diese Kommunikationsleistung wird gefördert durch eine Passung zwischen dem gewählten Medium und den zur Ausführung der Aufgabe notwendigen Kommunikationsprozessen, wobei zusätzlich gewisse Einflussfaktoren wie Vertrautheit oder vorhergehende Erfahrungen mit einbezogen werden.

Kommunikation wird von Dennis und Valacich hier in zwei Prozesse untergliedert, die jede Kommunikationseinheit in variierendem Umfang enthält: *conveyance* (Vermittlung von Informationen) und *convergence* (der Aufbau eines gemeinsamen Verständnisses einer Information). Des Weiteren haben diese Kommunikationsprozesse sowohl interpersonale (Informationsweitergabe und –empfang) als auch kognitive Aspekte (Informationsverarbeitung), die vom kommunizierenden Individuum bedient werden müssen. Die Grundannahme der *MST* liegt darin, dass unterschiedliche Aufgaben ein unterschiedliches Ausmaß an Synchronizität benötigen. *Conveyance*-Aufgaben erfordern lediglich geringe Synchronizität, während sich der Bedarf an Synchronizität mit steigendem *convergence*-Anteil erhöht. Vertrautheit mit der Aufgabe und den anderen Kommunikationsteilnehmern, geteilte soziale Normen und frühere Erfahrungen reduzieren den *convergence*-Anteil, so dass sich in der Folge auch das Bedürfnis nach Medien mit hoher Synchronizität reduziert. Dennis und Valacich identifizieren fünf Charakteristika von Medien, die den Grad der Synchronizität beeinflussen: *symbol sets* (Symbolvarietät), *parallelism* (Parallelität/Gleichzeitigkeit), *transmission velocity* (Übertragungsgeschwindigkeit), *rehearsability* (Überarbeitbarkeit) und *reprocessability* (Wiederverwendbarkeit). Über das Konzept der Symbolvarietät wird eine Aussage darüber getroffen, wie viele unterschiedliche Kommunikationskanäle zur Übertragung einer Information zur Verfügung stehen. Bei *face-to-face*-Kommunikation können üblicherweise nahezu alle Kanäle bedient werden, also Sprache einschließlich Betonungen, Mimik, Gestik, evtl. Bildmaterial etc., während eine virtuelle Unterhaltung im Chat auf Schrift und ggf. Bild und Ton beschränkt ist. Das Ausmaß der Parallelität eines Kommunikationsmediums informiert darüber, wie viele Personen gleichzeitig auf wie vielen Kommunikationskanälen miteinander interagieren können. *Face-to-face*-Kommunikation lässt hier wieder alle Permutationen zu, während die verschiedenen virtuellen Medien ihre jeweiligen Einschränkungen besitzen. Übertragungsgeschwindigkeit bezeichnet die Geschwindigkeit, mit der ein Kommunikationspartner antworten bzw. Feedback geben kann. Bei virtueller Kommunikation kann dieser Faktor unter Umständen durch technische Schwierigkeiten, wie die Schnelligkeit der Internetverbindung, beeinträchtigt werden. Überarbeitbarkeit, also die Möglichkeit des Senders, seine Nachricht zu ändern und zu korrigieren, bevor er sie an seine Gruppenmitglieder weitergibt, ist ein Aspekt, der bei virtuellen Medien wie Email meist ausgeprägter ist als bei der *face-to-face*-Kommunikation. Der Faktor der Überarbeitbarkeit wird unter anderem auch von Amabile und Kollegen (Amabile, 1988; Amabile & Mueller, 2008) im Komponentenmodell der Kreativität angesprochen. Ein kognitiver Stil, der dafür sorgt, dass Antwortoptionen möglichst lange offen gehalten werden, wurde als kreativitätsförderlich identifiziert. Wiederverwendbarkeit schließlich bezieht sich darauf, inwiefern ein Kommunikationspartner eine Nachricht wieder verwenden kann und beinhaltet zum Beispiel die Möglichkeit, eine erhaltene Email an beliebig viele Empfänger bearbeitet oder unbearbeitet weiterzuleiten.

Empirische Absicherung findet die *Media Synchronicity Theory* beispielsweise bei Dennis, Valacich, Speier und Morris (1998) sowie Carlson und George (2004). Auch in Studien von DeLuca und Valacich (2006), Maruping und Agarwal (2004), Münzer (2009) oder Murthy und Kerr (2003) wird die Theorie weitgehend unterstützt, wobei der Zusammenhang zwischen der Passung von Medium und Aufgabe mit der Leistung bislang nicht eindeutig empirisch bestätigt werden konnte. Auf der anderen Seite scheint es jedoch auch keine Studien zu geben, die der *Media Synchronicity Theory* vollständig widersprechen.

3.4.3 *Social Information Processing* (*SIP*) *Theory*

Die *Social Information Processing Theory* (Walther, 1992), die häufig auch als *Cues Filtered In* bezeichnet wird, besagt, dass Individuen trotz der mangelnden nonverbalen Kommunikation, die virtuellen Interaktionen inhärent ist, Wege finden, individualisierende Informationen weiterzugeben und zu interpretieren. Häufig dienen dazu Substitute nonverbaler Kommunikation, wie Emoticons, die comicartigen Gesichter, die Stimmungen ausdrücken sollen, und Zeitstempel, die nachvollziehbar machen, wann eine Nachricht gesendet wurde. In virtuellen, wie auch *ftf*-Interaktionen möchten Menschen Unsicherheiten reduzieren, sich ein Bild ihres Gegenübers machen, und Zugehörigkeiten ausbilden. Statt sich also den durch die Struktur des Internets vorgegebenen Kommunikationsregeln zu beugen, werden alternative Methoden entwickelt, aus vorhandenen Hinweisen das Verhalten eines Interaktionspartners zu interpretieren und sich Aspekte seiner Persönlichkeit daraus abzuleiten. Häufig liegen solche Hinweise in objektiver Information, die zum Gegenüber vorliegt, wie z. B. Beruf oder Geschlecht, es kann sich dabei aber auch um Gesprächsmuster handeln, die etwa auf eine bestimmte Art von Humor schließen lassen.

3.4.4 *Adaptive Structuration Theory* (*AST*)

Bei der *Adaptive Structuration Theory* geht es um die Produktion und Reproduktion sozialer Systeme, die darauf beruhen, wie Systemmitglieder Regeln und Ressourcen in ihrer Interaktion verwenden. Insbesondere wird von DeSanctis und Poole (1994), die diese Theorie geprägt haben, die hohe Relevanz sozial interaktiver Aspekte bei der technologiegestützten Zusammenarbeit betont und die sehr technikzentrierte Sicht auf den Einsatz von Interaktions- und Kommunikationstechnologien kritisiert. *AST* konzentriert sich einerseits auf die Strukturen, die von unterschiedlichen Technologien zur Verfügung gestellt werden und andererseits auf die Strukturen, die erst durch den sozialen Austausch mittels dieser Technologien bzw. ihren Gebrauch in sozialen Interaktionen entstehen. Das bedeutet, dass Gruppen von Individuen ein gemeinsames Verständnis davon ausbilden, welche Rolle die verwendete Technologie in ihrer Zusammenarbeit spielt und inwieweit sie für die geplanten Tätigkeiten tauglich ist. Diese Wahrnehmung einer *IuK*-Technologie ist zwischen verschiedenen Gruppen selten kongruent und beeinflusst die Nutzung der einzelnen Kommunikationsmittel. Es sind also nicht nur die reinen technologischen Merkmale eines virtuellen Kommunikationsmediums, die seine Nutzung bestimmen, sondern auch die Interpretationen und sozialen Interaktionen der Personen, die das Medium verwenden.

Der Meta-Analyse von Schiller und Mandviwalla (2007) zufolge, ist *AST* eine in der Forschung zu virtuellen Teams sehr häufig verwendete Theorie. Dies liegt nach Schiller und Mandviwalla daran, dass *AST* das Zusammenspiel von Technologie und sozialen Prozessen bei deren Verwendung betont. Dadurch werde erklärt, wie der Einsatz der gleichen Technologie in verschiedenen Arbeitsgruppen sehr unterschiedliche Ergebnisse hervorbringen kann (Schiller & Mandviwalla, 2007). Sie wird auf alle Facetten der einschlägigen Forschung angewendet, also sowohl für Inputs wie beteiligte Individuen und Kontexte, als auch für Prozesse (Kommunikation, soziale Interaktion) und Resultate virtueller Zusammenarbeit (Leistung, Effektivität) (Schiller & Mandviwalla, 2007). Auf der anderen Seite, erläutern die Autoren weiterhin, sei *AST* eine breite und prozessorientierte Theorie, die sich nicht anbietet, um sehr detaillierte Erklärungen und Vorhersagen abzuleiten. Aus diesem Grund wird auf die *Adaptive Structuration Theory* an dieser Stelle nicht weiter eingegangen.

3.4.5 Social Identity model of Deindividuation Effects

Das Social Identity model of Deindividuation Effects (*SIDE*) erläutert die Relevanz von Gruppennormen für computervermittelte Kommunikation und erklärt, wie sich soziale Anonymität auf das Verhalten und die Leistung in einer Gruppe auswirkt (Spears, Postmes, Lea & Wolbert, 2002). Das Modell wird an dieser Stelle kurz umrissen, da es potenzielle Unterschiede zwischen *ftf* und virtuellen Gruppen explizit mit in die Betrachtung aufnimmt.

Das Modell wurde in den 80er Jahren des 20sten Jahrhunderts zur Erklärung von auffälligen, norm-abweichenden Verhaltensweisen bei computermediierter Kommunikation herangezogen. Es hatte sich gezeigt, dass die sozial reduzierte Umgebung im Internet offenbar zu ungehemmten, häufig stark negativ gefärbten Äußerungen führt (Kiesler, Siegel & McGuire, 1984). Die Deindividuationstheorie, die mit dem *SIDE* hinterfragt und auf computervermittelte Interaktion erweitert wird, sucht die Erklärung für anti-normatives Verhalten in großen Gruppen in reduziertem Ich-Bewusstsein (Aronson, Wilson & Akert, 2004). Das *SIDE* konstatiert, dass sich durch das empfundene *Verschwinden* in einer Gruppe die relative Salienz sozialer Identität verändert. Dadurch werde die soziale Wahrnehmung der Anderen depersonalisiert, da durch soziale Anonymität, sei sie vermittelt über *IuK*-Technologien oder eine besonders große Anzahl anwesender Individuen, Personenmerkmale und interpersonelle Unterschiede verdeckt werden.

3.4.6 *Social Presence Theory* (*SPT*)

Nach Short, Williams und Christie (1976) besagt die *Social Presence Theory*, dass mit abnehmender Anzahl an Kommunikationskanälen, die ein Medium zur Verfügung stellt, auch die Aufmerksamkeit eines Interaktionspartners auf die Präsenz anderer sozialer Interaktionen abnimmt. In der Folge verringert sich wahrgenommene soziale Präsenz mit abnehmender persönlicher Färbung der Kommunikation und Persönlichkeitsmerkmale treten in den Hintergrund. Demzufolge kann angenommen werden, dass bei virtueller Zusammenarbeit weniger Ablenkung durch am Kommunikationsprozess beteiligte andere Personen erfolgt, was bei komplexen Aufgaben die Leistung positiv beeinflussen sollte.

Nachdem nun die im Fokus dieser Arbeit stehenden Konzepte der Kreativität und der virtuellen Zusammenarbeit ausführlich diskutiert wurden, wird in den folgenden Kapiteln auf verschiedene Aspekte eingegangen, die Kreativität bei virtueller Zusammenarbeit fördern oder hemmen können. Zunächst wird dabei die variable Vergütung thematisiert, die auch im Einflussbereich eines Unternehmens liegt, bevor personinterne Aspekte, nämlich Motivation und Persönlichkeit, besprochen werden.

4 Variable Vergütung

In diesem Kapitel wird auf das Konzept der variablen Vergütung eingegangen. Nach einer kurzen Definition werden Forschungsergebnisse und theoretische Erkenntnisse zum Einfluss variabler Vergütung auf kreative und virtuelle Arbeit vorgestellt.

4.1 Begriffsbestimmung und Überblick variable Vergütung

Variable Vergütung ist eine mögliche Ausformung von Anreizsystemen in Unternehmen. Sie ist nach Winter (1997) dann gegeben, wenn die Vergütung eines Mitarbeiters zusammengesetzt ist aus einem festgelegten Bestandteil, der durch variable Anteile oder Boni leistungsabhängig ergänzt wird. Im Gegensatz dazu besteht fixe Vergütung ausschließlich aus einem unveränderlichen, leistungs*un*abhängigen Bestandteil. Der leistungsabhängige Teil bei der variablen Vergütung kann sich dabei auf die Unternehmens- oder die individuelle Leistung beziehen (Hofbauer & Winkler, 2002), die nach bestimmten, vorher festgelegten Kriterien jeweils beurteilt werden muss. Diese Kriterien werden in der Unternehmenspraxis häufig in Form von Zielen definiert, die idealerweise in Kooperation mit dem jeweiligen Mitarbeiter festgelegt werden und mit den Unternehmenszielen in Einklang stehen (Kunz & Quitmann, 2011). Je nach dem Umfang, in welchem diese Ziele erreicht werden, kommt der variable Vergütungsanteil zur Auszahlung (Kossbiel, 1994). Ziel einer variablen Vergütung ist es, den Mitarbeiter zu höheren Leistungen zu motivieren, die mit den Unternehmenszielen im Einklang stehen. Zudem soll sie zu einem geringeren Überwachungsaufwand führen, da der Mitarbeiter auch in nicht beobachtbaren Situationen durch die Vergütungsform dazu angehalten ist, im Interesse der Organisation zu handeln (Tosi, Katz & Gomez-Mejia, 1997).

Kriterien, nach denen ein Anreizsystem generell, also auch ein variables Vergütungssystem ausgestaltet werden sollte, um dieses Ziel zu erreichen, wurden zum Beispiel von Mayer, Pfeiffer und Reichel (2005) zusammengetragen. Neben der bereits angedeuteten Objektivität und Transparenz der Beurteilungskriterien sowie Zielkongruenz zwischen den individuellen und Organisationszielen ist Akzeptanz des Systems durch die dadurch vergüteten Personen ein wichtiger Faktor (Mayer et al., 2005; Schuster, 2013). Weiterhin sollen die einzelnen Faktoren der Bemessungsgrundlage vom Mitarbeiter tatsächlich beeinflussbar sein, es soll also eine Verantwortlichkeit gegeben sein. Andererseits sei aber auch eine gewisse Vollständigkeit der miteinzubeziehenden Tätigkeiten notwendig, was zwangsläufig dazu führt, dass auch solche Aspekte, die das Individuum nicht direkt verantwortet, in die Berechnung des variablen Vergütungsanteils mit einfließen. Dies stellt unter Umständen eine Gefahr für die intrinsische Motivation dar (Kunz & Quitmann, 2011), was im weiteren Verlauf dieses Kapitels noch ausgeführt wird. Zuletzt soll eine paretoeffiziente Risikoverteilung erfolgen, es soll dem Mitarbeiter also durch die Ausgestaltung der Bemessungsgrundlage und des variablen Vergütungsanteils kein unzumutbares Risiko auferlegt werden.

In einer beträchtlichen Anzahl empirischer Studien kann der positive, zusätzlich motivierende Effekt variabler Vergütung bzw. dessen Auswirkung auf Unternehmenserfolg nicht nachgewiesen werden (Bebchuk & Grinstein, 2005; Dalton, Daily, Certo & Roengpitya, 2003; McGuire, Dow & Argheyd, 2003; Tosi, Werner, Katz & Gomez-Mejia, 2000). Rost und Osterloh (2007) führen dies auf den Korrumpierungseffekt extrinsischer Motivatoren[5] zurück, der, verschiedenen Meta-Analysen zufolge, vor allem dann auftreten kann, wenn die externen Anreize als kontrollierend empfunden werden (Tang & Hall, 1995; Weibel, Rost & Osterloh). Cameron und Pierce (1994) hingegen ziehen den Schluss aus ihrer Analyse der Literatur, dass der Korrumpierungs- oder auch *Crowding-Out-Effekt* kein ernstzunehmendes Problem für die Unternehmenspraxis darstellt.

Kunz und Quitman (2011) zufolge hat ein Anreizsystem dann keine negativen Auswirkungen auf die intrinsische Motivation, wenn es Kompetenz- und Selbstbestimmungsbedürfnisse des Individuums, die nach der Theorie der kognitiven Bewertung nach Deci und Ryan (1985; 2000; s. Kap. 5.2) die wesentliche Voraussetzung für intrinsische Motivation bilden, nicht negativ beeinflusst. Man kann dann von einem informativen Charakter des Anreizsystems sprechen (Deci & Ryan, 1985). Dies kann

[5] Vgl. Kap. 5.2 zu intrinsischer Motivation und Self-Determination-Theory

beispielsweise durch ein Lob für eine selbständig durchgeführte Tätigkeit erreicht werden. Der Mitarbeiter kann sich dadurch in seiner Kompetenz und Selbstbestimmtheit bestätigt fühlen. Wird das Lob allerdings durch die Aufforderung ersetzt, sein Leistungsniveau aufrecht zu erhalten, kann sich der Mitarbeiter in seiner Selbstbestimmtheit eingeschränkt fühlen und die intrinsische Motivation ist möglicherweise gefährdet, da das Individuum sich kontrolliert fühlt. Wenn im Namen der Vollständigkeit eines Vergütungssystems Tätigkeiten in die Bemessung des variablen Anteils mit einfließen, die außerhalb der eigenen Verantwortung liegen, kann das Individuum dadurch ebenfalls eine Einschränkung seiner Selbstbestimmtheit erfahren. Wird zusätzlich zur Autonomie auch das Kompetenzempfinden des Mitarbeiters untergraben, wenn zum Beispiel durch häufige negative Rückmeldung eine übertragene Aufgabe als unerfüllbar wahrgenommen wird, kann die Maßnahme amotivierend wirken. Der Effekt von äußeren Anreizen auf die intrinsische Motivation ist jedoch wesentlich von der subjektiven Einschätzung der Situation durch die Person abhängig. Ein und dieselbe Maßnahme kann von verschiedenen Personen also unterschiedlich wahrgenommen werden.

Variable Vergütung kann also, je nachdem wie sie ausgestaltet wird und je nach individuellen Präferenzen, vom Mitarbeiter als einschränkend oder als belohnend erlebt werden. Betrachtet sich der variabel entlohnte Mitarbeiter als durch die konstante Leistungsbeurteilung überwacht oder in seiner Freiheit bei der Aufgabenbearbeitung beengt, kann er unter Umständen Reaktanz[6] entwickeln und sich gegen das Vergütungssystem auflehnen. Dies wird in der Praxis in letzter Konsequenz häufig zum Ausscheiden aus dem Unternehmen führen. Empfindet der Mitarbeiter die mit ihm vereinbarten Ziele jedoch als Ansporn, weil er sie etwa in sein eigenes Werte- und Zielsystem integrieren kann, kann er durch die variable Vergütung zu besseren Leistungen angeregt werden[7].

[6] Reaktanz bezeichnet die Widerstandsreaktion einer Person auf eine wahrgenommene Einschränkung ihrer Entscheidungsfreiheit durch den Versuch anderer Entitäten, sie zu einer Überzeugung oder einem bestimmten Verhalten zu bewegen (s. z. B. Brehm, 1966). Durch Verhaltensweisen, die dem von außen an die Person herangetragenen Wunsch oder Befehl diametral entgegengesetzt sind, versucht das Individuum, seine Autonomie wieder her zu stellen.

[7] Vgl. auch hier Kap. 5.2 zu intrinsischer Motivation und *Self-Determination-Theory*

4.2 Variable Vergütung im Zusammenhang mit Kreativität und virtueller Zusammenarbeit

Die Frage nach der Auswirkung unterschiedlicher Vergütungsformen auf kreative Produktion ergibt sich vor allem aus der starken motivationalen Komponente der Kreativität, insbesondere dem Einfluss der intrinsischen Motivation (Amabile, 1998; Sauermann & Cohen, 2008). Da intrinsische Motivation durch extrinsische Einflüsse unter bestimmten Umständen korrumpiert werden kann (vgl. Kap. 5.2; Deci, Koestner & Ryan, 1999; Deci & Ryan, 1985, 2000), liegt der Schluss nahe, dass auch durch intrinsische Motivation gestützte Vorgänge, wie der kreative Prozess, durch extrinsische Einflüsse behindert werden können.

Was den Faktor der Belohnung generell betrifft, so kann die zur kreativen Problemlösung essenziell notwendige intrinsische Motivation durch extrinsische Anreize der Arbeitsumgebung in signifikantem Ausmaß korrumpiert werden. Allein die gedankliche Beschäftigung mit extrinsischen Gründen, eine bestimmte kreative Aufgabe zu bearbeiten, führt in einer experimentellen Studie von Amabile (1985) mit Dichtern zu einem dramatischen Absinken der Kreativität von im Anschluss verfassten Gedichten. Ob die Auswirkungen bei Gruppen von weniger in kreative Tätigkeiten involvierten Individuen ebenso stark wären, wurde in dieser Studie nicht erfasst. McGraw (1978) findet heraus, dass zusätzliche Anreize die Leistung verringern, wenn die Aufgabe und deren Lösung so offen sind, dass die Schritte, die zur Lösung führen, nicht sofort offensichtlich sind, wie es bei kreativen Aufgaben der Fall ist. Auch Baer, Oldham und Cummings (2003) finden, jeweils abhängig von der Art der Aufgabe, positive und hemmende Auswirkungen extrinsischer Belohnungen. Negative Auswirkungen können sie bei komplexen Aufgaben ermitteln, während bei einfacheren Arbeiten kein negativer Effekt auftritt. Im Übrigen scheinen die grundsätzliche Aufgabenerledigung sowie die Richtigkeit des Ergebnisses unter extrinsischer Motivation nicht zu leiden, so dass sie für Arbeiten, die beispielsweise unter großem Zeitdruck oder in Erwartung einer Evaluation erledigt werden müssen, eine deutliche Berechtigung hat (Amabile, 1988). Auch gibt es Praxisbeispiele und empirische Evidenz dafür, dass extrinsische Anreize unter bestimmten Bedingungen Kreativität weiter erhöhen können, statt die intrinsische Motivation zu korrumpieren (vgl. z. B.

Amabile, 1988). In Studien von Shalley und Kollegen (Shalley, 1995; Shalley & Perry-Smith, 2001) wirken bestimmte Arten von Evaluation förderlich auf Kreativität. Eine Schlüsselrolle scheint dabei zum Beispiel die intrinsische *Basismotivation* zu spielen, in deren Abhängigkeit man von einem hydraulischen (extrinsische korrumpiert intrinsische Motivation) oder einem additiven Modell (beide Motivationsarten ergänzen sich) intrinsischer und extrinsischer Motivation ausgeht. Je geringer die intrinsische Basismotivation, desto eher können extrinsische Anreize für einen gewissen Grad an Gesamtmotivation sorgen, während bei mittlerer intrinsischer Motivation der Korrumpierungseffekt extrinsischer Motivatoren einsetzt. Ist zu Beginn eine starke intrinsische Motivation vorhanden, so deuten empirische Erkenntnisse darauf hin, dass ein hoher Grad an Gesamtmotivation auch bei der Einführung extrinsischer Anreize erhalten bleibt, solange die fragliche Person überzeugt ist, die Aufgabe vor allem aus eigenem Interesse zu bearbeiten (Amabile, 1988).

Ein weiterer wichtiger Faktor ist die *Art* der für kreative Arbeit erteilten Belohnung. Ein kreativitätsförderliches Belohnungssystem vermittelt ein Gefühl der Gerechtigkeit und Wertschätzung für die vollendete Innovationsarbeit, statt für jeden Zwischenschritt herausragende Belohnungen in Aussicht zu stellen (Amabile, 1988). Wenn im Rahmen eines variablen Vergütungssystems jede neue Idee an Boni oder sonstige Belohnungen geknüpft ist, geht nicht nur Risikofreude, sondern auch, wie oben ausgeführt, die intrinsische Motivation verloren. Andererseits sollte das Unternehmen durch angemessene, ganzheitliche Belohnungen Achtung vor kreativer Leistung demonstrieren, um die erforderliche Unternehmenskultur auszubilden und aufrecht zu erhalten. Hier ist also die Gratwanderung zwischen gerechter Belohnung erfolgreicher Arbeit und der sprichwörtlichen Karotte vor der Nase (Amabile, 1988) zu bewältigen.

Der Einfluss variabler, im Gegensatz zu fixer, Vergütung auf Kreativität ist bislang noch nicht abschließend geklärt, da zu dieser speziellen Frage kaum Forschung existiert. Nach Hinds und Pfeffer (2003) können variable Vergütungssysteme zum gegenseitigen Wettbewerb anregen und dafür sorgen, dass Angestellte weniger Zeit mit ihren eigentlichen Aufgaben verbringen. Schwartz (1990) zu Folge behindert wahrgenommene externale Kontrolle individuelle Kreativität bei der Problemlösung. Eisenberger, Rhoades und Cameron (1999) hingegen finden in ihrer Studie einen positiven Zusammenhang zwischen der Erwartung leistungsbezogener Belohnung und intrinsischer Motivation. Möglicherweise lassen sich die unterschiedlichen Ergebnisse dadurch erklären, dass variable Vergütung durch spezifische Rahmenbedingungen und bei unterschiedlichen Aufgabenarten als kontrollierend oder aber als belohnend empfunden werden kann und sich entsprechend positiv oder negativ auf die intrinsische Motivation und somit die kreative Leistung auswirkt. Auch Amabile (1988) schließt aus ihrer Forschung, dass ein kreativitätsförderliches Belohnungssystem ein Gefühl der Gerechtigkeit und Wertschätzung vermittelt.

Virtuelle Teams können, nach Ansicht einiger Autoren (Lawler, 2003; Zingheim & Schuster, 1997; Gibson & Cohen, 2003) am ehesten von variabler Vergütung profitieren, wenn sie Integration und Team Work begünstigt. Dies gilt demnach vor allem für Systeme, die die gemeinsame Leistung belohnen, während individuell gehaltene Vergütungssysteme Wettbewerb fördern. Allerdings erschwert es eine gruppenbasierte variable Vergütung auf der anderen Seite, den Zusammenhang zwischen der eigenen Leistung und der erhaltenen Belohnung herzustellen (Lawler, 2003). Für virtuelle Teams, die nur über einen kurzen Zeitraum zusammenarbeiten, empfehlen Cohen und Gibson (2003), zu verschiedenen Zeitpunkten Boni auszugeben, um Ziele nochmals zu verdeutlichen und die Motivation zu erhöhen. Durch die häufige Fluktuation in solchen Teams wird weiterhin eingeräumt, dass eine individuelle Entlohnung hier praktisch am sinnvollsten wäre.

5 Motivation

Es wird, wie in Kapitel 4 beschrieben, häufig versucht, mittels ausgefeilter Belohnungssysteme eine gesteigerte Mitarbeitermotivation zu erreichen. Die Ergebnisse sind jedoch durchwachsen, denn es gilt komplexe intraindividuelle und Gruppenprozesse zu berücksichtigen, die eine ursprünglich positive Wirkung solcher Belohnungen untergraben oder umkehren können. Auch technologische Entwicklungen wirken sich auf die Mitarbeitermotivation aus, ebenso wie die Art der Arbeit und Veränderungen der Arbeitsaufgabe. Bei Formen virtueller Zusammenarbeit wird häufig ein Weniger an Führung festgestellt, da Führung hier unter anderem durch mangelnde Kontrollmöglichkeiten erschwert ist (Kirkman et al., 2004). Ein hohes Maß an Selbstkontrolle und intrinsischer Motivation sind somit Eigenschaften, die bei Mitgliedern virtueller Teams unerlässlich sind (Cordery et al., 2009).

Simon (1967) zufolge besteht die wichtigste Funktion von Motivation in der Kontrolle von Aufmerksamkeit, also in der Ausrichtung der Aufmerksamkeit auf den zum jeweiligen Zeitpunkt relevanten Sachverhalt, bzw. dasjenige Ziel mit der aktuell höchsten Valenz, das also mit den eigenen Einstellungen und Werten am stärksten zusammenhängt. Allerdings kann es für die Bewältigung kreativer Aufgaben und die größtmögliche Kreativität notwendig sein, die Aufmerksamkeit von zentralen Gegenständen abzuziehen und auf scheinbar irrelevante Aspekte zu richten (Amabile, 1988). Je zielstrebiger ein bestimmtes externales Ziel verfolgt wird desto weniger wahrscheinlich wird es, dass kreative Lösungsmöglichkeiten in Betracht gezogen werden. Wie in Kapitel 2 gezeigt wird, ist intrinsische Motivation jedoch ein essenziell wichtiger Bestandteil des kreativen Prozesses. Die Theorie der intrinsischen Motivation wird in diesem Kapitel zunächst in den Kontext der psychologischen Motivationsforschung eingebettet und im Anschluss genauer beleuchtet.

5.1 Begriffsbestimmung und Überblick über Motivationstheorien

Die Grundlage allen menschlichen Verhaltens ist die Motivation, die uns, ihrem lateinischen Wortstamm *movere* nach, überhaupt erst in Bewegung versetzt. Motivation erfüllt eine Vielzahl essenzieller Funktionen in der alltäglichen Arbeit und insbesondere in außergewöhnlichen Arbeitssituationen. Mitarbeitermotivation steht seit langem im Fokus der wirtschaftspsychologischen Forschung und war schon immer eine zentrale Herausforderung für Unternehmen und Führungskräfte. Unmotivierte Mitarbeiter werden mit hoher Wahrscheinlichkeit wenig Engagement und Eigeninitiative zeigen, die Organisation womöglich verlassen und insgesamt qualitativ weniger hochwertige Arbeitsergebnisse produzieren als motiviertes Personal. Wer motiviert arbeitet, wird ein größeres Durchhaltevermögen zeigen, kreativer und produktiver sein und mit Vergnügen qualitativ hochwertige Arbeit leisten. Motivation wird üblicherweise als Kontinuum betrachten, in dem Sinne, dass eine Person also nicht entweder motiviert oder unmotiviert, sondern in unterschiedlichem Ausmaß gewillt sein kann, etwas zu tun. Ryan und Deci (2000) betonen jedoch, dass Menschen sich nicht nur hinsichtlich des Ausmaßes ihrer Motivation unterscheiden, sondern dass auch die Art der Motivation starken Variationen unterliegt. Motivation orientiert sich Ryan und Deci zufolge an Einstellungen und Werten und hängt somit mit dem *warum* von Handlungen zusammen.

Aufgrund der zentralen praktischen und theoretischen Bedeutung der Motivation hat sich eine Vielzahl motivationspsychologischer und betriebswirtschaftlicher Theorien entwickelt. In diesem Kapitel wird dazu ein kurzer Überblick gegeben. Eine Reihe von Motivationstheorien, die sich auf Inhalte motivierender Faktoren (im Gegensatz zum Motivationsprozess an sich) konzentrieren, hat sich in Forschung, Praxis, und sogar im umgangssprachlichen Gebrauch herausragend positioniert. In diesem Kapitel sollen nur diejenigen kurz beleuchtet werden, bei denen eine deutliche Schnittstelle zu Kreativität bei virtueller Zusammenarbeit, meist vermittelt über intrinsische Motivation, gegeben ist.

Herzberg (1966) unterscheidet in seiner Motivationstheorie Motivatoren und Hygienefaktoren. Motivatoren sind dabei Faktoren, die mit der Aufgabe selbst und der Beziehung zwischen Individuum und Aufgabe zu tun haben, also etwa Verantwortung, Autonomie und aus der Bewältigung herausfordernder Aufgaben resultierende Befriedigung. Hygienefaktoren auf der anderen Seite beziehen sich auf den Kontext der

Arbeit und beinhalten Bezahlung, Sicherheit und Aspekte der Arbeitsumgebung. In ihrem Kern besagt Herzbergs Theorie, dass eine ausreichende Bereitstellung von Hygienefaktoren Unzufriedenheit vermeidet, während produktive Arbeit und Zufriedenheit vor allem auf einem Reichtum an Motivatoren basiert, was beispielsweise durch *job enrichment*, also die vielfältigere Ausformung einer Tätigkeit, erreicht werden kann. Begeisterung für die Arbeit und daraus resultierende Produktivität werden also aus Merkmalen der Aufgabe selbst gezogen. In dieser Hinsicht finden sich deutliche Anklänge an die Theorie der intrinsischen Motivation (Deci & Ryan, 1985, 2000; vgl. Kap. 5.2).

Maslows motivationale Bedürfnistheorie (Maslow, 1943) umfasst Defizit- und Wachstums-Bedürfnisse und geht davon aus, dass zunächst defizitäre Bedürfnisse befriedigt werden müssen, bevor Wachstum, wozu auch Kreativität gehört, erfolgen kann. Als Vorbedingung für Kreativität beschreibt er unter anderem ein gutes subjektives Gefühl, ein „delight" (Maslow, 1956, S. 43), das, vermittelt durch ein gewisses Sicherheitsempfinden einer nicht wertenden Umgebung (durch das die Emergenz höherer Bedürfnisse und Impulse erst realisierbar wird) das eigene Wachstum, u.a. ausgedrückt durch Kreativität, ermöglicht und für das Individuum erstrebenswert macht. Hier beschreibt Maslow im Grunde genommen nichts anderes als die intrinsische Motivation (vgl. Kapitel 5.2), bei der die aktuelle Aufgabe sich selbst validiert, unabhängig von externen Kriterien oder Belohnungen (Maslow, 1956). Maslow vergleicht die intrinsisch motivierte Tätigkeit mit der Wahl eines Desserts:

> ... growth takes place when the next step forward is subjectively more delightful, more joyous, more intrinsically satisfying than the last; [...] the only way we can ever know what is right for us is that it feels better subjectively than any alternative. The new experience validates itself rather than by any outside criterion. [...] We don't do it because it is good for us, [...] or because somebody told us to, [...] or because it will bring external rewards [...]. We do it for the same reason that we choose one dessert over another. (Maslow, 1956, S. 36f.)

Kombiniert man die Theorien von Herzberg und Maslow, kristallisiert sich die Schlussfolgerung heraus, dass intrinsische und extrinsische Motivatoren sich additiv ergänzen, und zwar in dem Sinne, dass zunächst extrinsische Motivation in ausreichendem Maße hergestellt sein muss, bevor durch intrinsische Motivation herausragende Leistungen gezeigt werden können (vgl. auch Amabile, 1993).

Hackman und Oldham (1980, 1974; Oldham, Hackman & Pearce, 1976) postulieren in ihrem *Job-Characteristics-Model* (*JCM*), dass das Motivationspotenzial von Aufgaben durch eine größere Ausprägung bestimmter Charakteristika gesteigert werden kann. Dies sind Merkmale wie Aufgabenvielfalt, Ganzheitlichkeit der Aufgabe, Bedeutsamkeit der Aufgabe, Autonomie und Rückmeldung aus der Aufgabenerfüllung. Vor allem Autonomie und das spezifische Anforderungsprofil einer Aufgabe stellen viel diskutierte Einflussfaktoren auf intrinsische Motivation dar (vgl. Kap. 5.2), da intrinsische Motivation vor allem dann zum Tragen kommt, wenn Personen sich kompetent und selbstbestimmt fühlen(Deci & Ryan, 1985, 2000; Ryan & La Guardia, 2000). Ein Kompetenzgefühl entsteht unter anderem auch durch Rückmeldung über die eigene Arbeit.

Nach dem *JCM* (Hackman & Oldham, 1980, 1974; Oldham et al., 1976) führen die eben genannten Merkmale, vermittelt über verschiedene psychologische Erlebniszustände, neben hoher intrinsischer Motivation auch zu einer erhöhten Qualität des Arbeitsergebnisses, hoher Arbeitszufriedenheit und weiteren Ergebnissen gesteigerter Motiviertheit wie geringer Fluktuation. Studien unter Zuhilfenahme dieses Modells zeigten darüber hinaus auch gesteigerte Kreativität (Oldham & Cummings, 1996). Durch den Zwischenschritt über psychologische Erlebniszustände weisen Hackmann und Oldham hier auf den Einfluss interindividuell verschiedener Prädispositionen auf die intrinsische und allgemeine Motivation hin, der bei der Untersuchung des Motivationspotenzials von Aufgaben häufig übersehen wird.

5.2 Intrinsische Motivation

Intrinsische Motivation, als Spiegel der Fähigkeit zu lernen und Informationen zu verarbeiten, stellt eines der wichtigsten Konstrukte zur Erklärung menschlichen Verhaltens dar (Ryan & Deci, 2000). Geprägt wurde der Begriff vor allem von Ryan und Deci (Deci et al., 1999; Deci & Ryan, 1985, 2000), die in ihrer *Self-Determination Theory* (*SDT*) zwischen verschiedenen Arten von Motivation unterscheiden, die Personen auf Basis ihrer Ziele, Werte und Persönlichkeitseigenschaften zur Handlung veranlassen. Sie unterscheiden dabei zunächst die intrinsische von der extrinsischen Motivation. Intrinsische Motivation führt zur Ausübung einer Tätigkeit, weil diese für sich genommen einen gewissen Belohnungswert hat, während bei extrinsischer Motivation eine von der Aufgabe trennbare Belohnung erwartet wird. Bereits Ryan und Deci weisen in diesem Zusammenhang auf das Potenzial intrinsischer Motivation zur Förderung von Kreativität hin. Zudem kann hier die Brücke zu Maslow (1956) geschlagen werden (vgl. Kap. 5.1), der das größte individuelle Wachstumspotenzial ebenfalls in der Verwirklichung intrinsischer Motivation sieht, die letztlich eine natürliche motivationale Tendenz beschreibt und zu Interesse an Neuem, Integration und auch Wohlbefinden führt (Ryan & La Guardia, 2000). Intrinsische Motivation ist jedoch kein dauerhafter Zustand einer Person, sondern entsteht an der Schnittstelle der Werte und Ziele eines Individuums mit einer spezifischen Aufgabe – es wirken sich also sowohl Merkmale der Person als auch Merkmale der (Arbeits-) Umgebung auf die intrinsische Motivation zu einem bestimmten Zeitpunkt aus (Amabile, 1993).

Innerhalb der extrinsischen Motivation unterscheidet die *SDT* von Ryan und Deci (2000) im Übrigen wiederum unterschiedliche Arten, die von der oft beschriebenen „verarmten" (Ryan & Deci, 2000, S. 55) Motivation bis zu aktivierenden, selbstbezogenen Motivationsformen reichen. Der Unterschied liegt dabei in der Integration des verfolgten Ziels ins eigene Werte- und Zielsystem begründet. Extrinsischer Druck unterscheidet sich erheblich von einem zwar von außen an das Individuum herangetragenen Ziel, das die Person aber befürwortet, daher annimmt, also internalisiert, und aus dem eigenen Willen heraus weiter verfolgt. Diese Form extrinsischer Motivation, die ohne Druck oder Kontrolle auskommt, betrachten Ryan und Deci als gutes Substitut für intrinsische Motivation, wenn die zu erfüllende Aufgabe kein eigenes Motivationspotenzial aufweist. Ein von außen vorgeschlagenes Ziel wird vom Individuum eher internalisiert, wenn dieses die notwendigen Fähigkeiten hat, um jenes erreichen zu können.

Bis ins mittlere bis späte 20. Jahrhundert herrschte in Forschung und Praxis die Überzeugung vor, dass extrinsische Motivatoren einer intrinsischen Motivation abträglich seien (Deci & Ryan, 1985; Lepper & Greene, 1978). Gagné, Koestner und Zuckerman (2000) berichten von Studien, wonach Belohnungen bzw. Wettbewerb, wenn sie als kontrollierend wahrgenommen werden, Interesse und Qualität einer Leistung untergraben. Auch die Meta-Analyse von Deci, Koestner und Ryan (1999) bestätigt, dass extrinsische Belohnungen, die vom Arbeitsergebnis abhängen, also eine Kontrollinstanz darstellen, intrinsische Motivation unterminieren. Insbesondere werden Initiative und Kreativität von kontrollierenden Umgebungen und Anreizen gehemmt (Ryan & Deci, 2000). Literaturüberblicke und Meta-Analysen zu diesem viel diskutierten Verdrängungseffekt extrinsischer Anreize (Deci et al., 1999; Prendergast, 1999) kommen allerdings zu dem Schluss, dass es keinen überzeugenden empirischen Nachweis für diesen Effekt gibt. Die Annahme, dass der Verdrängungs- oder Korrumpierungseffekt nicht existiere ist jedoch nur zugunsten der Annahme eines ergänzenden Mechanismus zu verwerfen. Während viele extrinsische Anreize zu einer Korrumpierung, also Abschwächung der intrinsischen Motivation zu führen scheinen, gibt es auch solche, die sie nicht negativ, sondern unter Umständen sogar positiv beeinflussen. In diesem Fall kann von *motivationaler Synergie* gesprochen werden (Amabile, 1993). Der *Cognitive Evaluation Theory* (*CET*) (Deci et al., 1999; Deci & Ryan, 1985, 2000; vgl. auch Amabile, 1988) zufolge führt Erfolg, im Sinne von Bestätigung der eigenen Kompetenz, in Verbindung mit einem Gefühl der Autonomie zu erhöhter intrinsischer Motivation. Extrinsische Anreize, die also die eigenen Fähigkeiten bestätigen oder belohnen, oder auch dazu führen, dass noch intensivere Beschäftigung mit der Aufgabe erfolgen kann (z. B. Erweiterung des Ressourcenpools), werden intrinsische Motivation nicht unterminieren, sondern können sie im Gegenteil sogar fördern. Für diesen Effekt sind allerdings sowohl Kompetenz- als auch Autonomiegefühl erforderlich (Ryan & Deci, 2000). Die Belohnung muss als Bestätigung der eigenen Kompetenz wahrgenommen werden, um sich auf intrinsische Motivation positiv auswirken zu können (Amabile et al., 1996; Amabile, Hennessey & Grossman, 1986). Es finden sich zudem vereinzelte Belege dafür, dass intrinsische Motivation schwieriger durch extrinsische Anreize zu korrumpieren ist, bzw. sogar noch gesteigert wird, wenn die intrinsischen Motive bewusst gemacht werden (Hennessey, Amabile & Martinage, 1989; Hennessey & Zbikowski, 1993). Nach den Ergebnissen von Koestner, Ryan, Bernieri und Holt (1984) können extrinsische Limitierungen ohne Einbußen bei der intrinsischen Motivation gesetzt werden, wenn die Betroffenen diese als informierend statt kontrollierend wahrnehmen.

Es kann geschlussfolgert werden, dass intrinsische und extrinsische Motivation sich synergetisch ergänzen können, wenn die richtige Kombination von Persönlichkeits- und Umgebungsfaktoren vorliegt. Der Verdrängungseffekt hingegen tritt umso wahrscheinlicher auf, je kontrollierender und einschränkender die extrinsische Maßnahme wahrgenommen wird.

Dies ergibt sich auch aus Ausführungen von Hackman und Oldham (1974), die das intrinsische Motivationspotenzial einer Aufgabe mittels einer Funktion aus Anforderungsvielfalt oder -wechsel (*AW*), Ganzheitlichkeit oder Aufgabenidentität (*AI*), Bedeutung der Aufgabe (*AB*), Autonomie (*AU*) und sachlicher Rückmeldung (*SR*) bestimmen. Dabei sind die ersten drei Faktoren additiv verknüpft, während Autonomie und Rückmeldung miteinander und mit den anderen drei Größen multipliziert werden. Die in diesem Modell postulierte Formel für das Motivationspotenzial (*Motivating Potential Score*) einer Aufgabe lautet also:

$$MPS = \frac{AW + AI + AB}{3} * AU * SR$$

Daraus folgt, dass eine schwächere Ausprägung beispielsweise der Autonomie zu einer weitaus stärkeren Verringerung des Motivationspotenzials der Aufgabe führt als ein Weniger an Anforderungsvielfalt. Selbst wenn einer der drei erstgenannten Faktoren vollkommen fehlen sollte, ist noch Motivation durch die Aufgabe möglich, während Autonomie und Rückmeldung hingegen in diesem Modell als unentbehrliche Voraussetzung für intrinsische Motivation betrachtet werden (Moll, 2006).

Intrinsische Motivation und Kreativität

McGraw (1978) schließt aus empirischen Daten, dass extrinsische Motivation besonders die Bearbeitung solcher Aufgaben unterstützt, die algorithmisch, also unter Rückgriff auf gewohnte und bewährte Methoden, gelöst werden können. Dahingegen ist intrinsische Motivation eher für heuristische Problemlösung angemessen, die also unter Exploration neuer Methoden erfolgt. Zudem sind kognitive Flexibilität und Komplexität bei hoher intrinsischer Motivation am stärksten (McGraw, 1978), so dass intrinsische Motivation kreativitätsunterstützend wirken kann.

Amabile (1988, S. 142f.) entwickelte aufgrund ihrer eigenen empirischen Arbeit das *Intrinsische Motivations-Prinzip der Kreativität*, das besagt, dass Individuen dann am kreativsten sind, wenn sie das Gefühl haben, in erster Linie durch ihr eigenes Interesse am Gegenstand, die Befriedigung und Herausforderung der Arbeit motiviert zu sein, während externe Druck- oder Belohnungsmittel für ihre eigene Motivation keine Rolle spielen. Dieses Prinzip verdeutlicht sie, indem sie eine Aufgabenstellung, die kreative Problemlösung erfordert, mit einem Labyrinth vergleicht:

> Imagine that a task or activity is a maze that an individual or group must find its way out of. From the starting point, there is often a clear, well-worn, and straight path to the outside; all that must be done to reach an exit is to proceed down that path. [...] The exit so reached *is* an acceptable way out; it is an acceptable solution. At the same time, however, it is not new; it is not particularly exciting or elegant; it is not creative.
> There may well be other exits from the maze, exits that would provide more novel, exciting, and elegant solutions; in other words, there are more creative ways out of the maze. But those exits [...] can only be reached by exploration, and by taking the risk of running into a dead end here and there. [...]
> Someone who is extrinsically motivated is motivated primarily by something *outside* of the maze, the extrinsic goal. Since that goal can only be achieved once the maze has been exited, the best strategy for the extrinsically motivated person is to take the safest, surest, and fastest way out of the maze: the well-worn pathway, the uncreative route.
> Someone who is intrinsically motivated, on the other hand, is motivated primarily by the interest, challenge, and enjoyment of *being in the maze*. Surely, there is no point in being in the maze if there is no desire to exit, to find a solution. [...] But the important distinction between intrinsic and extrinsic motivation arises from both the individual's basic interest in the activity and the amount of freedom from extrinsic constraint in the immediate work environment (Amabile, 1988, S. 144).

Wirklich kreative Lösungen können also nur entstehen, wenn eine Person ein eigenes, intrinsisches Interesse an der Aufgabe hat, aber auch von extrinsischen Beschränkungen der Arbeitsumgebung (Kontrolle, Belohnungen, etc.) nicht zu stark beeinflusst wird (Amabile, 1988). Ein weiterer in diesem Gleichnis angesprochener Faktor ist die Risikofreude, die bei intrinsischer Motivation verstärkt zum Tragen kommt, da das Eingehen gewisser Risiken ggf. zu eleganteren, zufriedenstellenderen, kreativeren Lösungen führen kann. Zusätzliche extrinsische Motivatoren können zu verringerter Kreativität führen, wirken sich aber, Ergebnissen von Amabile (1993) zufolge, nicht negativ auf die Qualität von Arbeitsergebnissen aus.

Intrinsische Motivation bei virtueller Arbeit

Zum Einfluss intrinsischer Motivation auf die Leistung bei virtueller Zusammenarbeit fehlt bisher empirische Forschung, wenn auch gelegentlich auf die Bedeutung hoher intrinsischer Motivation als Voraussetzung für virtuelle Zusammenarbeit und effektives E-Learning hingewiesen wird (Hochfeld & Zülch, 2005; Martens, Gulikers & Bastiaens, 2004). Es kann allerdings davon ausgegangen werden, dass intrinsische Motivation bei virtueller Arbeit eine weitaus größere Rolle spielt als in *face-to-face* Settings, da bei der Kommunikation auf dem Umweg über Informations- und Kommunikationstechnologien bestärkende und motivierende Rückmeldungen in Form von Reaktionen des Gegenübers minimiert werden. Da motivierendes Feedback (Oldham & Cummings, 1996) über eigene Aussagen und Beiträge des Individuums durch die Einschränkungen des jeweiligen Mediums stark reduziert wird, ist die individuelle Leistung wahrscheinlich stärker vom Motivationspotenzial der Aufgabe und der persönlichen Motivation des Subjekts abhängig.

6 Persönlichkeitstheorien

In der sozialwissenschaftlichen Forschung und auch in der organisationalen Praxis spielen Persönlichkeit und ihre Erfassung häufig eine wichtige Rolle (McKenna, 2012). Persönlichkeit hat einen starken *trait*-Charakter und bildet ein wichtiges Konzept, das bei unterschiedlichen Entscheidungen im Unternehmen berücksichtigt werden sollte. Da auch Kreativität eine starke *trait*-Komponente hat, d. h. zum Teil in der Persönlichkeit eines Menschen überdauernd verankert ist (vgl. Kap. 2.2), und sich die Persönlichkeitsstruktur eines Menschen auf alle seine Interaktionen und Leistungssituationen, seien sie persönlich oder virtuell, auswirkt, muss zur umfassenden Beantwortung der in dieser Arbeit betrachteten Fragestellung der Persönlichkeitsaspekt mit einbezogen werden. In diesem Kapitel wird daher ein kurzer Überblick über unterschiedliche Theorien der Persönlichkeit gegeben, bevor genauer auf die Big Five Persönlichkeitsdimensionen eingegangen wird.

6.1 Begriffsbestimmung und Überblick über Theorien der Persönlichkeit

Die herausragende Bedeutung von Persönlichkeit in Forschung und Praxis hängt damit zusammen, dass die Persönlichkeit eines Menschen aus „jenen relativ stabilen und überdauernden Aspekten des Individuums [besteht], die es von anderen Menschen unterscheiden und gleichzeitig die Basis unserer Vorhersagen über sein künftiges Verhalten bilden [eigene Übersetzung]" (Wright et al., 1970, S. 511). Die unterschiedlichen Manifestationen dieser Eigenschaften von Individuen können von Anderen im Alltag oder in kontrollierten empirischen Kontexten beobachtet werden. Über die Kenntnis seiner Persönlichkeit kann ein Mensch also von anderen in sozialen Kontexten eingeordnet werden und Verhaltensweisen können über unterschiedliche Situationen hinweg antizipiert werden. Ausprägungen der Persönlichkeit bilden sich bereits in der Kindheit heraus und bleiben, ca. ab einem Alter von 30 Jahren, über die Lebensspanne relativ stabil (Specht & Schmukle, 2011).

Cattell (1965; 1974) reduzierte mittels Faktorenanalyse die lange Liste menschlicher Persönlichkeitsmerkmale auf eine besser handhabbare Anzahl von 16 Persönlichkeitsfaktoren. Oberflächliche, also beobachtbare Eigenschaften (*surface traits*), wie zum Beispiel ein großer Wortschatz, sind nach diesem Ansatz mit verschiedenen Grundeigenschaften (*source traits*) unterlegt, die die 16 Persönlichkeitsfaktoren bilden. Diese Faktoren sind jeweils als Endpunkte eines Kontinuums formuliert und nennen sich im Einzelnen: Sachorientierung vs. Kontaktorientierung, Konkretes Denken vs. Abstraktes Denken, Emotionale Störbarkeit vs. Emotionale Widerstandsfähigkeit, Soziale Anpassung vs. Selbstbehauptung, Besonnenheit vs. Begeisterungsfähigkeit, Flexibilität vs. Pflichtbewusstsein, Zurückhaltung vs. Selbstsicherheit, Robustheit vs. Sensibilität, Vertrauensbereitschaft vs. Skeptische Haltung, Pragmatismus vs. Unkonventionalität, Unbefangenheit vs. Überlegenheit, Selbstvertrauen vs. Besorgtheit, Sicherheitsinteresse vs. Veränderungsbereitschaft, Gruppenverbundenheit vs. Eigenständigkeit, Spontanität vs. Selbstkontrolle und Innere Ruhe vs. Innere Gespanntheit. Die 16 Persönlichkeitsfaktoren sind im korrespondierenden Fragebogen zu ihrer Erfassung jeweils nicht signifikant korreliert und statistisch voneinander unabhängig (McKenna, 2012). Kritik an Cattells Persönlichkeitstheorie bezieht sich zum einen auf die Validität des 16-PF-Fragebogens (Howarth & Browne, 1971), der Cattell eine revidierte Version, den 16-PF-R, entgegen setzte, in der er diese verbessert haben will. Zum anderen wird kritisiert, dass es in der Natur der Methode der Faktorenanalyse liege, den damit analysierten Gegenstand, hier also die menschliche Persönlichkeit, zu stark zu simplifizieren (Peck & Whitlow, 1975).

Das in der Praxis weit verbreitete Instrument zur Persönlichkeitsbestimmung, der Myers-Briggs-Typen-Indikator (*MBTI*) baut auf C. G. Jungs Persönlichkeitstypen auf und wird im Jahr über drei Millionen mal in über 19 verschiedenen Sprachen ausgefüllt (Kennedy & Kennedy, 2004). Der Test besteht aus 100 Fragen und erhebt, wie eine Person üblicherweise in einer beschriebenen Situation reagiert oder sich fühlt. Mit diesem Instrument werden Personen in extrovertiert oder introvertiert (E/I), sensorisch oder intuitiv orientiert (S/N), fühlend oder denkend (F/T) und urteilend oder wahrnehmend (J/P) klassifiziert. Insgesamt werden über diese dichotomen Gegensatzpaare wieder 16 Persönlichkeitstypen beschrieben, die mit den jeweils dominanten Kürzeln bezeichnet werden, also zum Beispiel *INTJ*, wenn jemand als introvertiert, intuitiv, denkend und urteilend bestimmt wurde. *INTJs* gelten als visionär, mit ungewöhnlichen Ideen und starker Motivation, ihre Ziele zu erreichen (Robbins, Judge & Campbell, 2010). Landrum (1993) berichtet, dass dreizehn Entrepreneure, die besonders erfolgreiche Firmen wie Apple oder Sony gegründet haben, in der *MBTI* Taxonomie durchwegs intuitive Denker seien. Die Validität des *MBTI* wird allerdings oft in Frage gestellt und häufig als nicht ausreichend befunden (Bess & Harvey, 2002; Pittenger, 2005). Ein methodisches Problem besteht bei diesem Modell auch darin, dass die hier beschriebenen Persönlichkeitsdimensionen jeweils nicht Extreme eines Kontinuums darstellen, sondern entweder/oder-Möglichkeiten ohne Zwischenformen. Dies macht die *MBTI* Persönlichkeitstypen zu einer besonders eng gehaltenen Klassifizierung, die den vielfältigen Facetten der menschlichen Persönlichkeit kaum gerecht werden dürfte. Der *MBTI* erfreut sich trotzdem in vielen organisationalen Settings großer Beliebtheit und wird oft eingesetzt, um die Selbsterkenntnis zu fördern (Robbins et al., 2010).

6.2 *Big Five* Modell der Persönlichkeit

Das *Big Five* Modell der Persönlichkeit hat sich seit seiner Entwicklung zu Beginn der 1980er Jahre in Forschung und Praxis so weit verbreitet, dass es als für die zeitgenössische Persönlichkeitsforschung zentral betrachtet werden kann (Block, 2010; Furnham, 2008; McKenna, 2012; Robbins et al., 2010). Unterschiedliche Bezeichnungen, die für das gleiche Konzept verwendet werden, umfassen z. B. *Big 5, Fünf-Faktoren-Modell*, oder *fünf Persönlichkeitsdimensionen*.

Die fünf Persönlichkeitsdimensionen wurden, ohne theoretische Basis, ausgehend von einem psycholexikalischen Ansatz durch Faktorenanalysen ermittelt. Der psycholexikalische Ansatz geht davon aus, dass die wichtigsten interindividuellen Unterschiede im Laufe der Zeit sprachlich enkodiert werden, so dass es möglich sein sollte, alle persönlichkeitsbeschreibenden Begriffe in einer Taxonomie zu erfassen (Goldberg, 1990). Goldberg (1990) sowie Costa und McCrae (Costa & McCrae, 1985, 1995) derivierten aus diesen Listen von Eigenschaftswörtern in mehreren Testreihen die fünf Faktoren heraus, die schließlich als die *Big Five* bekannt wurden:

Neurotizismus, Extraversion, Offenheit für neue Erfahrungen, Verträglichkeit und Gewissenhaftigkeit. Die Persönlichkeitsstruktur eines jeden Menschen soll durch die unterschiedlich starken Ausprägungen auf diesen fünf Faktoren bestimmt sein. Jeder der fünf Faktoren, die im Folgenden nach Costa und McCrae (1985) kurz beschrieben werden, wird dabei als das eine Ende eines Spektrums betrachtet. Für vier der fünf Faktoren konnten bereits Zusammenhänge mit Kreativität festgestellt werden, die im Folgenden ebenfalls kurz dargestellt werden.

Neurotizismus ist als einziger der fünf Faktoren negativ konnotiert, und es wird heute auch häufig eher von seinem positiven Gegenpol, der *Emotionalen Stabilität*, gesprochen. Während emotional stabile Persönlichkeiten ruhig und gefasst sind, neigen Menschen mit hohen Neurotizismus-Werten zu Besorgnis und Ängstlichkeit, sie sind häufig depressiv, schnell peinlich berührt und unsicher (McKenna, 2012). *Ideational fluency* (vgl. Kap. 2.2) korreliert negativ mit Nervosität/Depression (Guilford, 1959). Fromm (1959) beobachtet an kreativen Personen eine gewisse Konfliktfähigkeit. Barron (1955) findet Zusammenhänge zwischen Kreativität und Impulskontrolle (s. Kap. 2.2), was darauf schließen lässt, dass hohe Ausprägungen von Neurotizismus kreativer Leistung eher abträglich sein werden. Baer, Oldham, Jacobson und Hollingshead (2008) geben allerdings zu bedenken, dass Personen mit hohen Neurotizismus-Werten wahrscheinlich eher offen ihre Meinung preisgeben, was dem kreativen Teamprozess durchaus förderlich sein kann.

Eigenschaften, die mit dem Persönlichkeitstypus der *Extraversion* einhergehen umfassen unter anderem eine starke soziale Orientierung und Geselligkeit, Durchsetzungsvermögen und Gesprächigkeit. Extravertierte Personen neigen dazu, Risiken einzugehen und Fehler zu machen, außerdem langweilen sie sich schnell. Die von Barron (1955) als mit Kreativität in Verbindung stehend identifizierten Persönlichkeitseigenschaften Dominanz, Aufsässigkeit, Unabhängigkeit und Freiheit im Ausdruck, die von Getzels und Jackson (1962) teilweise bestätigt und durch die Eigenschaft Schlagfertigkeit ergänzt werden (s. Kap. 2.2), können ebenfalls diesem Persönlichkeitsfaktor zugeordnet werden. Extravertierte Individuen zeigen sich in empirischen Studien als gut geeignet für Berufe im Management und Verkauf (Foti & Hauenstein, 2007). Introvertierte Personen, auf der anderen Seite, zeigen nicht dieses starke Bedürfnis nach Aufregung, sind aber nicht unbedingt scheu oder schüchtern. Sie handeln und sprechen überlegter und erwecken häufig den Anschein, Dinge langsamer zu tun, da sie sehr auf Sorgfalt bedacht sind (McKenna, 2012).

Der Faktor *Offenheit für neue Erfahrungen*, oft auch als Intellekt bezeichnet, soll sich mit zunehmendem Alter stärker ausbilden und weist manchen Studien zufolge einen Zusammenhang mit Kreativität auf (z. B. Furnham, 2008; LePine, Colquitt & Erez, 2000). Auch Rogers (1959) stellt eine Verbindung von kreativem Potenzial mit Offenheit für neue Erfahrungen sowie der Fähigkeit, mit Elementen und Konzepten zu spielen her. Guilford (1959) zufolge korreliert *Associational fluency* positiv mit Abenteuerlust, die ebenfalls mit dem Persönlichkeitsfaktor der Offenheit für neue Erfahrungen zusammenhängt. Kubie (1966) hingegen schreibt intellektualisierten Personen einschränkende Zurückhaltung zu, während vorbewusste Inhalte bei kreativen Personen leichter Eingang ins Bewusstsein finden. Personen mit großer Offenheit werden als intelligent, originell, optimistisch, neugierig, kultiviert und vielseitig interessiert beschrieben. Sie streben nach Abwechslung, Veränderung und eben neuen Erfahrungen. Personen auf der anderen Seite des Spektrums, mit geringer Ausprägung von Offenheit für neue Erfahrungen, zeigen wenig Akzeptanz für Neues und fühlen sich in ungewohnten Situationen unwohl und ratlos und halten lieber an Gewohntem fest.

Verträglichkeit ist mit Höflichkeit, Vertrauen, Freundlichkeit, Kooperativität und Toleranz assoziiert. Menschen mit einer hohen Ausprägung von Verträglichkeit in ihrem Persönlichkeitsprofil werden von anderen häufig als bescheiden, selbstlos und unkompliziert beschrieben. Geringe Ausprägung dieses Faktors geht mit Misstrauen, Streitbarkeit sowie häufig auch Zynismus und Sarkasmus einher (McKenna, 2012).

Personen mit hohen Werten auf dem Faktor *Gewissenhaftigkeit* sind vorsichtig und gründlich, gut organisiert, ausdauernd und leistungsorientiert. Sie werden auch häufig als besonders teamfähig beschrieben. Da dies insgesamt für eine gute Arbeitsmoral spricht, wird der Gewissenhaftigkeit in Unternehmen bei Einstellungstests hohe

Aufmerksamkeit gewidmet. Fromm (1959) stellt bei kreativen Personen Konzentrationsfähigkeit fest, was ebenfalls dem Persönlichkeitsfaktor der Gewissenhaftigkeit zugeordnet werden kann, während Guilford (1959) im Gegenteil von Ergebnissen berichtet, die bei kreativen Personen für eine geringere Ausprägung von Gewissenhaftigkeit sprechen. Es hat sich insgesamt in empirischen Studien gezeigt, dass gewissenhafte Personen in vielen Berufen erfolgreicher sind (Barrick, Mount & Judge, 2001; Mount, Barrick & Strauss, 1994). Allerdings umfassen die Schattenseiten dieses Persönlichkeitstyps unter Umständen Geiz und Intoleranz. Personen mit einer geringen Ausprägung von Gewissenhaftigkeit sind wankelmütig und oft verantwortungslos und impulsiv.

Nach McCrae und Costa (McCrae & Costa, 1997) sollen die Big Five vor allem zur Anwendung in industrialisierten Kulturen angemessen sein, wobei die Faktorenstruktur sich über 50 Kulturen hinweg als stabil erwiesen haben soll (McCrae & Terracciano, 2005). In internationalen Folgeuntersuchungen konnten diese Faktoren auch empirisch bestätigt werden (Barrick & Mount, 2005; McCrae & Costa, 1997; McCrae & Terracciano, 2005), so dass die interkulturelle Gültigkeit dieses Persönlichkeitsmodells oft als gegeben betrachtet wird. Allerdings gibt es auch Studien, die die Fünf-Faktoren-Struktur nicht replizieren konnten, insbesondere was die Orthogonalität der einzelnen Faktoren betrifft (vgl. z. B. Block, 1995; Ones, Viswesvaran & Dilchert, 2005).

Inzwischen überwiegen Ansätze, die von fünf übergeordneten Faktoren (oder Typen) mit jeweils sechs Unterkategorien ausgehen (Costa & McCrae, 1995). Das *NEO Personality Inventory* von Costa und McCrae (1985), stellt eine der bekanntesten und am weitesten verbreiteten Arten der Persönlichkeitsmessung dar. Durch die verhältnismäßig lange Bearbeitungszeit von über zehn Minuten und da es meist einen Teil einer größeren Testbatterie darstellt, ist es allerdings in Praxis und Wissenschaft nur eingeschränkt zur Anwendung geeignet, was zur Entwicklung mehrerer Kurzformen geführt hat, von denen einige sehr gute Gütekriterien aufweisen.

Wissenschaftliche Kritik am *Big Five* Modell bezieht sich unter anderem auf die fehlende theoretische Basis (Block, 2010; Robertson, 1998), die dazu führen kann, dass die fünf Faktoren aufgrund der Erwartung des jeweiligen Forschers, durch bewusste oder unbewusste Manipulation der Daten, immer wieder repliziert werden, obwohl sie zur vollständigen Beschreibung einer individuellen Persönlichkeit möglicherweise nicht geeignet sein könnten. Ähnlich wie bei den oben beschriebenen 16 Persönlichkeitsfaktoren von Cattell (1965) wird mitunter auch an den *Big Five* bemängelt, dass sie zur adäquaten Beschreibung individueller Persönlichkeit nicht die erforderliche Betrachtungstiefe aufweisen (Peck & Whitlow, 1975; Schneider & Hough, 1995). Zudem gibt beispielsweise Block (2010) zu bedenken, dass mathematische Unabhängigkeit nichts mit dem psychologischen Verständnis, und noch weniger mit der adäquaten Beschreibung eines komplexen individuellen Charakters gemeinsam habe. Er betont, dass vielmehr das Zusammenspiel der einzelnen Faktoren die menschliche Persönlichkeit ausmacht. Auch Cattell (1995) übt Kritik an der Reliabilität und statistischen Testung der *Big Five*. Der lexikalische Ansatz, aus dem die *Big Five* hervorgingen, kann ebenfalls kritisiert werden (z. B. Block, 1995), da er außer Acht lässt, dass es für manche weniger wichtigen Sachverhalte mehrere Synonyme gibt, während zentrale Konzepte, wie Weiblichkeit, wenige adjektivische Synonyme besitzen, und dass nicht über alle Angelegenheiten gleich viel gesprochen wird.

Trotz dieser Bedenken sind die *Big Five* in den Sozialwissenschaften weit verbreitet und mit gutem Erfolg in empirischen Studien eingesetzt worden und werden häufig auch zur Vorhersage von Verhalten im Erwerbsalltag vorgeschlagen (z. B. Barrick & Mount, 2005). Sie bieten sich zur Verwendung in Untersuchungen mit unterschiedlichen zu erhebenden Einflussfaktoren unter anderem auch deshalb an, weil sie mit verhältnismäßig kurzen Fragebögen verlässlich erfasst werden können. Auf der anderen Seite geraten sie genau dadurch auch häufig in Kritik, was eine zu geringe Komplexität und Tiefe betrifft, die der menschlichen Persönlichkeit nicht gerecht werde (Peck & Whitlow, 1975; Schneider & Hough, 1995). Für Studien, in denen die Persönlichkeit den hauptsächlichen Fokus bildet, ist dies sicherlich von Belang. In der vorliegenden Untersuchung kommt es jedoch vor allem auf ihren Zusammenhang mit kreativer Leistung bei virtueller Zusammenarbeit an, wo sich eine zu große Betrachtungstiefe evtl. sogar als eher hinderlich erweisen würde. Zudem soll eine größtmögliche Vergleichbarkeit mit bereits bestehender empirischer Literatur hergestellt werden, wo die *Big Five* am häufigsten zur Anwendung kommen (Baer, 2010; Baer & Oldham, 2006; Baer et al., 2008; Biebrich & Kuhl, 2002; Feist, 1998). Aus diesen Gründen werden die *Big Five* in dieser Arbeit zur Betrachtung des Persönlichkeitsaspekts herangezogen.

7 Determinanten der erfolgreichen virtuellen und kreativen Zusammenarbeit – Zusammenfassung und Relevanz für die Arbeit

Die Erkenntnisse zu Determinanten erfolgreicher virtueller und kreativer Zusammenarbeit aus den Kapiteln 2 bis 6 werden im Folgenden noch einmal zusammengefasst und zudem ergänzt um Forschungsergebnisse zu kreativer Arbeit in virtuellen Umgebungen. In Teil III erfolgt auf dieser Basis die Ableitung der zentralen Fragestellung dieser Arbeit sowie die Formulierung zu testender Hypothesen in Kapitel 8.

Zunächst werden die Definitionen der zentralen Begriffe Kreativität und virtuelle Zusammenarbeit noch einmal wiederholt, um die Grundlage für die weiteren Betrachtungen zu schaffen. Viele Autoren auf dem Gebiet der Kreativität in Organisationen sind sich einig, dass der Begriff der Kreativität die Fähigkeit bezeichnet, etwas zu erschaffen, das neu und angemessen, also im organisationalen Kontext verwertbar ist (Amabile et al., 1996; Amabile & Khaire, 2008; George, 2008; Hirsh, 2010; Stein, 1974; Woodman et al., 1993). Eine Ergänzung dieser Definition um die soziale Komponente, also die vollständige Ausformung kreativen Schaffens durch soziale Prozesse, erfolgt durch Florida (2002). Virtualität ist definiert als die Eigenschaft einer Sache, am Computer hergestellt zu sein (o. V., 2003). Wenn von virtueller Zusammenarbeit die Rede ist, wird Virtualität heute meist als Kontinuum betrachtet, nicht als Dichotomie virtuell – nicht-virtuell (Martins et al., 2004). Welche Dimensionen es genau sind, die das Ausmaß der Virtualität bei einer Zusammenarbeit beschreiben, ist bislang noch nicht vollständig geklärt. Die Definition virtueller Teams umfasst einerseits die vorwiegende Verwendung von Informations- und Kommunikationstechnologien zum interpersonellen Austausch (Fiol & O'Connor, 2005; Kirkman & Mathieu, 2005; Lipnack & Stamps, 1997; Nerdinger et al., 2008; Schiller & Mandviwalla, 2007; Warkentin & Beranek, 1999) und andererseits die geographische Dislokation, die dazu führt, dass bei virtueller Zusammenarbeit Raum- und Zeit-Grenzen regelmäßig überschritten werden (Cohen & Gibson, 2003; Kirkman & Mathieu, 2005; Lipnack & Stamps, 1997; Nerdinger et al., 2008; Schiller & Mandviwalla, 2007). Allerdings weisen Kirkman und Mathieu (2005) darauf hin, dass geographische Dispersion auch als Voraussetzung, weniger als definierende Dimension von Team-Virtualität betrachtet werden kann.

Von den Faktoren, die Kreativität und virtuelle Zusammenarbeit begünstigen, ist eine starke Motivation der Team-Mitglieder möglicherweise der wichtigste. Eine Reihe von Kreativitätsforschern ist sich einig, dass eine ausgeprägte Motivation, insbesondere die intrinsische Motivation, eine unverzichtbare Voraussetzung für gute kreative Leistung darstellt (Amabile, 1988, 1993, 1998; Guilford, 1959; Sauermann & Cohen, 2008). Das Potenzial intrinsischer Motivation zur Förderung von Kreativität wird auch von Ryan und Deci (1985; 2000) bereits erwähnt. Auch Maslow (1956) postuliert, dass Freude an einer Aufgabe eine Vorbedingung für Kreativität darstellt. Unter Rückgriff auf das *Job-Characteristics-Model* von Hackman und Oldham (1980, 1974; Oldham et al., 1976) konnte weiterhin empirisch gezeigt werden, dass hohe Autonomie und Rückmeldung über die geleistete Arbeit nicht nur zu erhöhter Motivation, sondern auch zu mehr Kreativität führen können (Oldham & Cummings, 1996). Nicht nur für kreative Leistung sondern auch für virtuelle Zusammenarbeit kann angenommen werden, dass intrinsische Motivation eine herausgehobene Rolle spielt. Virtuelle Teams führen sich häufig selbst, also ohne klassische Hierarchien (Kirkman et al., 2004), weshalb ein hohes Maß an intrinsischer Motivation als notwendige Eigenschaft von Mitgliedern virtueller Teams betrachtet wird (Cordery et al., 2009). Während in *face-to-face* Teams ständig Rückmeldungen über die eigenen Diskussionsbeiträge und Leistungen über Gestik, Mimik und aufmunternde oder kritische Worte des Gegenübers erfolgen, fällt diese Feedback-Möglichkeit bei der virtuellen Zusammenarbeit fast vollständig weg. Das lässt darauf schließen, dass auf der einen Seite eine höhere intrinsische Motivation zur Aufgabenerfüllung seitens jedes Teammitglieds vorliegen muss und andererseits die Rückmeldung durch Andere unter Umständen durch die eigene Einschätzung der individuellen Leistung teilweise ersetzt werden muss. Allerdings fehlt hierzu bislang empirische Forschung.

Die seit Jahrzehnten bestehende Diskussion darüber, ob intrinsische Motivation durch die Hinzunahme extrinsischer Anreize korrumpiert oder verdrängt wird, leitet über zu einem weiteren hier untersuchten Faktor, nämlich der variablen Vergütung als Sonderform extrinsischer Anreize. Wenngleich Literaturüberblicke (Deci et al., 1999; Prendergast, 1999) mitunter keinen endgültig überzeugenden empirischen Nachweis für den Korrumpierungseffekt feststellen können, finden beispielsweise Baer et al. (2003) und auch McGraw (1978) einen negativen Einfluss extrinsischer Belohnung auf die intrinsische Motivation, allerdings nur bei komplexen Aufgaben. Auch auf unrealistischen Erwartungen basierende Evaluations- und Belohnungssysteme können sich negativ auf kreative Leistung auswirken (Amabile, 1988; Amabile et al., 1996; Amabile & Mueller, 2008). Hinds und Pfeffer (2003) geben zu bedenken, dass variable Vergütungssysteme durch Förderung einer Fixierung auf den Wettbewerb mit Kollegen zu einer geringeren Konzentration auf die eigentliche Aufgabe führen können. Bei Schwartz (1990) schränkt wahrgenommene externale Kontrolle die individuelle Kreativität ein, während Eisenberger et al. (1999) einen positiven Effekt extrinsischer Belohnung feststellen konnten.

Unter Rückbezug auf Amabile (1988), Gagné et al. (2000), Koestner et al. (1984) und die *Cognitive Evaluation Theory* von Ryan und Deci (Deci et al., 1999; Deci & Ryan, 1985, 2000; vgl. auch Amabile, 1988) kann geschlussfolgert werden, dass extrinsische Belohnungen nicht als kontrollierend empfunden werden dürfen, sondern nur dann positive, die intrinsische Motivation nicht korrumpierende Auswirkungen haben, wenn sie ein Gefühl der Belohnung, Gerechtigkeit und Wertschätzung vermitteln und die eigene Kompetenz bestätigen. Amabile (1985) stellt außerdem fest, dass extrinsische Motivatoren auf die grundsätzliche Richtigkeit des Arbeitsergebnisses keine negativen Auswirkungen zeigen, was dafür spricht, dass variable Vergütung für wenig komplexe Aufgaben einen Zusatznutzen bringen kann. Was virtuelle Zusammenarbeit betrifft, so weisen die Arbeiten mehrerer Autoren (Gibson & Cohen, 2003; Lawler, 2003; Zingheim & Schuster, 1997) darauf hin, dass virtuelle Teams vor allem dann von extrinsischen Anreizen in Form von variabler Vergütung profitieren können, wenn diese Integration und Team Work begünstigt.

Neben der allgemein hohen Motivation nennen unterschiedliche Autoren weitere kreativitätsförderliche Eigenschaften. So ist laut Guilford eine hohe Flexibilität und auch deren Sonderform Originalität unabdingbar (Guilford, 1959). Als empirisches

Maß der Originalität schlägt er die Anzahl der von Experten als raffiniert eingestuften Ideen vor. Darüber hinaus identifiziert Guilford (1959) vier *fluency*-Begabungen, nämlich Wortgewandtheit oder *word fluency*, Assoziationsfluss oder *associational fluency*, Flüssigkeit im Ausdruck (*expressional fluency*) und *ideational fluency* als die Fähigkeit, angemessene Ideen zu entwickeln, die bei der kreativen Problemlösung eine besondere Rolle spielt (Paulus, 2008). Soziale Skills, die eine Zusammenarbeit in kreativen Teams erst ermöglichen, werden von Amabile (1988) sowie Ng und Feldman (2009) als wichtige die Kreativität begünstigende Eigenschaften postuliert. Auch im Rahmen der Forschung zu den *Big Five* Persönlichkeitsfaktoren konnten viele Determinanten kreativer Leistung aufgedeckt werden. Der Persönlichkeitsdimension Offenheit für Erfahrung wird von einer Reihe von Autoren ein Zusammenhang mit Kreativität zugesprochen (Furnham, 2008; Guilford, 1959; LePine et al., 2000; Rogers, 1959), wohingegen Kubie (1966) mit hoher Intellektualität eine die Kreativität möglicherweise einschränkende Zurückhaltung verbindet. Per Definition bringt eine schwache Ausprägung von Offenheit allerdings geringe Akzeptanz für Neues mit sich (Costa & McCrae, 1985), so dass insgesamt angenommen werden kann, dass hohe Werten auf der Skala Offenheit für neue Erfahrungen mit höherer Kreativität einhergehen. Die Persönlichkeitsdimension Neurotizismus hingegen wird fast ausschließlich in einen negativen Zusammenhang mit Kreativität gesetzt (Barron, 1955; Fromm, 1959; Guilford, 1959). Baer et al. (2008) postulieren jedoch, dass Personen mit einer starken Ausprägung dieses Persönlichkeitsmerkmals eher als andere offen ihre Meinung kundtun, was dem kreativen Teamprozess förderlich sein mag. Weiterhin lassen sich auch für einen Zusammenhang von Extraversion mit hoher Kreativität einige Hinweise finden (Barron, 1955; Getzels & Jackson, 1962), während die Ergebnisse für Gewissenhaftigkeit widersprüchlich sind (Fromm, 1959; Guilford, 1959). Als letzte kreativitätsförderliche Persönlichkeitseigenschaft sei an dieser Stelle noch die Unsicherheitstoleranz genannt, deren Bedeutung für kreative Leistung (Amabile, 1988; Barron, 1955; Fromm, 1959; Guilford et al., 1957, zitiert nach Guilford, 1959; Guilford, 1959; Sauermann & Cohen, 2008) und auch virtuelle Zusammenarbeit (Daft & Lengel, 1986) aus einigen Quellen ersichtlich wird.

Der kreative Prozess wurde von verschiedenen Forschern in jeweils unterschiedlicher Komplexität beschrieben. Nach Rhodes (1961) beinhaltet der Prozess, der ein kreatives Produkt hervorbringt, neben Motivation und Wahrnehmung verschiedene Lern-, Denk- und Kommunikationsabläufe. Weiterhin üben Personenvariablen und Merkmale in der Umwelt einen Einfluss auf Prozess und Produkt aus. Bereits hier zeigt sich also, dass verschiedene Arbeitsbedingungen sich unterschiedlich auf die kreative Leistung auswirken sollten. Das Modell des kreativen Prozesses in Organisationen von Woodman et al. (1993) fokussiert intraindividuelle Faktoren wie Persönlichkeit und intrinsische Motivation, die sich auf individuelles kreatives Verhalten auswirken. Das in Kapitel 2.3 ausführlich beschriebene Komponenten-Modell der Kreativität von Amabile (1988; Amabile & Mueller, 2008) beinhaltet im Wesentlichen drei Komponenten der individuellen Kreativität, die multiplikativ verknüpft sind: domänenspezifische Fähigkeiten, kreativitätsrelevante Fähigkeiten/Prozesse und intrinsische Motivation zur Bearbeitung einer bestimmten Aufgabe. Unter anderem wird aus diesem Modell ersichtlich, dass Vorerfahrungen, wie zum Beispiel technische Kompetenzen, und soziale Skills für Kreativität eine Rolle spielen. Intrinsische Motivation ist von der spezifischen Aufgabe abhängig und kann sich über die Zeit verändern. Bei teilweiser Erfüllung der Aufgabe sollte sie beispielsweise, nach diesem Modell, ansteigen, um in einem weiteren Zyklus das Problem vollends zu lösen. Interaktionen innerhalb der Gruppe sowie daraus resultierende Effekte werden im Modell allerdings nicht unmittelbar berücksichtigt. Baer et al. (2008) finden beispielsweise, dass ein geteiltes Vertrauen in die eigene kreative Leistung sich stark förderlich auf das kreative Ergebnis der Gruppe auswirkt.

Neben Personenvariablen und Prozessen gibt es auch organisationale Einflüsse, die individuelle kreative Leistung sowie virtuelle Zusammenarbeit beeinflussen. So sind sich viele Autoren einig, dass ein hohes Maß an Autonomie, in dem Sinne, dass selbst entschieden werden kann, auf welche Weise eine Arbeit ausgeführt wird, für gute kreative Leistungen unabdingbar ist (Amabile, 1988; Amabile et al., 1996; Amabile et al., 2002; Amabile & Khaire, 2008; Barron, 1955; Binnewies & Wörnlein, 2011; Frese et al., 1999; Hackman & Oldham, 1974; Moll, 2006; Ohly et al., 2006), wobei dieser Einfluss zum Teil vermittelt über eine Erhöhung der intrinsischen Motivation erfolgt. Amabile et al. (1996) führen weiterhin an, dass eine organisationale Unterstützung und Wertschätzung kreativen Verhaltens sich positiv auf das kreative Ergebnis auswirke, was auch als kreativitätsförderliche Unternehmenskultur bezeichnet werden kann (Amabile & Khaire, 2008; Perlow, 1997; Sackmann, 2007). Auf der Ebene der Zusammenarbeit im Team hat sich vor allem eine hohe Kooperation innerhalb der Gruppe, was mit den oben bereits erwähnten individuellen sozialen Skills zusammen hängt, als kreativitätsförderlich erwiesen (Amabile, 1988; Amabile et al., 2002; Maslow, 1956). Arbeitsnormen, die dazu führen, dass neue Ideen brüsk kritisiert werden, können Kreativität hingegen hemmen (Amabile & Mueller, 2008). Amabile et al. (1996) führen aus, dass eine gegenseitige Unterstützung innerhalb der Arbeitsgruppe sich positiv auf das kreative Ergebnis auswirken kann, und zwar zum Teil vermittelt über eine Verstärkung der intrinsischen Motivation. Dieser spezifische Zusammenhang wurde bislang allerdings nur in *ftf*-Teams untersucht. Unabhängig davon hat sich auch in virtuellen Teams eine Förderung von Kooperation als notwendig für effiziente Zusammenarbeit erwiesen (Cascio & Shurygailo, 2003; Cordery et al., 2009; Geister et al., 2006; Kayworth & Leidner, 2002).

Auf organisationaler Ebene stellen angemessen ausgeformter Zeit- und Wettbewerbsdruck weitere Determinanten erfolgreicher kreativer und virtueller Zusammenarbeit dar. Zeitdruck kann sich vor allem dann negativ auf Kreativität auswirken, wenn er ein unangemessen hohes Ausmaß erreicht, sich das Individuum dadurch abgelenkt fühlt oder wenn die eigene Aufgabe als insgesamt nicht wichtig empfunden wird (Andrews & Farris, 1972). Gerade unter hohem Zeitdruck kann virtuelle Zusammenarbeit, im Gegensatz zu persönlicher Interaktion, Kreativität förderlich sein. Wie in Kap. 2.4 berichtet, erfordert kreative Arbeit unter hohem Zeitdruck eine möglichst ungestörte, geschützte Arbeitsumgebung (Amabile et al., 2002; Maslow, 1956). Bei virtueller Zusammenarbeit, vor allem unter Zuhilfenahme asynchroner Medien, kann die kreativ arbeitende Person den Grad der Ablenkung durch Kommunikation mit Kollegen oder Vorgesetzten zum Teil selbst bestimmen (vgl. *SIDE*, *SIP*). Die Fragmentierung des Arbeitsablaufs kann, zum Beispiel durch einfache Zeitmanagement-Maßnahmen wie das geblockte Lesen von Emails zu festgelegten Zeiten während des Tages, minimiert werden. Neben der Ablenkung erweisen sich bei

Amabile et al. (2002) auch häufige, als Zeitfresser empfundene Gruppenmeetings als kreativitätshemmend, die bei virtueller Zusammenarbeit in sehr geringem Maße eingesetzt werden können, da der größte Teil notwendiger Diskussionen bilateral oder per Dokumentenaustausch über Groupware abgewickelt werden kann. Wettbewerbsdruck wirkt sich dann negativ auf Kreativität aus, wenn er als bedrohlich empfunden wird (Guilford, 1959). Ein gesunder Wettbewerb hingegen kann sich, vermittelt über eine Erhöhung der intrinsischen Motivation, Amabile (Amabile, 1988) und Eisenberger und Aselage (2009) zu Folge kreativitätsförderlich auswirken.

Eine weitere relevante Erkenntnis für die Untersuchung von kreativer Leistung bei virtueller Zusammenarbeit ist die, dass hervorstechende Statusunterschiede den Austausch von Ideen behindern (Amabile & Khaire, 2008). Gleichzeitig kann die erfolgreiche Integration multipler sozialer Identitäten eine Art internaler Synergie erzeugen, die sich auf Kreativität positiv auswirkt (Cheng et al., 2008, 2007; Cheng, Sanders et al., 2008; Thatcher & Greer, 2008). In klassischen Team-Settings können soziale Konventionen dazu führen, dass Teile der eigenen Identität unterdrückt werden und somit das Potenzial dieses Synergie-Effekts brach liegt. Dass Personenmerkmale und interpersonelle Unterschiede bei virtueller Zusammenarbeit, dem *Social Identity Model of Deindividuation Effects* (*SIDE*, s. Kap. 3.4.5) zu Folge, verdeckt werden (Spears et al., 2002), lässt vermuten, dass kreativer Ideenaustausch in virtuellen Arbeitsumgebungen dadurch erleichtert werden könnte. Auch nach der *Social Presence Theory* (*SPT*, s. Kap. 3.4.6) wird die wahrgenommene soziale Präsenz Anderer mit zunehmend virtueller Kommunikation geringer und Persönlichkeitsmerkmale treten in den Hintergrund. Dadurch kann weniger Ablenkung entstehen, was nach Short et al. (1976) die Leistung bei komplexen Aufgaben, wie zum Beispiel kreativer Problemlösung, verbessern sollte. Wesentlicher Vorteil virtueller Zusammenarbeit für die Förderung von Kreativität ist somit das Merkmal von Informations- und Kommunikationstechnologien, dass diese individuelle Unterschiede nicht vollständig transportieren und somit ihren möglicherweise inhibitorischen Effekt auf Kreativität, sei es vermittelt durch Statusunterschiede oder Berücksichtigung sozialer Identitäten, reduzieren. Zudem wird durch eine weniger von komplexen Strukturen abhängige virtuelle Arbeitsumgebung die Zusammenarbeit erleichtert, was wiederum die Konzentration auf die Entwicklung neuer Ideen oder Produkte erleichtert (Amabile & Khaire, 2008). Allerdings finden Menschen, nach der *Social Information Processing Theory* (*SIP*, s. Kap. 3.4.3), auch bei unpersönlicher virtueller Kommunikation Wege, individualisierende Informationen aufzudecken und zu interpretieren, was der Unsicherheitsreduktion dient. Solch individualisierende Information kann schon in einer rudimentären Kenntnis über Nationalität, Alter oder auch Interessen, Hobbies etc. des Gegenübers bestehen. Es bleibt bislang unklar, ob dieses geringe Ausmaß persönlicher Informationen den nivellierenden Effekt virtueller Kommunikationsmedien vollständig wieder ausgleicht oder sich über eine Reduktion von Unsicherheit eher sogar zusätzlich positiv auf die individuelle Leistung auswirkt.

Vertrautheit, als weiterer interaktionaler Faktor, der Zusammenarbeit beeinflusst, wird von vielen Forschern als besonders relevant für virtuelle Kooperation erachtet. Dennis und Valacich (1999) weisen beispielsweise darauf hin, dass Vertrautheit mit den Teammitgliedern den *convergence*-Anteil einer Aufgabe senkt und somit auch weniger synchrone Medien erfolgreich angewandt werden können. Insgesamt besteht in der virtuellen Teamforschung ein weitgehender Konsens darüber, dass computergestützte Arbeitsgruppen für effektive Zusammenarbeit eine gemeinsame Basis benötigen (Cramton, 2001; DeRosa et al., 2004; Jarvenpaa et al., 1998; Jarvenpaa & Leidner, 1999; Malhotra & Majchrzak, 2004; Mockaitis et al., 2009; O'Hara-Devereaux & Johansen, 1994; Olson & Olson, 2000; Peters & Karren, 2009; Piccoli & Ives, 2003; Zülch, Barrantes & Steinheuser, 2006). In der Forschung zum Themenbereich der Kreativität spielt Vertrautheit bislang keine Rolle, es sollte also interessant sein zu untersuchen, inwiefern sich der positive Effekt von Vertrautheit bei virtueller Zusammenarbeit auch auf kreative Leistungen erstreckt.

Weiterhin zeigte sich in Kapitel 2.6, dass hinsichtlich der Kongruenz von Selbst- und Fremdeinschätzungen kreativer Leistung noch eine Forschungslücke besteht. Es wäre also interessant mit geeigneten Methoden festzustellen inwieweit die Einschätzung der eigenen kreativen Leistung mit Bewertungen von Experten übereinstimmt.

Kreativität und virtuelle Zusammenarbeit sind, wie oben gezeigt werden konnte, recht umfassend beforschte Felder, allerdings wurden sie bisher meistens jeweils einzeln betrachtet, während Forschung zu Kreativität bei virtueller Zusammenarbeit, bzw. zu Unterschieden virtueller Zusammenarbeit im Gegensatz zu *face-to-face* Kooperation in Hinblick auf kreative Leistung bisher nur in geringem Ausmaß existiert. Sofern Letzteres Thema empirischer Studien ist, sind die Ergebnisse bislang sehr uneinheitlich, wie im Folgenden dargestellt werden wird.

Die bereits angesprochene Feldstudie von Dubé und Robey (2009) betrachtet neben weiteren Faktoren auch Aspekte der Mitarbeiterauswahl für virtuelle Teams. Neben einem hohen Grad an Selbststeuerung werden Initiative und Kreativität als unerlässliche Eigenschaften identifiziert (Dubé & Robey, 2009). Ebenfalls in einer Feldstudie wird erhöhte Kreativität als ein Synergieeffekt multinationaler virtueller Teams identifiziert (Köppel, 2007). Vor allem dann, wenn multinationale Teams ihre kulturell bedingten Konflikte lösen können, seien sie zur Lösung kreativer Probleme besonders geeignet. Ocker (2005) findet in einer qualitativen Analyse von Transkripten zehn virtueller Teams, dass Kreativität in virtuellen Teams vor allem durch Dominanz, Fachwissen, top-down Normensetzung, Mangel an geteiltem Verständnis, Zeitdruck und technische Schwierigkeiten gehemmt wird. Weiterhin ergab diese qualitative Analyse, dass Kreativität in virtuellen Teams in erster Linie durch anregende Kollegen, verschiedene soziale Einflüsse, ein kollaboratives Teamklima und sowohl das Auftauchen als auch die Reduktion von Ambiguität gefördert wird.

Kreativität wird in Laborstudien zur virtuellen Zusammenarbeit meist mit Hilfe von Brainstorming-Aufgaben erfasst. Einige Studien zur Kreativität in virtuellen Teams ergeben, dass real zusammenarbeitende Arbeitsgruppen bessere Ergebnisse erbringen als virtuelle, und dass Personen, die an der Lösung kreativer Probleme arbeiten, in *face-to-face* Situationen zufriedener sind als in einer virtuellen Arbeitsumgebung (Kristensson & Norlander, 2003). Dabei kann in Arbeitsgruppen fälschlich der Eindruck entstehen, bei virtueller Zusammenarbeit bessere Ergebnisse zu erzielen als *face-to-face* (Pinsonneault et al., 1999). Es existieren andererseits Studien die zeigen, dass Gruppen beim computermediierten Brainstorming produktiver sind als real interagierende Personen (für eine Metaanalyse vgl. DeRosa, Smith & Hantula, 2007). Auch dem Literaturüberblick von Martins et al. (2004) zu Folge scheint sich *face-to-face* Kollaboration insgesamt besser für Verhandlungen, kognitive und koordinative Aufgaben zu eignen, während die Autoren befinden, dass virtuelle Teams bei kreativen Aufgaben einen Vorteil haben. Über den weiter oben angesprochenen statusnivellierenden Effekt hinaus können bei virtueller Arbeit durch die eingesetzte Technologie scheinbar auch Prozessverluste ausgeglichen werden, die die Arbeit in *face-to-face* Teams, zum Beispiel in sehr großen Gruppen, erschweren. Es konnte gezeigt werden, dass im Unterschied zu kolozierten Teams die Anzahl von Ideen in Brainstorming-Aufgaben mit der Gruppengröße ansteigen kann (Gallupe et al., 1992; Valacich et al., 1994). Allerdings schlussfolgern weitere Forscher, dass die Beiträge anderer Teilnehmer an der virtuellen Kommunikation bei kreativen Aufgaben eher ablenkend wirken und den Vorteil somit einschränken (Ziegler et al., 2000; vgl. auch Hertel et al., 2005). Es gibt in diesem Zusammenhang Hinweise darauf, dass sowohl ein besonders hohes als auch ein besonders geringes Ausmaß an Interaktion sich negativ auf Kreativität auswirken kann (Leenders et al., 2003).

III. Fragestellung, Ableitung des Modells und Hypothesenbildung

Auf Basis der in Kapitel 7 diskutierten einschlägigen Literaturrecherche konnte in Teil II dieser Arbeit folgende Frage als Forschungslücke identifiziert werden:

> Welches sind die Determinanten der Bewältigung kreativer Aufgaben bei virtueller Zusammenarbeit?

Vor allem ein Vergleich von *face-to-face* und virtuell zusammenarbeitenden Gruppen wird methodisch immer wieder angeregt, fand jedoch für diese spezielle Fragestellung bislang noch nicht in einem kontrollierten experimentellen Setting statt, womit sich ein komparatistischer Ansatz zur Beantwortung der Forschungsfrage anbietet.

Dabei wird in dieser Studie besonderes Augenmerk auf Vertrautheit der Teammitglieder untereinander gelegt, da Vertrauen und Vertrautheit in verschiedenen Studien als besonders wichtiger Faktor für virtuelle Zusammenarbeit identifiziert wurden (vgl. Kap. 3 und Kap. 7), bisher aber nicht empirisch geklärt wurde, ob sich diese positive Wirkung auch auf die kreative Leistung erstreckt. Da es im Einflussbereich der Organisation liegt, den Mitgliedern virtueller und kreativer Teams Gelegenheit zu geben, sich miteinander vertraut zu machen, stellt dieser Aspekt sich als lohnender Betrachtungsgegenstand dar.

Auch variable Vergütung ist ein Faktor, der im Zusammenhang mit kreativer Leistung bei virtueller Zusammenarbeit bislang noch nicht empirisch untersucht wurde. Studien zu variabler Vergütung befassen sich jedoch mehrheitlich mit dem Einfluss auf intrinsische Motivation, die wiederum einen wesentlichen Einfluss auf die kreative Leistung ausübt (vgl. Kap. 2.2 und Kap. 7), woraus vorsichtige Schlussfolgerungen auf den Zusammenhang zwischen variabler Vergütung und kreativer Leistung gezogen werden können. Allerdings sind die Ergebnisse hier bisher widersprüchlich, so dass sich eine Forschungslücke ergibt, deren Schließung sich, angesichts der immer stärkeren Verbreitung variabler Vergütungsansätze, für Forschung und Praxis als lohnend erweisen würde.

Weitere Einflussfaktoren, die im theoretischen Teil dieser Arbeit identifiziert wurden, umfassen an erster Stelle die intrinsische Motivation sowie Faktoren, die diese beeinflussen. Auch die wahrgenommene Autonomie bei der Aufgabenbearbeitung sowie die Wahrnehmung der eigenen Leistung als Ersatz für sofortige Rückmeldung von außen sowie Persönlichkeitsmerkmale und Eigenschaften der unterschiedlichen Arbeitsumgebungen (virtuell und *face-to-face*) gehen in die Betrachtung ein.

8 Hypothesen

Im Folgenden wird anhand der untersuchungsleitenden Fragestellung das Gesamtmodell für die vorliegende Studie erstellt. Dazu werden zunächst die einzelnen Teilmodelle aus dem Forschungsstand abgeleitet und mit den zugehörigen Hypothesen vorgestellt.

Neben reinen Zusammenhangshypothesen werden in dieser Arbeit auch Moderatorhypothesen aufgestellt und getestet, die in den Wirtschaftswissenschaften mittlerweile als essenziell gelten (Aguinis & Gottfredson, 2010; Baron & Kenny, 1986). Interaktionseffekte (wie Moderatoreffekte auch genannt werden) zwischen mehreren unabhängigen Variablen liefern die Information, ob der Zusammenhang zwischen zwei Variablen vom Einfluss eines dritten Faktors abhängig ist. In allen wissenschaftlichen Theorien, die Umwelt- und Personenfaktoren zugleich betrachten, sind Moderatoreffekte daher zentral. Eines der bedeutsamsten Beispiele für die Relevanz von Moderatoreffekten lieferte Fiedler (1967), der aufdeckte, dass situative Faktoren den Einfluss von Führungsverhalten auf Leistung moderieren. Das *Job Characteristics Model* (Oldham et al., 1976; s. Kap. 5.1), in dem Moderatoren ebenfalls eine wesentliche Rolle spielen, sei als weiteres Beispiel gegeben.

8.1 Persönlichkeitsmerkmale

Im Komponentenmodell der Kreativität nach Amabile (1988; Amabile und Mueller, 2008) werden kreativitätsrelevante Fähigkeiten unter anderem über Persönlichkeitseigenschaften definiert. Mehrere empirische Studien kamen zu dem Ergebnis, dass Extraversion (Barron, 1955; Getzels & Jackson, 1962) und Offenheit für Erfahrungen (Furnham, 2008; Guilford, 1959; LePine et al., 2000; Rogers, 1959) positiv mit Kreativität zusammenhängen. Per Definition bringt eine schwache Ausprägung von Offenheit zudem geringe Akzeptanz für Neues mit sich (Costa & McCrae, 1985), so dass insgesamt angenommen werden kann, dass hohe Werten auf der Skala Offenheit für neue Erfahrungen sowie Extraversion mit höherer Kreativität einhergehen.

Fromm (1959) beobachtet zwar bei kreativen Personen Konzentrationsfähigkeit, was unter den Persönlichkeitsfaktor der Gewissenhaftigkeit gefasst werden kann, auf der anderen Seite stellt Guilford (1959) jedoch fest, dass weniger Kreativität mit höherer Gewissenhaftigkeit einhergeht. Gewissenhaftigkeit ist weiterhin definiert als besonders organisiert und überlegt (vgl. z. B. Costa & McCrae, 1985), so dass es auch per Definition eher mit konvergentem Denkstil korrespondiert. Daher wird hier davon ausgegangen, dass eine hohe Ausprägung dieses Persönlichkeitsmerkmals negativ mit dem kreativen Ergebnis korreliert.

Da effektives kreatives Arbeiten eine gewisse mentale Leichtigkeit und Freiheit von gedanklichen Störungen erfordert, kann angenommen werden, dass Neurotizismus, der die Eigenschaft beinhaltet, sich häufig viele Sorgen zu machen und ständig über soziale Interaktionen nachzudenken, sich negativ auf das kreative Ergebnis auswirkt. Diese Ansicht teilen zum Beispiel auch Barron (1955), Fromm (1959) und Guilford (1959).

Daher werden für diese Studie die folgenden Hypothesen aufgestellt:

1a: Hohe Ausprägung von **Extraversion** korreliert positiv mit dem kreativen Ergebnis.
1b: Hohe Ausprägung von **Offenheit für Erfahrungen** korreliert positiv mit dem kreativen Ergebnis.
1c: Hohe Ausprägung von **Gewissenhaftigkeit** korreliert negativ mit dem kreativen Ergebnis.
1d: Hohe Ausprägung von **Neurotizismus** korreliert negativ mit dem kreativen Ergebnis.

Flexibilität und Risikofreude bzw. Unsicherheitstoleranz sind kennzeichnende Aspekte der Kreativität (Amabile, 1988; Amabile & Mueller, 2008). Auch viele weitere Autoren identifizieren Unsicherheitstoleranz als kreativitätsförderliches Persönlichkeitsmerkmal (Barron, 1955; Fromm, 1959; Guilford et al., 1957, zitiert nach Guilford, 1959; Guilford 1959; Sauermann & Cohen, 2008). Die generelle individuelle Leistungsfähigkeit nimmt zudem mit steigender Unsicherheit ab (Daft & Lengel, 1986). Bei variabler Vergütung geht hohe Unsicherheitstoleranz mit hoher kreativer Leistung einher, da die empfundene Unsicherheit durch die variable Vergütung hier nicht als einschränkend empfunden wird. Flexibilität und Risikofreude bzw. Unsicherheitstoleranz sind wichtige Voraussetzungen für erfolgreiches Arbeiten mit variabler Vergütung (Mayer et al., 2005).

Es wird also für diese Studie angenommen:

1e: Hohe Unsicherheitstoleranz geht bei variabler Vergütung mit hoher kreativer Leistung einher.

Der Einfluss der verschiedenen Persönlichkeitsfaktoren sollte bei virtueller Zusammenarbeit geringer ausgeprägt sein, da in Studien von Caspi (2008) sowie Kiesler und Sproul (1992) gefunden wurde, dass bei virtueller Kommunikation Personen, die bei *ftf*-Interaktionen weniger Redeanteile haben (z. B. Frauen), tendenziell mehr Kommunikationsdichte aufweisen, Hierarchie- und Geschlechtsunterschiede also harmonisiert werden können. Generell kann man davon ausgehen, dass virtuelle Kommunikation Persönlichkeits-, wie auch Hierarchieeffekte, eher ausblendet (Short et al., 1976; Spears et al., 2002). Dies ist für Kreativität relevant, wenn man davon ausgeht, dass Kreativität zumindest eine situative Komponente enthält und aus der sozialen Interaktion heraus entsteht (vgl. *AST*).

Es wird daher für die vorliegende Studie die folgende Hypothese formuliert:

1f: Der Zusammenhang zwischen Persönlichkeitsmerkmalen und kreativer Leistung ist bei virtueller Zusammenarbeit abgeschwächt.

8.2 Zusammenarbeitsform

Die Frage, ob virtuelle Zusammenarbeit für kreative Aufgaben insgesamt geeignet sei, wird in der wissenschaftlichen Gemeinschaft kontrovers diskutiert (s. Kap. 7). Insgesamt gibt es einige empirische Erkenntnisse die darauf hindeuten, dass kreative Leistung bei virtueller Zusammenarbeit geringer ausfällt als in *face-to-face*-Gruppen (Kristensson & Norlander, 2003; Ziegler et al., 2000. Auf der anderen Seite gibt es auch Ergebnisse, die keinen Unterschied oder bessere Leistung in virtuellen Gruppen zeigen (DeRosa et al., 2007; Gallupe et al., 1992; Martins et al., 2004; Valacich et al., 1994). Allerdings gibt es auf diesem Gebiet bislang zu wenig Forschung, als dass gesicherte Aussagen dazu getroffen werden könnten. Aus der Theorie zeigt sich jedoch, dass das gewählte Medium umso reichhaltiger sein sollte, je unvollständiger, uneindeutiger und vielschichtiger der zu übertragende Inhalt ist (vgl. Dennis & Valacich, 1999; Kap. 3.4.1). Die Bearbeitung kreativer Aufgaben im Team als *convergence* Aufgabe erfordert reichhaltigere Medien, damit kreative Synergieeffekte genutzt werden können. Wieder andererseits kann virtuelle Zusammenarbeit gerade unter hohem Zeitdruck für kreative Leistung positive Auswirkungen haben, da die Arbeit nach Meinung einiger Autoren ablenkungsfreier bleibt als *face-to-face* Kooperation (Short et al., 1976; Spears et al., 2002). Zudem werden kreativitätsbehindernde Statusunterschiede (Amabile & Khaire, 2008) nivelliert, so dass auch individuell relevante Identitäten nicht durch soziale Konventionen unterdrückt werden können (Cheng et al., 2008, 2007; Cheng, Sanders et al., 2008; Thatcher & Greer, 2008), was Kreativität positiv beeinflussen sollte. Allerdings werden auch kleinste Hinweise auf die Identität des virtuellen Gegenübers von Individuen interpretiert, um die subjektiv wahrgenommene Unsicherheit durch die virtuelle Umgebung zu reduzieren (Walther, 1992), so dass nicht gesichert ist, ob Status- und Hierarchie-Unterschiede nicht eventuell doch relevant werden können. Weiterhin kommt dazu, dass virtuelle Teams eine höhere Abstimmungsleistung erbringen müssen, um Regeln der Zusammenarbeit festzulegen, so dass unter Umständen ein längerer Zeitraum erforderlich ist, bis effizient zusammengearbeitet werden kann. Auch die höhere Ablenkungsfreiheit in der virtuellen Arbeitsumgebung hat nur dann Bestand, wenn keine hinderlichen Faktoren in der unmittelbaren Umgebung vorliegen, wie zum Beispiel Kollegen im gleichen Büro.

Insgesamt wird daher für die vorliegende Studie angenommen:

2: Virtuell zusammenarbeitende Gruppen erbringen eine geringere kreative Leistung als face-to-face-Teams.

8.3 Variable Vergütung

Forschungsergebnisse der Gruppe um Amabile (Amabile, 1998, 1988; Amabile et al., 1996; Amabile et al., 1986; Amabile & Mueller, 2008) zeigen einen negativen Einfluss variabler Vergütung und auf unrealistischen Erwartungen basierender Vergütungssysteme auf die kreative Leistung. Dies kann unter anderem dadurch erklärt werden, dass ständiges Nachdenken über die Bezahlung, als stark einschränkend empfundene extrinsische Belohnung, kreatives Verhalten hemmt (Hinds & Pfeffer, 2003). McGraw (1978) findet zudem, dass zusätzliche Anreize die Leistung verringern, wenn die Aufgabe und deren Lösung so offen sind, dass die Schritte, die zur Lösung führen, nicht sofort offensichtlich sind, wie es bei kreativen Aufgaben der Fall ist. Auch Baer et al. (2003) stellen bei komplexen Aufgaben einen negativen Effekt extrinsischer Belohnung auf intrinsische Motivation fest, die wiederum einen wesentlichen Einflussfaktor auf Kreativität darstellt. In Kapitel 7 wurde aus dem Forschungsstand der Schluss gezogen, dass variable Vergütung dann einen positiven Einfluss auf Kreativität haben kann, wenn sie als belohnend, gerecht, wertschätzend und nicht kontrollierend empfunden wird. Diese Wahrnehmung eines Vergütungssystems kann allerdings interindividuell sehr unterschiedlich sein.

Daher wird die folgende generelle Hypothese formuliert:

3: Variable Vergütung beeinflusst das kreative Ergebnis negativ.

8.4 Vertrautheit

Amabile et al. (1996) führen aus, dass Unterstützung innerhalb der Arbeitsgruppe sich positiv auf das kreative Ergebnis auswirken kann, während auch in der Forschung zu virtueller Zusammenarbeit die Überzeugung herrscht, dass eine solide gemeinsame Basis für gute Leistung unabdingbar ist (Cramton, 2001; DeRosa et al., 2004; Jarvenpaa et al., 1998; Jarvenpaa & Leidner, 1999; Malhotra & Majchrzak, 2004; Mockaitis et al., 2009; O'Hara-Devereaux & Johansen, 1994; Olson & Olson, 2000; Peters & Karren, 2009; Piccoli & Ives, 2003; Zülch et al., 2006). Allerdings weisen einige Forscher auf die Möglichkeit des *swift trust* hin (Meyerson et al., 1996; Robert et al., 2009), also das Entstehen eines gewissen gegenseitigen Vertrauens bei Bekanntwerden kategorisierender Eckdaten über die jeweiligen Teammitglieder. Thatcher und Greer (2008) stellen darüber hinaus einen positiven Effekt auf die individuelle Kreativität fest, wenn individuell wichtige Identitäten oder Rollen der Teammitglieder erkannt und berücksichtigt werden. Dies kann bei virtueller Zusammenarbeit, der *Social Information Processing* (*SIP*) *Theory* zufolge, geschehen, indem personenbezogene Hinweise und Verhaltensweisen des virtuellen Gegenübers interpretiert und Persönlichkeitsaspekte daraus abgeleitet werden, während gleichzeitig hemmende Statusunterschiede nivelliert werden (Short et al., 1976; Spears et al., 2002). Zudem können persönliche Hintergrundinformationen bei virtueller Zusammenarbeit zu einer Unsicherheitsreduktion beitragen (*SIP*; Walther, 1992), die effektiveres Arbeiten ermöglicht (Daft & Lengel, 1986). Der *Media Synchronicity Theory* zufolge sinkt mit steigender Vertrautheit mit Aufgabe und beteiligten Kollegen das Bedürfnis nach Medien mit hoher Synchronizität (Dennis et al., 2008; Dennis & Valacich, 1999). Auch Ocker (2005) identifiziert in ihrer qualitativen Analyse anregende Kollegen und ein gutes Teamklima als kreativitätsförderliche Faktoren bei virtueller Zusammenarbeit. Bei einem ohnehin stark synchronen Medium, wie dem im hier durchgeführten Experiment verwendeten Chat in Echtzeit (vgl. Kap. 9.3) wird daher eine positive Auswirkung höherer Vertrautheit auf das kreative Ergebnis angenommen.

Die korrespondierende Hypothese lautet daher:

> 4: Größere Vertrautheit der virtuellen Teammitglieder miteinander beeinflusst das kreative Ergebnis positiv.

8.5 Rahmenbedingungen und Gruppenprozesse

Verschiedene Rahmenbedingungen, die bei der Bearbeitung kreativer Aufgaben gegeben sein können, nehmen ebenfalls Einfluss auf das kreative Ergebnis. Freiheit und Autonomie bei der Aufgabenbearbeitung wurden mehrfach als kreativitätsförderlich identifiziert und gelten als einer der wichtigsten Faktoren für kreatives Verhalten in Organisationen (Amabile, 1988; Amabile et al., 1996; Amabile et al., 2002; Amabile & Khaire, 2008; Barron, 1955; Binnewies & Wörnlein, 2011; Frese et al., 1999; Hackman & Oldham, 1974; Moll, 2006; Ohly et al., 2006). Eine Rückmeldung über die erfolgte Leistung wurde ebenfalls als kreativitätsförderlicher Faktor festgestellt (Oldham & Cummings, 1996). In virtuellen Teams muss dieses Feedback, das in realen Teams ständig z. B. über Mimik des Gegenübers erfolgt, ggf. durch eine Einschätzung der eigenen Leistung ersetzt werden (s. Kap. 7).

Daher wird für diese Studie folgende Hypothese aufgestellt:

> 5a: Mehr empfundene Freiheit bei der Bearbeitung der Aufgabe sowie eine positive Wahrnehmung der eigenen kreativen Leistung verbessern das kreative Ergebnis.

Es liegen zur Auswirkung von Autonomie und Rückmeldung auf Kreativität für *ftf*-Kooperation Forschungsergebnisse vor (Oldham & Cummings, 1996), während dies für virtuelle Teams nicht der Fall ist. Durch implizites und auch explizites Feedback von außen kann die Einschätzung der eigenen Leistung bei *face-to-face*-Zusammenarbeit realistischer erfolgen als bei virtueller Arbeit, wo ermunterndes Nicken oder kritisches Stirnrunzeln durch Teammitglieder als kurze Rückmeldungen wegfallen.

Daher wird für diese Studie angenommen:

> 5b: Der Zusammenhang zwischen empfundener Freiheit, Wahrnehmung der eigenen Leistung und kreativem Ergebnis ist bei der face-to-face-Zusammenarbeit stärker als in den virtuell zusammenarbeitenden Gruppen.

Soziale Skills, die eine kooperative Zusammenarbeit in kreativen Teams erst ermöglichen, werden von Amabile (1988) sowie Ng und Feldman (2009) als wesentlicher kreativitätsförderlicher Faktor identifiziert. Nach Amabile (1988), Amabile et al. (1996), Maslow (1956) und Ocker (2005) stellt Unterstützung innerhalb der Arbeitsgruppe den einflussreichsten Umweltfaktor zur Förderung kreativen Verhaltens dar, während Amabile (1988) in einer Interviewstudie einen kreativitätshemmenden Effekt von fehlender Kooperation und Wettbewerb innerhalb des Teams findet. Arbeitsnormen, die brüske Kritik neuer Ideen sowie einen als bedrohlich empfundenen Leistungsdruck nach sich ziehen, werden von Amabile (1988) sowie Amabile und Müller (2008) als Kreativität hemmender Faktor erkannt, während Ocker (2005)

Dominanz als Kreativität unterminierenden Aspekt identifiziert. Auch für virtuelle Teams hat sich eine Förderung von Kooperation als notwendig für effiziente Zusammenarbeit erwiesen (Cascio & Shurygailo, 2003; Cordery et al., 2009; Geister et al., 2006; Kayworth & Leidner, 2002).

Die korrespondierende Hypothese lautet daher:

> 5c: Kompetitives Verhalten/Dominanz in virtuellen Teams korreliert negativ mit dem Kreativitätslevel, kooperatives Verhalten und Wissensteilung hängen positiv mit der kreativen Leistung zusammen.

8.6 Intrinsische Motivation

Eine große Zahl von Autoren stimmt darin überein, dass eine hohe Motivation, insbesondere die intrinsische Motivation, als unverzichtbare Voraussetzung für gute kreative Leistung angesehen werden muss (Amabile, 1988, 1993, 1998; Guilford, 1959; Sauermann & Cohen, 2008). Im Komponentenmodell der Kreativität von Amabile (1988; Amabile & Mueller, 2008) sowie weiteren Theorien (McGraw, 1978) wird intrinsische Motivation als einer der wichtigsten Personenfaktoren für erfolgreiches kreatives Arbeiten identifiziert.

Auch für diese Studie wird daher angenommen:

> 6: Hohe intrinsische Motivation hängt positiv mit der Güte des kreativen Ergebnisses zusammen.

Virtuell Arbeitende müssen ohne aufmunternde Gesten oder spontane Mimik als soziale Rückmeldung auskommen (s. Kap. 7). Nach der *Adaptive Structuration Theory* (DeSanctis & Poole, 1994) sind jedoch auch bei virtueller Zusammenarbeit soziale Prozesse von hoher Wichtigkeit. Da intrinsische Motivation bei virtueller Zusammenarbeit aufgrund fehlender sozialer Hinweisreize also eine größere Rolle spielen dürfte als bei *face-to-face* Interaktionen, wird weiterhin angenommen:

> 6a: Der positive Effekt intrinsischer Motivation auf die kreative Leistung ist bei virtueller Zusammenarbeit größer.

Im Komponentenmodell der Kreativität (Amabile, 1988; Amabile & Mueller, 2008) wird angenommen, dass kreatives Verhalten nur bei anhaltender intrinsischer Motivation Fortbestand hat. Da die intrinsische Arbeitsmotivation in Abhängigkeit vom wahrgenommenen Erfolg der Aufgabenbearbeitung zum Teil erheblichen Schwankungen unterliegt (Amabile, 1988; Amabile & Mueller, 2008), ist anzunehmen, dass das kreative Ergebnis sich verschlechtert, wenn die intrinsische Motivation in Folge schlechter wahrgenommener Leistung sinkt. Zudem führt auf der anderen Seite eine Bestätigung der eigenen Kompetenz, also gute wahrgenommene Eigenleistung, zu erhöhter intrinsischer Motivation (Amabile et al., 1996; Deci & Ryan, 1985, 2000). Es wird daher angenommen, dass Personen, die stärker intrinsisch motiviert sind, in Verbindung mit Übungseffekten ihre Leistung über die Zeit hinweg mehr steigern als weniger intrinsisch motivierte, die die gleichen Übungseffekte haben. Wieder aufgrund fehlender sozialer Ermunterung wird weiterhin angenommen, dass der Einfluss der intrinsischen Motivation auch hier bei virtueller Zusammenarbeit größer ist.

Die korrespondierende Hypothese wird wie folgt aufgestellt:

> 6b: Die Verbesserung der kreativen Leistung über die Zeit wird durch die intrinsische Motivation positiv beeinflusst. Dieser Einfluss ist bei virtueller Zusammenarbeit stärker.

Es wird, nach Ryan und Deci (2000), ein extrinsisches Ziel umso wahrscheinlicher internalisiert, je eher die dazu notwendigen Fähigkeiten im Individuum vorhanden sind, was über die Einschätzung der eigenen Leistung operationalisierbar ist. Der *Cognitive Evaluation Theory* (Ryan & Deci, 2000) entsprechend sind Autonomie und Kompetenz die beiden Faktoren, die intrinsische Motivation im Wesentlichen bedingen. Nach Ryan & Deci (2000) kann ein Autonomiegefühl bei extrinsisch angeregten Aufgaben eine Korrumpierung der intrinsischen Motivation verhindern helfen. Die intrinsische Arbeitsmotivation hängt zum Teil von der wahrgenommenen eigenen Leistung ab (Amabile, 1988; Amabile & Khaire, 2008; Oldham & Cummings, 1996), so dass sie bei einer als unzureichend wahrgenommenen Eigenleistung sinken kann. Auf der anderen Seite führt eine gute wahrgenommene Eigenleistung, insbesondere zusammen mit einem Autonomiegefühl zu einer Erhöhung der intrinsischen Motivation (Amabile et al., 1996; Deci & Ryan, 1985; Ryan & Deci, 2000).

Daher wird die folgende Hypothese formuliert:

> 6c: Intrinsische Motivation wird durch die Wahrnehmung der eigenen Leistung sowie die wahrgenommene Freiheit bei der Aufgabenbearbeitung positiv beeinflusst.

Nach Amabile und Mueller (2008) ist die intrinsische Motivation von extrinsischen Anreizen unbeeinflusst am höchsten. Nach Maslow (1956) gibt die ideale Arbeitsumgebung für kreatives Wirken ein gewisses Sicherheitsgefühl und ist nicht wertend, da nur in einer solchen Umwelt Wachstum stattfinden und sich also intrinsische Motivation entwickeln kann. Ob die Arbeitsumgebung als sicherheitsstiftend wahrgenommen wird hängt vor allem vom Verhalten der jeweiligen Kollegen, hier also Teammitglieder, ab und lässt sich über die Erfassung des Kooperationsverhaltens im Team abbilden. Nach Thatcher und Greer (2008) wird zudem die Arbeitsmotivation von einem kooperativen Teamklima positiv beeinflusst.

Da ein solches Klima die Freude an einer Aufgabe ebenfalls steigern dürfte, wird angenommen:

> 6d: Eine hohe wahrgenommene Kooperation innerhalb der Arbeitsgruppe hängt positiv mit intrinsischer Motivation zusammen.

Nach Amabile et al. (1996), Amabile (Amabile, 1988) und Eisenberger und Aselage (2009) wird der positive Einfluss von Autonomie und Unterstützung innerhalb der Arbeitsgruppe auf das kreative Ergebnis durch Verstärkung der intrinsischen Motivation vermittelt. Auch der förderliche Effekt von Rückmeldung über geleistete Arbeit auf Kreativität in der Studie von Oldham und Cummings (1996) kann zum Teil über intrinsische Motivation vermittelt worden sein. Da es für Autonomie, Kooperation und Rückmeldung, bzw. wahrgenommene eigene Leistung eine Reihe von Forschungsergebnissen gibt, die belegen, dass diese Faktoren sowohl Kreativität als auch intrinsische Motivation beeinflussen können (Amabile, 1988; Amabile et al.,

1996; Amabile et al., 2002; Amabile & Khaire, 2008; Barron, 1955; Binnewies & Wörnlein, 2011; Frese et al., 1999; Hackman & Oldham, 1974; Moll, 2006; Ng & Feldman, 2009; Ohly et al., 2006; Oldham & Cummings, 1996), kann, in Anbetracht der Befunde dazu, dass intrinsische Motivation einen wesentlichen Einflussfaktor auf Kreativität darstellt (Amabile, 1998, 1993, 1988; Deci et al., 1999; Deci & Ryan, 1985; Guilford, 1959; Ryan & Deci, 2000; Sauermann & Cohen, 2008), hypothetisiert werden, dass hier ein Mediatoreffekt vorliegt, den andere Studien nicht thematisiert haben.

Für diese Studie wird daher die folgende Hypothese aufgestellt:

> 6e: Intrinsische Motivation mediiert den Einfluss wahrgenommener Kooperation, wahrgenommener Freiheit und wahrgenommener eigener Leistung auf das kreative Ergebnis.

8.7 Selbst- und Fremdeinschätzung von Kreativität

Wie in Kap. 2.6 dargestellt, fehlen bislang Vergleiche zwischen der Selbst- und der Fremdeinschätzung von Kreativität. Für andere Merkmale gibt es sehr unterschiedliche Befunde zur Übereinstimmung von Fremd- und Selbstbeurteilung. Um hier zur wissenschaftlichen Diskussion einen Beitrag leisten zu können, wird die folgende explorative Fragestellung formuliert und anhand der vorliegenden Daten geprüft:

> Explorative Fragestellung: Inwieweit korrelieren die Werte der Selbst- und Fremdeinschätzung der kreativen Leistung?

8.8 Modelle

Die einzelnen Hypothesen lassen sich zu einem Gesamtmodell verbinden, das in Abbildung 4 dargestellt ist. Neben dem Gesamtmodell, das die einzelnen hypothetisierten Einflussfaktoren auf die Ergebnisvariable der kreativen Leistung zeigt, wird weiterhin ein Modell zum Mediatoreffekt der intrinsischen Motivation getestet werden, das in Abbildung 5 grafisch aufbereitet ist.

ABBILDUNG 4: GESAMTMODELL

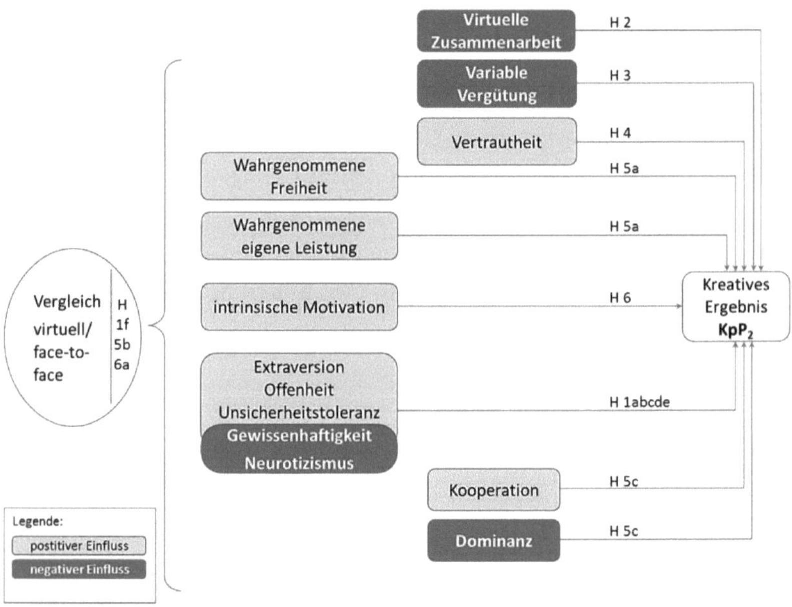

Quelle: eigene Darstellung

Abbildung 5 zeigt die hypothetisierten Einflüsse auf die intrinsische Motivation sowie den angenommenen Mediatoreffekt der intrinsischen Motivation.

Abbildung 5: Teilmodell intrinsische Motivation

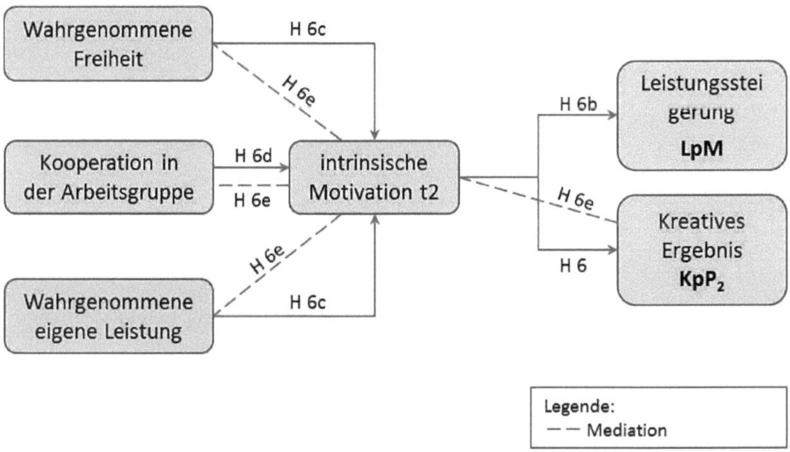

Quelle: eigene Darstellung

IV. Empirische Studie

> Science walks forward on two feet, namely theory and experiment. [...] Sometimes it is one foot which is put forward first, sometimes the other, but continuous progress is only made by the use of both.
>
> (Millikan, 1924, p.54)

Um die in Kapitel 8 auf Basis der diskutierten theoretischen Grundlagen aufgestellten Hypothesen einer Analyse unterziehen zu können, wurde eine empirische Untersuchung in einem experimentellen Labor-Setting durchgeführt. In diesem Teil der Arbeit werden Untersuchungsdesign, Methoden und Vorgehen bei der empirischen Untersuchung dargelegt und begründet sowie die Ergebnisse präsentiert, die in Teil V diskutiert werden.

9 Forschungsdesign

Dieses Kapitel beschreibt das empirische Vorgehen zur Testung der in Kapitel 8 aufgestellten Hypothesen. Dabei wird zunächst auf grundsätzliche Überlegungen zur Wahl der Methode eingegangen, bevor die gewählte Methode des Experiments einschließlich Operationalisierung der Variablen, Ablauf der Untersuchung und Verfahren zur statistischen Hypothesentestung beschrieben wird.

9.1 Grundsätzliche Überlegungen und wissenschaftstheoretische Einordnung

Aus den theoretischen Ausführungen in den Kapiteln 2 bis 7 wurde unter III die folgende dieser empirischen Studie zugrunde liegende Fragestellung formuliert:

Welches sind die Determinanten der Bewältigung kreativer Aufgaben bei virtueller Zusammenarbeit?

Da es sich dabei um eine sehr breit gefasste Frage handelt, wurden, wieder auf Basis der Theorie Einschränkungen hinsichtlich der untersuchten Determinanten vorgenommen. Vertrautheit zwischen den Teammitgliedern und variable Vergütung werden für den empirischen Teil dieser Studie als vom Arbeitgeber beeinflussbare Determinanten in den Vordergrund gestellt. Des Weiteren interessieren jedoch auch Faktoren, die sich sowohl für Kreativität als auch für virtuelle Zusammenarbeit in der Literatur als relevant herausgestellt haben. Hier steht an erster Stelle die intrinsische Motivation mit ihren sie beeinflussenden Faktoren der wahrgenommenen Freiheit bei der Arbeit sowie der Wahrnehmung der eigenen Leistung. Darüber hinaus werden auch Persönlichkeitsmerkmale sowie die Wahrnehmung von Eigenschaften der Arbeitsumgebung betrachtet. Zusätzlich wurde aus der Literatur evident, dass methodisch kontrollierte Untersuchungen, die einen Vergleich von *face-to-face* und virtuell zusammenarbeitenden Gruppen zulassen, bislang je nach Forschungsfeld zum Teil unterrepräsentiert sind, jedoch immer wieder empfohlen werden. In diesem Kapitel werden grundsätzliche Überlegungen dargelegt, die zur Auswahl des in dieser Studie verwendeten Forschungsdesign und der angewandten Methoden führen. Eine kritische Würdigung des Vorgehens mit Hinweisen auf mögliche Problematiken findet sich in Kapitel 13.

Bereits aus dem Fokus der Fragestellung ergeben sich Hinweise auf die wissenschaftstheoretische Einordnung der vorliegenden empirischen Studie. Einerseits wird deutlich, dass es sich um eine Fragestellung handelt, die vom konstruktivistischen Standpunkt zu betrachten ist (Berger & Luckmann, 1980). Dies ergibt sich aus der Tatsache, dass keine absoluten Kennzahlen im Mittelpunkt der Untersuchung stehen sondern von Personen wahrgenommene und interpretierte Gegebenheiten, wie zum Beispiel die wahrgenommene Freiheit bei der Ausübung der eigenen Aufgabe oder auch wahrgenommene Eigenschaften der Arbeitsumgebung. Es ist für die hier gestellte Frage nämlich weniger ausschlaggebend, wie eine Arbeitsumgebung tatsächlich beschaffen ist, sondern vielmehr, wie diese objektive Beschaffenheit vom Individuum rezipiert und interpretiert wird. Es geht also weniger um die objektive, sachlich messbare Wirklichkeit, sondern um die vom Menschen individuell-subjektiv rekonstruierte Realität.

Weiterhin wurden in Kapitel 8 aus der Theorie Hypothesen abgeleitet, die in diesem empirischen Teil der Arbeit überprüft werden. Dabei sind die Hypothesen so formuliert, dass sie, wie beispielsweise von Popper (1994) gefordert, falsifizierbar sind. Dem Prinzip der Falsifikation entsprechend können die Hypothesen durch die empirische Untersuchung, die in diesem Teil der vorliegenden Arbeit beschrieben wird, vorläufig gestützt werden, was jedoch eine spätere Falsifikation durch weitere Forschung nicht ausschließt. Hypothesen, die in dieser Studie als unzutreffend identifiziert werden, werden hingegen verworfen. Somit bewegt sich diese Arbeit im empirisch-analytischen Paradigma, genauer im kritischen Rationalismus. Kuhn (1976) hält dem entgegen, dass ein Paradigma im Prozess der Wissenschaft im Rahmen einer *wissenschaftlichen Revolution* nur dann durch ein anderes ersetzt werde, wenn das alte Paradigma sich in mehreren Fällen als ungeeignet erwiesen habe und das neue die alten Annahmen vollständig ersetzen und erweitern kann, wobei die beiden Paradigmen jedoch inkommensurabel bleiben, also nicht aufeinander aufbauen. Das alternativenlose Verwerfen eines Paradigmas aufgrund von ihm widersprechenden Beobachtungsaussagen findet ihm zufolge nicht statt, sondern es wird in den *Phasen normaler Wissenschaft* davon ausgegangen, dass das Paradigma zutrifft und die widersprechenden Ergebnisse auf Störvariablen zurückzuführen sind. Chalmers (2007) weist überdies darauf hin, dass auch das Verwerfen einer Hypothese nicht endgültig sein muss. Durch neue methodische oder inhaltliche Erkenntnisse kann sich zu einem späteren Zeitpunkt herausstellen, dass die Falsifikation einer Hypothese auf Artefakten beruhte. Diese sogenannte „*Duheme-Quine*-These" (Chalmers, 2007, S. 74), benannt nach den Forschern, die sie als erste thematisiert hatten, lässt sich allerdings jeweils erst im Nachhinein bestätigen, so dass an dieser Stelle nur auf die Existenz dieser Möglichkeit hingewiesen werden kann.

Ziel der vorliegenden Studie ist die Bestimmung von Einflussfaktoren auf die kreative Leistung bei virtueller Zusammenarbeit, es sollen also Kausalaussagen getroffen bzw. Ursache-Wirkungs-Relationen geprüft werden. Nach Chalmers (2007) können komplexe Zusammenhänge, wie sie hier beim Zusammenspiel von Kreativität und virtueller Zusammenarbeit erwartet werden, nicht durch bloße Beobachtung erfasst werden, zumal eine größere Anzahl unterschiedlicher Einflüsse gleichzeitig wirke. Er schlägt für solcherlei empirische Untersuchungen die Methode des Experiments vor, da diese eine von externen Störfaktoren losgelöste Betrachtung der als relevant identifizierten Aspekte ermöglicht. Auch nach Bortz und Döring (2006) ist zum Erreichen des Untersuchungsziels und der Beantwortung der zentralen Fragestellung dieser Studie das Experiment am besten geeignet. Grundsätzlich kann ein Experiment im Feld oder im Labor durchgeführt werden. Nach Chalmers (2007) ist es für eine Weiterverwendung beobachteter Tatsachen für wissenschaftliche Zwecke zielführender, diese Tatsachen aus einem Experiment zu gewinnen als aus einer Untersuchung im Feld, um eine möglichst wenig kontaminierte Erhebungssituation zu gewährleisten. Dies erscheint auch für die hier vorliegende Studie sinnvoll. Wie in Kapitel 3.1 dargestellt, bewegt sich die Virtualität von Teams auf einem Kontinuum mit den Polen *vollständig virtuell* und *nicht virtuell*, wobei die Dimensionen, die die Ausprägung von Virtualität bestimmen, noch nicht abschließend bestimmt wurden. Um die Fragestellung der vorliegenden Untersuchung angemessen beantworten zu können, ist es erforderlich, mehrere virtuelle und reale Teams zu untersuchen, um nicht nur für einen spezifischen, eng umgrenzten Personenkreis zutreffende Ergebnisse zu erhalten. Verschiedene, in der organisationalen Landschaft vorkommende virtuelle Teams zu vergleichen würde sich jedoch als schwierig bis unmöglich erweisen, da die Ausformungen der jeweiligen Virtualität sehr unterschiedlich sein können. Es wird daher für diese Untersuchung ein Experimentaldesign im Labor gewählt, das in Kapitel 9.2 genauer beschrieben wird.

Bortz und Döring (2006) zufolge können einem Experiment entstammende Erkenntnisse nur dann als aus diesem Experiment abgeleitet betrachtet werden, wenn strengstens geprüft wurde, ob alle Faktoren, die einen störenden Einfluss auf die Ergebnisse ausüben könnten, eliminiert oder kontrolliert wurden. Nur dann könne die Möglichkeit ausgeschlossen werden, dass eine tatsächlich falsche Erkenntnis aufgrund von Artefakten als wahr angenommen werde. Um allerdings erfolgreich eine solche Situation herstellen zu können, die möglichst alle relevanten Störgrößen eliminiert, ist ein eingehendes Vorwissen über den Erkenntnisstand notwendig. Nur durch vorhergehende Arbeit mit Theorie und Literatur ist es möglich, eventuell störende Faktoren zu identifizieren und durch den spezifischen Aufbau des Experiments zu eliminieren (Chalmers, 2007). Gleichermaßen muss durch die Aneignung bereits vorhandenen Wissens auf dem Erkenntnisgebiet der überhaupt interessierende Gegenstand identifiziert und operationalisiert werden. Nur so können aussagekräftige Ergebnisse aus dem Experiment gewonnen werden. Unter anderem daher ist es notwendig, die zu gewinnenden Erkenntnisse nicht rein *a posteriori*, also aus der empirischen Untersuchung, abzuleiten, sondern auch *a priori* Überlegungen auf Basis der Theorie und existierender Literatur anzustellen, wie es in den Kapiteln 2 bis 7 dieser Arbeit geschehen ist. Darüber hinaus werden die Daten in dieser Untersuchung nicht ausschließlich zum Selbstzweck der Wissenschaft erhoben, sondern dienen auch der Formulierung von Implikationen und Empfehlungen für die Praxis. Auch stammt die Problemstellung, die dieser Arbeit zugrunde liegt, zum Teil aus praktischen Gegebenheiten, die den Verständnisrahmen der im Experiment zu gewinnenden Ergebnisse um eine anwendungsbezogene Dimension erweitern. In dieser Hinsicht beinhaltet die vorliegende Studie auch hermeneutische Anklänge.

Zusätzlich zur Entscheidung für ein Forschungsdesign müssen die Methoden der Datenerhebung festgelegt werden. Grundsätzlich gibt es zur Hypothesenprüfung mehrere geeignete Methoden der empirischen Sozialforschung. Während Beobachtung und die unterschiedlichen Formen des Interviews eher den qualitativen, Hypothesen *generierenden* Methoden zuzurechnen sind, dienen unterschiedliche quantitative Methoden der Hypothesentestung (Schnell, Hill & Esser, 1992). In der vorliegenden Studie werden daher quantitative Methoden verwendet. Da mittels Kausalmodellen über Pfadanalysen ursächliche Variablenbeziehungen ermittelt werden sollen, werden die erforderlichen Daten über standardisierte Fragebögen erhoben. Die entsprechende Operationalisierung der interessierenden Variablen erfolgt in Kapitel 9.2.2. Zur Bestimmung des kreativen Ergebnisses muss eine Reduktion der qualitativen Leistungen auf quantitative Kenngrößen erfolgen, die in die statistischen Berechnungen mit aufgenommen werden können. Dieser Reduktionsprozess wird in Kapitel 9.2.2.1 genau beschrieben.

Abschließend wird nun kurz auf die Rationale hinter der erfolgten Stichprobenauswahl eingegangen. Die rasanten Fortschritte auf dem Gebiet der Informations- und Kommunikationstechnologie machen es erforderlich, in dieser Untersuchung, die auf virtuelle Zusammenarbeit fokussiert, eine Zielgruppe zu untersuchen, die im Umgang mit neuen Technologien grundsätzlich geübt ist und diese auch am künftigen Arbeitsplatz mit hoher Wahrscheinlichkeit einsetzen wird. Aus diesem Grund werden für diese Studie ausschließlich Mitglieder der *Generation Y* betrachtet. Diese Altersschicht der zwischen 1985 und 1995 Geborenen, die seit einiger Zeit ins Arbeitsleben übertritt, vertritt Ideale und Werte, die sie von früheren Generationen deutlich unterscheidet. Nach Eisner (2005) oder Morton (2002) soll diese *Generation Y*, die auch gerne als *Millennials* bezeichnet wird, einerseits eine größere Toleranz an den Tag legen als frühere Generationen und mehr Sinn für Fairness und Gleichberechtigung besitzen. Andererseits gewinnt für diese Altersgruppe ein neuer Karriereentwurf immer mehr an Bedeutung: Arbeit wird als Möglichkeit betrachtet, sich seinen bevorzugten Lebensstil zu finanzieren (Broadbridge, Maxwell & Ogden, 2005; Kerslake, 2005; Morton, 2002). Die Abhängigkeit vom Arbeitgeber nimmt zugunsten größerer Unabhängigkeit und Flexibilität ab, während *Work Life Balance* an

Bedeutung gewinnt. Es ist anzunehmen, dass Unternehmen als Reaktion auf die Erwartungen der aktuellen und kommenden Arbeitnehmergeneration immer mehr virtuelle Arbeitsplätze anbieten werden, wie auch bereits in der Einleitung dieser Arbeit kurz angerissen wurde. Darüber hinaus setzen viele Unternehmen schon jetzt variable Vergütungssysteme zur Bindung von Mitarbeitern der *Generation Y* ein (Salt, 2007). Mitglieder der *Generation Y*, die sich aktuell im Studium befinden, werden künftig verstärkt am Arbeitsmarkt vertreten sein, da das Gefälle zwischen Angebot und Nachfrage an Hochschulabsolventen zunehmend steiler wird (Gramke, Fischer, Schlesinger & Schüssler, 2009). Studenten der *Generation Y* bilden daher eine relevante Zielgruppe für Forschung und organisationale Praxis.

9.2 Methode

In diesem Kapitel wird die Methode des sozialwissenschaftlichen Experiments kurz vorgestellt und seine Verwendung in der vorliegenden Studie gerechtfertigt. Anschließend werden die einzelnen, im Rahmen der experimentellen Untersuchung eingesetzten Instrumente zur Erhebung der abhängigen und unabhängigen Variablen jeweils vorgestellt.

9.2.1 Experiment

Als Forschungsdesign wird sich für diese Studie für ein echtes Experiment entschieden, in dem Hypothesen geprüft, unterschiedliche Bedingungen für Experimental- und Kontrollgruppen hergestellt und die Versuchsbedingungen mittels Elimination von Störvariablen, Konstanthalten möglicher konfundierender Variablen sowie Randomisierung kontrolliert werden (Schnell et al., 1992). Dieses Design wurde für die vorliegende Untersuchung deshalb gewählt, weil sie für die Bestimmung von Einflussfaktoren auf Kreativität am besten geeignet ist. Denn mit Ausnahme von Langzeitstudien erlaubt es keine andere Methode der empirischen Sozialforschung, präzisere Schlüsse über kausale Beziehungen zwischen Variablen zu ziehen (Bortz & Döring, 2006). Im Vergleich zur Langzeitstudie im Feld hat ein Experiment jedoch den Vorteil, dass die Rahmenbedingungen vollständig kontrolliert werden können (Bortz & Döring, 2006), so dass keine Korrumpierung der Ergebnisse durch Störvariablen befürchtet werden muss. Experimente haben also eine besonders hohe interne Validität. Auch Amabile und Müller (2008) empfehlen zur Aufdeckung von Einflussfaktoren auf Kreativität ein kontrolliertes experimentelles Vorgehen mit einer manipulierten Variablen und einer Aufgabe, die alle Probanden einheitlich lösen. Diese Empfehlung wurde in der vorliegenden Studie weitgehend befolgt, wie in Kap. 9.3.1 ersichtlich wird.

Ein Experiment zeichnet sich, nicht nur in der sozialwissenschaftlichen Forschung, dadurch aus, dass unter kontrollierten Bedingungen eine oder mehrere unabhängige Variablen variiert werden, so dass in diesem Fall beispielsweise Einflussgrößen auf Kreativität mittels inferenzstatistischer Verfahren bestimmt werden können. Weiterhin können moderierende oder mediierende Variablen mittels zusätzlicher Fragebögen erfasst und somit kontrolliert werden (Amabile & Mueller, 2008). Nach Stone-Romero und Rosopa (2010) eignen sich randomisierte experimentelle Designs am besten zur Testung von Mediatoreffekten. Durch die experimentelle Kombination von Ergebnisgrößen mit in Fragebogen getesteten Faktoren können Hypothesen statistisch überprüft werden (Bortz & Döring, 2006). Zudem ist eine Beeinflussung der Ergebnisse durch den Forscher, wie sie beispielsweise in Beobachtungs- oder reinen Interviewstudien vorkommen kann, in wohlkontrollierten Experimenten sehr unwahrscheinlich. Im Experiment werden auch Antworttendenzen bei Probanden minimiert. Allerdings können diese, wie auch Fragen der sozialen Erwünschtheit, bei Teilen der Untersuchung, bei denen Fragebögen eingesetzt werden, möglicherweise ein Problem darstellen (vgl. dazu Kap. 9.3.1).

Ein Nachteil des Experiments besteht darin, dass die sehr komplexe Natur organisationaler Kreativität kaum angemessen abgebildet werden kann (externe Validität), da ein Experiment stets nur einen bestimmten Ausschnitt der Realität abstrahiert beinhaltet. Paulus (2008) zufolge ist es allerdings wahrscheinlich, dass viele der Prozesse, die sich im Experiment als relevant erweisen, auch in die organisationale Realität übertragen werden können. Bei der Planung, Durchführung und Auswertung des in Kap. 9.3.1 Schritt für Schritt beschriebenen Experiments für diese Untersuchung sowie bei der Interpretation der erreichten Ergebnisse wurden die drei in der klassischen Testtheorie festgelegten Gütekriterien Objektivität, Reliabilität und Validität in angemessener Weise berücksichtigt, wie im Folgenden kurz dargestellt wird.

Die Objektivität, auch Anwenderunabhängigkeit genannt, umfasst drei Kategorien. Die Durchführungsobjektivität bezeichnet die Unabhängigkeit der Untersuchung vom Untersuchungsleiter bzw. Testenden. Die Probanden werden also von der durchführenden Person nicht beeinflusst. Dies kann nach Bortz und Döring (2006) durch standardisierte Anweisungen erreicht werden. In der vorliegenden Studie beschränkte sich die unstandardisierte Interaktion zwischen Versuchsleitung und Probanden auf ein Minimum. Um eine gewisse Involviertheit der Probanden im Experiment zu erreichen, wurde auf persönliche Interaktion zwar nicht gänzlich verzichtet, es wurden den Probanden jedoch alle relevanten Informationen und Durchführanweisungen schriftlich oder als Film vorgestellt, und persönlich gegebene Anweisungen folgten einem standardisierten Schema. Auch die zweite Kategorie, die Auswertungsobjektivität, fand in der vorliegenden Studie Berücksichtigung, da vorwiegend quantitative Daten erhoben wurden, die von den individuellen Probanden erreichten Testpunkte also ebenfalls vom Durchführenden unabhängig waren. Die Bestimmung des Zielwerts, also des kreativen Ergebnisses (s. Kap. 9.2.2.1, S.124), machte eine Überführung qualitativer Daten in einen quantitativen Testwert erforderlich. Um auch hier einen möglichst objektiven Wert zu erhalten, wurden drei Bewerter herangezogen und ihre jeweils subjektiven Einschätzungen gemittelt. Den Bewertern wurde zudem, wie von Bortz und Döring (2006) zum Erhalt auswertungsobjektiver Daten gefordert, eine klare Vorschrift zur Bewertung gegeben. Somit wurde hier gleichzeitig eine Interpretationsobjektivität hergestellt, die die dritte Objektivitätskategorie darstellt. Dies bezeichnet die Unabhängigkeit der Interpretation der Testergebnisse von individuellen Auffassungen.

Die Reliabilität bezeichnet die Zuverlässigkeit, mit der ein Konstrukt oder Kennzeichen gemessen wird (Bortz & Döring, 2006). Die Reliabilität wird in der vorliegenden Arbeit sowohl für selbst entwickelte als auch aus der Literatur übernommene Skalen mit Hilfe von Cronbachs Alpha ermittelt und bei der Beschreibung der jeweiligen Skala berichtet. Dabei kann in Übereinstimmung mit Kline (1999) ein α von

> .7 für die Messung psychologischer Konstrukte als sehr reliabel gelten, wobei auch Werte darunter je nach Komplexität des gemessenen Konstrukts erwart- und verwertbar sind. In der vorliegenden Studie wurde zusätzlich die Itemanzahl pro Skala bei der Bewertung der Reliabilität berücksichtigt, da längere Skalen eher höhere α-Werte erreichen als kürzere (Cortina, 1993). Es werden daher vor allem bei kurzen Skalen Reliabilitätswerte >.6 als ausreichend und Werte >.8 als hervorragend betrachtet.

Die Validität, oder Gültigkeit, ist ein Maß für die Verlässlichkeit, mit der ein Test dasjenige Konstrukt misst, das er messen soll und wird häufig als das wichtigste der drei Gütekriterien bezeichnet (Schnell et al., 1992). Hier unterscheidet man abermals drei Kategorien. Die Inhaltsvalidität bestimmt, ob ein Test sämtliche Aspekte des zu testenden Konstrukts misst. Sie kann allerdings, Bortz und Döring (2006) zufolge, nicht numerisch gemessen werden, sondern hängt von einer subjektiven Einschätzung ab, die theoriegeleitet erfolgen muss. Um diesem Kriterium gerecht zu werden, wurden in der vorliegenden Studie soweit möglich etablierte, validierte Fragebögen verwendet. Wo geeignete Instrumente nicht zu finden waren, wurden theoriegeleitet jeweils eigene Items entwickelt. Die Kriteriumsvalidität wird durch den Vergleich eines gemessenen Konstrukts mit einem entsprechenden Kriterium bestimmt und ist daher in der Praxis oft nur schwer messbar (Bortz & Döring, 2006). Die Konstruktvalidität als letztes Kriterium gilt dann als erfüllt, wenn aus der Theorie abgeleitete Hypothesen mit Hilfe der Testwerte bestätigt werden können (Bortz & Döring, 2006).

9.2.2 Operationalisierung der Variablen

Im Folgenden wird die Operationalisierung der in dieser Studie interessierenden Variablen ausführlich dargestellt. Dabei wird vielerorts auf das Komponentenmodell der Kreativität nach Amabile (1988; Amabile & Mueller, 2008) Bezug genommen, da dies die definitorische Grundlage für die Operationalisierung der Zielgröße Kreativität in dieser Untersuchung darstellt. Demographische Angaben wurden als Kontrollvariablen mit erhoben, dabei jedoch auf das notwendige Minimum reduziert, um den Fragebogen so kurz wie möglich zu halten. Es wurde neben Geschlecht und Alter lediglich der höchste Bildungsabschluss sowie die Abiturnote erfragt, um eine ansatzweise Intelligenz-Referenz zu erhalten, da die allgemeine Intelligenz nach Amabile (1988) eine vorherrschende Eigenschaft kreativer Problemlöser darstellt. Auf einen dezidierten Intelligenztest musste in diesem Setting aus dem bereits genannten Grund der Untersuchungsökonomie verzichtet werden.

Die Fragen im Fragebogen, die sich auf die Akzeptanz der variablen Vergütung beziehen, werden an dieser Stelle nicht näher diskutiert. Sie können aber bei Schuster (2013) nachgelesen werden. Im Folgenden werden die zur Messung der relevanten Variablen verwendeten Skalen und Items vorgestellt. Soweit möglich wurden bereits etablierte Skalen herangezogen oder zur spezifischeren Erhebung der in der vorliegenden Studie interessierenden Variablen umformuliert. Sofern nichts anderes angegeben, wurden die einzelnen Items von den Probanden auf einer siebenstufigen Likert-Skala eingeschätzt. Die Pole der Skala waren mit 1 (stimme überhaupt nicht zu) und 7 (stimme voll zu) beschriftet, der mittlere Wert 4 war mit „teils teils" überschrieben.

9.2.2.1 Kreativität

Der ***Kreativitätsgrad*** der Probanden wird in dieser Studie als Kontrollvariable mit erhoben. Amabile und Müller (2008) empfehlen zur Messung kreativitätsrelevanter Fähigkeiten aus dem Komponentenmodell der Kreativität (Amabile, 1988; Amabile & Mueller, 2008; s. Kap. 2.3), zu denen der allgemeine Kreativitätsgrad zu zählen ist, unter anderem die Creative Personality Scale von Gough (1979), die für die vorliegende Studie in eigener Übersetzung verwendet wurde. Die Skala von Gough enthält unter anderem Persönlichkeitseigenschaften, die Barron (1955) als kreativitätsrelevant identifizierte und die von Getzels und Jackson (1962) teilweise bestätigt wurden. Nach Barron und Harrington (1981) hat sich in verschiedenen Studien eine gute Konstruktvalidität der Skala gezeigt.

Die Probanden kreuzen aus einer Liste mit 20 Adjektiven alle diejenigen an, die auf sie zutreffen. Die ersten 18 Eigenschaften gehen positiv, die übrigen 12 negativ in die Berechnung des Kreativitätsgrads ein. Es ergibt sich ein Summenwert der individuellen Kreativität als trait. Somit sind Werte von -12 bis +18 erreichbar.

+	-
tüchtig	leicht beeinflussbar
klug	zurückhaltend
selbstsicher	gewöhnlich
geltungsbedürftig	konservativ
humorvoll	normal
individualistisch	unzufrieden
ungezwungen	anständig
einfühlsam	an wenigen Dingen interessiert
intelligent	wohl erzogen
vielfältig interessiert	aufrichtig
originell	gehorsam
eigen	argwöhnisch
nachdenklich	
einfallsreich	
selbstbewusst	
aufreizend	
arrogant	
zwanglos	

Analyse des kreativen Ergebnisses

Um die kreativen Ergebnisse der einzelnen Probanden quantitativ darstellen zu können, wurde eine Experteneinschätzung des Outputs auf drei Dimensionen vorgenommen. Dieses Verfahren ist angelehnt an die von Amabile (1982, 1988, 1996) eingesetzte *CAT* (*consensual assessment technique*, s. Kap. 2.6), die bereits Guilford (1959) in Ansätzen vorschlägt (s. S.21) und die u.a. auch von Ocker (2005) verwendet wird. Im für die vorliegende Arbeit durchgeführten Experiment bestand die kreative Aufgabe in der Produktion von Reimen für Grußkarten für unterschiedliche Anlässe. Dies wird in Kapitel 9.3 genauer erläutert.

Für die Anwendung der *CAT* wurden für die vorliegende Studie drei Kreativitätsexperten, die aus kreativen Berufen mit starkem Sprachbezug (Journalisten, Texter, TV-Autoren) stammen, gebeten, die Kreativität der von den Probanden produzierten Reime einzuschätzen. Die Listen der Reime wurden jeweils zufällig sortiert, um Reihenstellungseffekte auszuschließen. Die Bewertung der einzelnen Reime erfolgte, wie in der *CAT* vorgesehen, auf einer Skala. Für eine größtmögliche Differenziertheit wurde „Kreativität" für diese Studie in ihre Grundbestandteile, nämlich Neuartigkeit, Originalität und Sinnhaftigkeit, aufgelöst und die Experten wurden gebeten, diese Einzeldimensionen zu bewerten. Die Skala ging von 1"absolut nicht neu/originell/sinnvoll" bis 4 „sehr neu/originell/sinnvoll". Zusätzlich wurde eingeschätzt, ob tatsächlich ein Reim vorhanden war, und ob das gelieferte Ergebnis zum gewünschten Anlass passte, um die Nützlichkeit des kreativen Ergebnisses einfließen zu lassen. Somit fanden die Begabungs-Faktoren der Kreativität nach Guilford (1959) Eingang in die Bewertung des kreativen Ergebnisses. Während der wichtigste Aspekt der *ideational fluency* in der Quantität und Angemessenheit der gelieferten Reime liegt, geht es bei der *expressional fluency* um die Qualität der resultierenden Phrasen (vgl. Kap. 2.2). Deshalb wurde bei der Bewertung der Reime jeweils sowohl auf Quantität als auch auf Sinngehalt (könnte dieser Reim auf eine Grußkarte, wie in der Aufgabenstellung beschrieben, gedruckt werden?), Neuartigkeit und Originalität geachtet.

In der hier vorliegenden Studie erhielten die Experten, entgegen der üblichen Praxis, keine Kreativitätsdefinition vorzugeben (Amabile & Mueller, 2008), eine Minimaldefinition dessen, was für diese Arbeit als „kreativ" zu betrachten ist, um eine Passung der Einschätzungen zur theoretischen Basis des Experiments zu gewährleisten[8]. In Übereinstimmung mit der *CAT* bearbeiteten die drei Experten in der vorliegenden Studie die Ergebnislisten jeweils unabhängig voneinander. Wie in der Methode vorgesehen, dient der Mittelwert der Ratings der verschiedenen Experten als Kreativitätswert für jedes einzelne Ergebnis. Um den Wert des kreativen Ergebnisses pro Person je bearbeiteter Aufgabe (vgl. Kap. 9.3.1) zu ermitteln, werden die Kreativitätswerte der einzelnen Ideen pro Person aufsummiert und ergeben somit den Ergebniswert *KpP* (*Kreativitätswert pro Person*), der sowohl Informationen zur Qualität als auch zur Anzahl der produzierten Ideen einer Person je Aufgabe enthält.

Die von Amabile und Müller (2008) thematisierte Einschränkung der Eignung der CAT bei außergewöhnlich hohen Kreativitätsleveln hat für die vorliegende Studie keine Relevanz, da hier kein sehr hoher Kreativitätslevel besteht (MW=4,91; SD=3,54). Auch waren die Probanden den Experten nicht bekannt, weshalb eine Vorurteilsbelastung, die ggf. positivere oder negativere Bewertungen hervorbringen würde (Amabile & Mueller, 2008), ebenfalls kein Problem darstellen dürfte.

[8] Die Anweisung für die Experten findet sich im Anhang auf S. 219

9.2.2.2 Persönlichkeit

Im Modell des kreativen Prozesses in Organisationen von Woodman et al. (1993) wirkt Persönlichkeit auf individuelles kreatives Verhalten. Im Komponentenmodell der Kreativität nach Amabile (Amabile, 1988; Amabile & Mueller, 2008) gehört sie zu den kreativitätsrelevanten Prozessen.

Um dem Gütekriterium der Durchführbarkeit gerecht zu werden, wurde in der vorliegenden Studie eine gut validierte und empirisch häufig verwendete Kurzform des *NEO* Persönlichkeitsfragebogens (Costa & McCrae, 1985) eingesetzt. Aufgrund der Ergebnisse des Pretest, wo sich ungenügende Reliabilitäten der Skalen zeigten, wurde der zunächst zur Erhebung herangezogene Mini-*IPIP* (Donnellan, Oswald, Baird & Lucas, 2006) wieder verworfen. Stattdessen wurde der *BFI*-21 von Rammstedt (2005) zur Messung der *Big Five* Persönlichkeitsdimensionen verwendet, der sich ein einem zweiten Pretest als zuverlässiger erwiesen hatte.

TABELLE 2: INTERNE KONSISTENZEN DER SKALEN DES BFI-21

Skala	Cronbachs ∝
Extraversion	.797
Neurotizismus	.757
Verträglichkeit	.674
Gewissenhaftigkeit	.722
Offenheit für neue Erfahrungen	.703

Quelle: eigene Darstellung

Nach Berechnung der Reliabilitäten wurde für weitere Berechnungen ein Item aus der Verträglichkeits-Skala eliminiert, da es die interne Konsistenz der Skala für diese Stichprobe stark negativ beeinflusste.

Cronbachs ∝-Werte für die einzelnen Skalen des *BFI*-21 werden in Tabelle 2 berichtet. Daraus ist ersichtlich, dass, nach der Eliminierung des o. g. Items, alle Skalen ausreichende (>.6) bis gute (>.7) Reliabilitäten aufweisen.

9.2.2.3 Intrinsische Motivation

Intrinsische Motivation wird in empirischen Studien, die nicht ausschließlich diesen Faktor untersuchen üblicherweise mittels Selbsteinschätzungsskalen erhoben, die das Interesse und die Freude an einer spezifischen Aufgabe abfragen (Ryan & Deci, 2000). Auch für die Zwecke dieser Studie stellt das die geeignetste Methode dar. Da intrinsische Motivation von der aktuell vorliegenden Aufgabe abhängt (Ryan & Deci, 2000, vgl. Kap. 5.2), wurde die Skala zur intrinsischen Motivation von Bürg (2005) auf die in dieser Studie auszuführende sprachzentrierte Aufgabe hin angepasst, so dass damit die individuelle Einstellung dieser spezifischen Aufgabe gegenüber erfasst werden kann. Die Items lauten im Einzelnen:

> Es macht mir Spaß, meine sprachlichen Fähigkeiten in Aufgaben einzubringen.
> Ich beschäftige mich gern mit Worten und Sprache.
> Ich würde gerne öfter Aufgaben bearbeiten, bei denen es auf den Umgang mit Sprache ankommt.
> Sprache dient mir nur als Mittel zum Zweck.
> Ich bin am Spiel mit Worten interessiert.
> Ich bin froh, wenn ich mit Wortspielen wenig zu tun habe.
> Ich finde es spannend, mit Sprache zu experimentieren.

Diese Skala weist mit einem Cronbachs α von .912 eine hervorragende Reliabilität auf.

Im letzten Fragebogen wurde nochmals, mit wenigen Items, die intrinsische Motivation erfasst, um ggf. Veränderungen feststellen zu können, da sie sich während der Aufgabenbearbeitung in Abhängigkeit vom wahrgenommenen Ergebnis eines kreativen Zyklus verändern kann (Amabile, 1988; Amabile & Mueller, 2008). Hier wurden die vier folgenden Items verwendet, die einen noch stärkeren Bezug zur speziellen hier bearbeiteten Aufgabe aufweisen:

> Es hat mir Spaß gemacht, meine Fähigkeiten in dieser Aufgabe einzubringen.
> Ich hätte gerne noch weiter gemacht.
> Ich würde gerne öfter solche Aufgaben bearbeiten.
> Die Aufgabe war mir gleichgültig.

Cronbachs α liegt für diese Skala mit .892 ebenfalls im außerordentlich reliablen Bereich.

9.2.2.4 Empfundene Freiheit bei der Aufgabenbearbeitung

Verschiedenen Autoren zufolge kann empfundene Kontrolle von außen individuelle Kreativität einschränken (Amabile, 1988; Amabile et al., 1996; Amabile et al., 2002; Amabile & Khaire, 2008; Barron, 1955; Binnewies & Wörnlein, 2011; Frese et al., 1999; Hackman & Oldham, 1974; Moll, 2006; Ohly et al., 2006). Inwieweit die Probanden sich bei der Bearbeitung der Aufgaben im Experiment eingeschränkt fühlten oder ein Autonomiegefühl entwickeln konnten, wurde mit den folgenden, selbst formulierten Items gemessen:

> Ich fühlte mich durch die Anweisungen der Versuchsleiterin in meiner Kreativität eingeschränkt.
> Ich hatte das Gefühl, in der Bearbeitung der Aufgabe völlig frei zu sein.
> Ich konnte meiner Kreativität freien Lauf lassen.
> Durch die strengen Vorgaben fiel es mir schwer, wirklich kreativ zu sein.
> Mir fehlte durch die wenigen Vorgaben die Orientierung.

Die interne Konsistenz (Cronbachs ∝=.701) ist auch hier gut.

9.2.2.5 Kooperation/Konkurrenz

Diese Variablen sind als Faktoren der Arbeitsumgebung aus dem Komponentenmodell der Kreativität nach Amabile (Amabile, 1988; Amabile & Mueller, 2008) in diese Studie mit aufgenommen worden. Arbeitsgruppen poolen im zweiten Schritt des im Komponentenmodell der Kreativität abgebildeten Prozesses ihre Ressourcen und unterstützen sich gegenseitig. Auch Maslow (1956) weist auf die Relevanz einer unterstützenden Arbeitsumgebung für Kreativität hin. Amabile (1988) sowie Amabile und Müller (2008) identifizieren mangelnde Kooperation sowie Arbeitsnormen, die scharfe Kritik an Teammitgliedern fördern, als kreativitätshemmende Faktoren. Auch für virtuelle Zusammenarbeit hat sich Kooperation untereinander als relevant erwiesen (Cascio & Shurygailo, 2003; Cordery et al., 2009; Geister et al., 2006; Kayworth & Leidner, 2002). Zur Prüfung der kooperativen Arbeitsweise wurde eine Skala von Lester, Meglino & Korsgaard (2002) erweitert und angepasst. Die Items dieser Skala, die mit einem Cronbachs ∝ von .857 außerordentlich zuverlässig misst, lauten im Einzelnen:

> In meiner Gruppe haben alle bereitwillig Wissen und Informationen geteilt.
> Wir haben uns in meiner Gruppe gern miteinander unterhalten.

Einzelne Gruppenmitglieder haben auf Kosten der Gruppe versucht, ihr Einzelergebnis zu verbessern.
Wir haben in meiner Gruppe zusammen gearbeitet, um ein gutes Ergebnis zu erzielen.
In meiner Gruppe wurden Entscheidungen gemeinsam getroffen.
Es fiel mir leicht, mit meinen Gruppenkollegen zusammen zu arbeiten.
Es gab großes gegenseitiges Verständnis in meiner Gruppe.
Ich beurteile meine Gruppe insgesamt als kooperativ.
In meiner Gruppe war jeder nur auf seinen eigenen Vorteil bedacht.

Auch die Dominanzverhältnisse in den Gruppen wurden, als Gegenpol der Kooperation, erfasst. Dazu wurden die folgenden Items entwickelt:

Manche Ideen, die ich hatte, habe ich aus Furcht vor Kritik zurückgehalten.
Weil andere in der Gruppe sich in den Vordergrund gedrängt haben, sind einige meiner Ideen untergegangen.
Andere in meiner Arbeitsgruppe waren sehr kritisch.
Durch die Arbeit im Team konnte ich nicht alle meine Ideen einbringen.

Diese Skala weist ein angemessenes Cronbachs α von .625 auf.

9.2.2.6 Unsicherheitstoleranz

Wie gezeigt wurde, stellt Unsicherheitstoleranz einen wichtigen Einflussfaktor für kreative Leistung (Amabile, 1988; Barron, 1955; Fromm, 1959; Guilford et al., 1957, zitiert nach Guilford, 1959; Guilford, 1959; Sauermann & Cohen, 2008) und auch virtuelle Zusammenarbeit (Daft & Lengel, 1986) dar. Die Items stammen aus der Ungewissheitstoleranzskala nach Dalbert (1999):

Ich probiere gerne Dinge aus, auch wenn nicht immer etwas dabei herauskommt.
Ich beschäftige mich nur mit Aufgaben, die lösbar sind.
Ich mag es, wenn unverhofft Überraschungen auftreten.
Ich lasse Dinge gerne auf mich zukommen.
Ich habe es gerne, wenn die Arbeit gleichmäßig verläuft.
Ich warte geradezu darauf, dass etwas Aufregendes passiert.
Wenn um mich herum alles so richtig drunter und drüber geht, fühle ich mich so richtig wohl.
Ich weiß gerne, was auf mich zukommt.

Mit einem hohen Cronbachs α von .752 weist auch diese Skala in der vorliegenden Studie eine gute interne Konsistenz auf.

9.2.2.7 Vorerfahrungen mit virtueller Zusammenarbeit sowie Ausbildung

Die Vorerfahrungen mit virtueller Zusammenarbeit stehen in Zusammenhang mit den domänenrelevanten Fähigkeiten aus dem Komponentenmodell der Kreativität nach Amabile (Amabile, 1988; Amabile & Mueller, 2008). Amabile und Müller (Amabile & Mueller, 2008) schlagen eine Operationalisierung durch Ausbildungslevel und Vorerfahrungen vor. Auch Ng und Feldman (2009) identifizieren einen Einfluss des Ausbildungsniveaus auf Kreativität.

Zur Erfassung von Vorerfahrungen mit virtueller Zusammenarbeit wurde im Fragebogen zunächst eine einheitliche Definition von virtueller Zusammenarbeit gegeben und anschließend Fragen zur Erfahrung mit verschiedenen *IuK*-Technologien gestellt:

> Virtuelle Zusammenarbeit/Kooperation bedeutet, mit Menschen zusammenzuarbeiten, die sich nicht im gleichen Gebäude/auf dem gleichen Gelände befinden (professioneller, nicht privater Austausch zur Bewältigung einer bestimmten Aufgabe). Man nutzt dabei in der Regel Informations- und Kommunikationstechnologien wie z. B. Telefon, E-Mail, Videokonferenz oder Messenger-Programme.
> Im Folgenden geht es um Ihre Erfahrungen mit virtueller Zusammenarbeit. Bitte kreuzen Sie jeweils an, was für Sie zutreffend ist.
>
> Wie geübt sind Sie in virtueller Zusammenarbeit?
> Wie geübt sind Sie in virtueller Kommunikation?
>
> Wie geübt sind Sie in der aktiven Verwendung folgender Programme/Funktionen:
>
> Chat (Skype, andere Messenger-Programme, ...)
> Web 2.0
> Wikis
> Audio-Konferenz (Telefon, Skype, VoIP, ...)
> Blog

Die siebenstufige Likert-Skala für diese Frage hat die Pole 1 (gar nicht) und 7 (sehr).

Die zusätzliche Operationalisierung domänenrelevanter Fähigkeiten wurde hier durch Abiturnote und die Frage nach dem höchsten Ausbildungsabschluss vorgenommen.

9.2.2.8 Vertrautheit mit den Teammitgliedern

Vor allem für virtuelle Zusammenarbeit wurde die Bedeutung einer gemeinsamen Basis in der Forschung häufig thematisiert (Cramton, 2001; DeRosa et al., 2004; Jarvenpaa et al., 1998; Jarvenpaa & Leidner, 1999; Malhotra & Majchrzak, 2004; Mockaitis et al., 2009; O'Hara-Devereaux & Johansen, 1994; Olson & Olson, 2000; Peters & Karren, 2009; Piccoli & Ives, 2003; Zülch et al., 2006). In einigen Kreativitätsmodellen (z. B. Amabile, 1988) fehlen hingegen Interaktionsprozesse zwischen Gruppenmitgliedern als Determinante der kreativen Leistung, obwohl sie in der Team-Forschung als wichtiger Aspekt des Gruppenprozesses betrachtet werden (z. B. Leenders et al., 2003). Vertrautheit wurde im Experiment für diese Arbeit in den virtuell zusammenarbeitenden Gruppen systematisch variiert. Zur Operationalisierung im Fragebogen wurden die Teilnehmer des Experiments ganz zum Schluss bei den folgenden Items um eine Einschätzung auf der siebenstufigen Likert-Skala gebeten:

> Ich hätte mir mehr Informationen über meine Teammitglieder gewünscht.
> Die Arbeit wäre produktiver verlaufen, wenn wir zu Beginn Gelegenheit erhalten hätten, uns gegenseitig kennen zu lernen.

Ein sehr hohes Cronbachs ∝ von .808 weist auf eine sehr gute interne Konsistenz der Skala hin.

Das Vertrauen in die Teammitglieder wurde zusätzlich nach Bearbeitung der ersten Aufgabe mit den folgenden Items erhoben:

> Ich vertraue meinen Teammitgliedern.
> Ich würde auch bei „echten" Projekten wieder mit diesem Team zusammenarbeiten.

Auch hier liegt das Cronbachs ∝ bei .808 und somit im sehr hohen Bereich.

9.2.2.9 Einschätzung der eigenen kreativen Leistung

Baer et al. (2008) finden, dass ein im Team geteiltes Vertrauen in die eigene kreative Leistung individuelle Kreativität positiv beeinflusst. Diese Variable gehört zur Operationalisierung domänenrelevanter Fähigkeiten aus dem Komponentenmodell der Kreativität nach Amabile (1988; Amabile & Mueller, 2008) (vgl. Kap. 2.3) und beschreibt, als wie gut die Probanden ihre eigene kreative Leistung nach den jeweiligen Aufgaben im Experiment einschätzen. Nach der ersten Aufgabe wird die Einschätzung der eigenen Leistung daher mit den folgenden Items erhoben:

> Meine Ideen kann man gut für den angedachten Zweck verwenden.
> Meine Beiträge sind im Vergleich zu denen meiner Teammitglieder besonders originell.
> Meine Teammitglieder haben wesentlich mehr brauchbare Ideen eingebracht als ich.

Meine Ideen waren kreativ.
Wir haben insgesamt gute Ergebnisse geliefert.
Im Vergleich zu den anderen Gruppen schneiden wir meiner Einschätzung nach gut ab.

Das Cronbachs ∝ dieser Skala liegt mit .766 im guten Bereich. Vier Items der Skala wurden im letzten Fragebogen wiederholt, um ggf. Veränderungen erfassen zu können:

Meine Teammitglieder haben wesentlich mehr brauchbare Ideen eingebracht als ich.
Meine Ideen waren kreativ.
Wir haben insgesamt gute Ergebnisse geliefert.
Im Vergleich zu den anderen Gruppen schneiden wir meiner Einschätzung nach gut ab.

Cronbachs ∝ liegt bei dieser verkürzten Version mit .836 noch etwas höher.

9.2.2.10 Einflussfaktoren aus der Arbeitsumgebung

Da im Experiment zwei verschiedene Arbeitsformen miteinander verglichen werden (virtuell und *face-to-face*), war es notwendig, die subjektiv wahrgenommenen Unterschiede zwischen beiden zu erfassen, da beispielsweise auch im Komponentenmodell der Kreativität nach Amabile (1988; Amabile & Mueller, 2008) und im Kreativitäts-Modell nach Rhodes (1961) Umgebungsfaktoren einen Einfluss auf die kreative Leistung ausüben. Der Einfluss der Teamarbeit auf die selbst eingeschätzte Eigenleistung wurde mit zwei einzelnen Items wie folgt erhoben:

Die Arbeit im Team hat zur Verbesserung der jeweiligen Ergebnisse beigetragen.
Alleine hätte ich kreativere Ideen entwickelt als im Team.

Der Einfluss der Arbeitsumgebung auf die eigene kreative Leistung wurde mit vier Einzelitems erhoben:

Das Setting, in dem ich während des Experiments gearbeitet habe, war für meine Kreativität insgesamt förderlich.
Die Arbeitsumgebung war mir zu unpersönlich, um wirklich kreativ sein zu können.
Mit anderen Arbeits-/Hilfsmitteln hätte ich meine Kreativität mehr entfalten können.
Es war/wäre für meine Kreativität förderlich, anonym arbeiten zu können.

Um die Auswirkungen der virtuellen und der *face-to-face* Arbeitsbedingungen vergleichen zu können, wurden in Anlehnung an die *Media Synchronicity Theory* (s.

Kap. 3.4.2) die folgenden Items von den Probanden bewertet. Jede der einzelnen Dimensionen aus der Theorie ist hier durch zwei Items repräsentiert:

Übertragungsgeschwindigkeit:

> Es hat meine Kreativität gebremst, dass ich durch die gegebenen Rahmenbedingungen nur langsam auf die Beiträge der anderen reagieren konnte.
> Die Gruppe hätte kreativere Ideen produziert, wenn wir schneller auf die jeweiligen Beiträge hätten reagieren können.

Symbolvarietät:

> Für die Kreativität meiner Ideen wäre es besser gewesen, wenn es unterschiedliche Möglichkeiten gegeben hätte, sie meinen Teammitgliedern vorzustellen.
> Für die Kreativität unserer Ergebnisse waren die Kommunikationskanäle, die wir zur Verfügung hatten, ausreichend.

Parallelität:

> Es hat zur Kreativität in der Gruppe beigetragen, dass wir alle gleichzeitig Ideen äußern konnten.
> Gleichzeitiger Input von außen/meinen Teammitgliedern hilft mir dabei, kreative Ideen zu entwickeln.

Überarbeitbarkeit:

> Es war für meine Kreativität förderlich, dass ich lange auf meinen Ideen „herumdenken" konnte, bevor ich sie den anderen mitteilte.
> Die kreative Qualität meiner Ideen hat davon profitiert, dass ich Gelegenheit hatte, sie kritisch zu prüfen, bevor ich sie den anderen mitteilte.

Wiederverwendbarkeit:

> Ich konnte die Kreativität der Beiträge meiner Vorredner häufig verbessern.
> Es fiel mir leicht, an Ideen meiner Teammitglieder anzuknüpfen, um sie kreativer zu machen.

Cronbachs α für die einzelnen Skalen ist in Tabelle 3 aufgeführt. Mit Ausnahme von Überarbeitbarkeit weisen die einzelnen Skalen zufriedenstellende bis sehr gute Reliabilitäten auf. Durch die sehr geringe Skalenlänge müssen die mit diesem Instrument ermittelten Ergebnisse dennoch mit Vorsicht betrachtet werden.

TABELLE 3: INTERNE KONSISTENZEN DER SKALEN ZUR MEDIA SYNCHRONICITY

Skala	Cronbachs ∝
Übertragungsgeschwindigkeit	.678
Symbolvarietät	.710
Parallelität	.743
Überarbeitbarkeit	.546
Wiederverwendbarkeit	.743

Quelle: eigene Darstellung

9.3 Durchführung des Experiments

Das für diese Untersuchung entwickelte Experiment wurde mit Besuchern des Tages der offenen Tür der Universität der Bundeswehr Ende Juni 2010 vor getestet, um den Ablauf sowie die Passung der Aufgaben und Instrumente zu überprüfen. An diesem Pretest nahmen 28 Personen teil. Im Nachgang des Pretests wurden Unstimmigkeiten festgestellt und ausgeräumt. Es wurden beispielsweise Änderungen im Fragebogen vorgenommen (Austausch der Persönlichkeitsskala, Umformulierung und Ergänzung einzelner Items), mehr Zeit zur Aufgabenbearbeitung eingeräumt, und die Aufgaben wurden angepasst, um mehr Praxisbezug und eine höhere Vergleichbarkeit herzustellen. Das endgültige experimentelle Design wurde im Oktober und November 2010 an zwei Gruppen (sieben Probanden) nochmals getestet, bevor mit der Haupterhebung begonnen wurde. Die in der Haupterhebung dieser Studie untersuchten 184 Probanden rekrutierten sich aus einer seminaristischen Veranstaltung im Rahmen eines betriebswirtschaftlichen Master-Studiums. Die Haupterhebung fand in zwei aufeinander folgenden Wochen im November 2010 statt, so dass alle weiteren Rahmenbedingungen für alle Gruppen als in etwa gleichbleibend betrachtet werden können. Zwei weitere Gruppen wurden allerdings im März und April 2011 unter ansonsten gleichen Rahmenbedingungen nacherhoben. Insgesamt konnten 120 vollständige Datensätze für diese Untersuchung verwertet werden.

Dieses Kapitel beschreibt detailliert den Aufbau des Experiments und die Rahmenbedingungen für die Probanden. Insgesamt wurden im Experiment drei Faktoren, randomisiert auf jeweils die Hälfte der Teilnehmer verteilt, systematisch variiert:

1. Form der Zusammenarbeit (*face-to-face*/virtuell)
2. *nur in der Bedingung „virtuell":* Vertrautheit der Gruppenmitglieder miteinander (vertraut/nicht vertraut)
3. Vergütungsform (fix/variabel)

Diese Vergleichsgruppen sind in Abbildung 6 noch einmal dargestellt.

ABBILDUNG 6: VERGLEICHSGRUPPEN

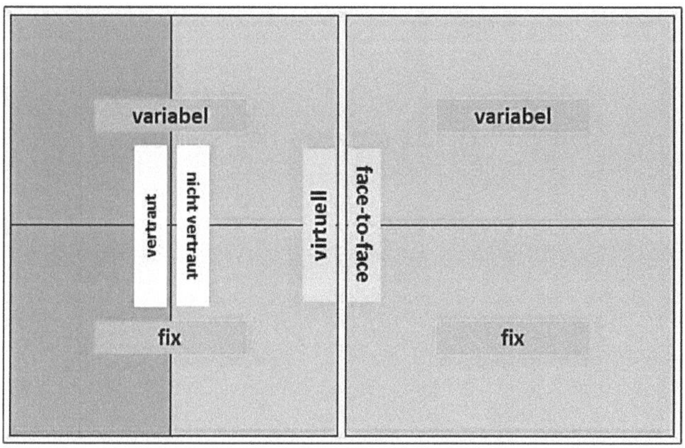

Quelle: eigene Darstellung

Der generelle Aufbau und Ablauf des Experiments wurde für alle Bedingungen möglichst übereinstimmend gehalten, um eine hohe Vergleichbarkeit zu gewährleisten. Zum Beispiel wurden sowohl in der *face-to-face-* als auch in der virtuellen Bedingung die Fragebögen auf Papier ausgeteilt, um eine mögliche Beeinflussung der Ergebnisse durch Unterschiede zwischen online- und paper-pencil-Erhebung auszuschließen. Lediglich Rahmenbedingungen, die direkt durch die einzelnen variierten Faktoren beeinflusst werden, unterschieden sich zwischen den Versuchsgruppen, die den jeweiligen Bedingungen ansonsten randomisiert zugeteilt wurden (vgl. Kap. 9.3.2).

9.3.1 Aufbau und Ablauf des Experiments

Der Ablauf des Experiments ist in Abbildung 7 übersichtshaft dargestellt. Ein Durchgang dauerte ca. 60 Minuten.

ABBILDUNG 7: ABLAUF DES EXPERIMENTS

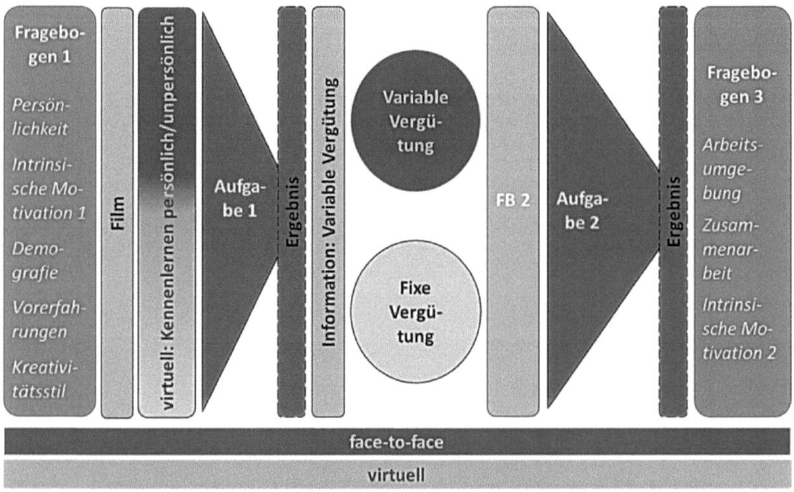

Quelle: eigene Darstellung

Die Personen, die sich schriftlich durch Eintrag in eine Liste zur Teilnahme am Experiment bereit erklärt hatten, wurden im Vorlauf der Untersuchung randomisiert jeweils entweder der Bedingung *face-to-face* (*ftf*) oder virtuell zugeteilt. Per Email wurden ihnen anschließend die Räumlichkeiten mitgeteilt, in denen das Experiment stattfinden würde.

Nach Ankunft im Versuchsraum wurden die Teilnehmer gebeten, jeweils ein Los zu ziehen. Die Losnummern setzten sich, jeweils leicht verschlüsselt, aus Datum, Bedingung sowie einer Kennziffer zusammen, an welcher die Probanden der *ftf*-Bedingung ablesen konnten, an welchem der Arbeitstische sie sich einfinden sollten. In der virtuellen Bedingung diente die Losnummer als Benutzername zum Einloggen in den virtuellen Workspace, wo Personen mit der gleichen Gruppenkennziffer automatisch in den dieser Gruppe zugewiesenen Chatroom umgeleitet wurden. Auf diese Weise konnte die Gruppenbildung randomisiert erfolgen. Die Zuordnung der Arbeitsergebnisse erfolgte im weiteren Verlauf des Experiments ausschließlich per Losnummer, so dass auch die Anonymität gesichert war.

Das Experiment begann für alle Probanden mit dem Ausfüllen des ersten Fragebogens, gefolgt von einer standardisierten persönlichen Begrüßung durch die Versuchsleiterinnen. Zu diesem Zeitpunkt wurde den Probanden eine kleine Belohnung für ihre Teilnahme am Experiment in Aussicht gestellt (wahlweise Schokolade oder Gummibärchen). Des Weiteren wurden sie über die Prämisse des Experiments informiert, dass sie nämlich Angehörige kleiner Kreativ-Teams seien, die in einer aufstrebenden Grußkartenfirma („Edwin Cards") arbeiten. Der Chef, „Edwin", befinde sich leider derzeit nicht vor Ort, werde sich aber per Video-Botschaft mit ein paar einleitenden Worten an sie wenden. In dieser „Video-Botschaft" in Form eines Films, der eine geeignete Arbeitsatmosphäre schaffen sollte, gab ein Schauspieler, der „*CEO* von Edwin Cards" ein paar Hintergrundinformationen zur Firma und erläuterte kurz deren Leitlinien und Philosophie (jung, kreativ, offen), sowie das Ziel, eine neue Kategorie von Grußkarten auf den Weg zu bringen. In einem internen Ideenwettbewerb sollten die anwesenden Probanden im Rahmen des Experiments möglichst viele kreative Ideen für diese neue Grußkartenkategorie entwickeln.[9]

Anschließend wurde von allen Teilnehmern der *ftf*-Bedingung die Erlaubnis zur Audio-Aufzeichnung ihrer Gespräche während der Aufgabenbearbeitung eingeholt und mit der ersten Aufgabe des Experiments begonnen. In der virtuellen Bedingung war der ersten eigentlichen Aufgabe zudem eine Übungsaufgabe[10] vorgeschaltet, die sicherstellen sollte, dass alle Teilnehmer ausreichend mit der Bedienung dieses Workspace vertraut waren. Zudem diente diese Übungsaufgabe dazu, die Hälfte der virtuellen Teilnehmer (Bedingung „vertraut") mit ihren Teammitgliedern vertraut zu machen, indem sie sich einander vorstellten (z. B. Alter, Studienfach) während die

[9] Der vollständige Text der Begrüßungsbotschaft kann im Anhang 3 auf S. 221 eingesehen werden.
[10] Der vollständige Text der Anweisung für die Übungsaufgabe findet sich im Anhang 4 auf S. 222.

zweite Hälfte („nicht vertraut") innerhalb ihrer Gruppen anonym blieb und sich gegenseitig Mathematikaufgaben oder Rätsel stellte.

Vor Beginn der ersten Aufgabe, die für *ftf* und virtuelle Probanden übereinstimmend gestellt wurde, wurden die Teilnehmer gebeten, alle Aufgaben im Verlauf dieses Experiments genau zu lesen, auch wenn sie bereits bekannt vorkamen, da es doch jeweils kleine Unterschiede gebe. Aufgabe 1 (s. Anhang 5, S.223) bestand darin, innerhalb von fünf Minuten zu einem vorgegebenen Thema möglichst viele, möglichst kreative Reime zu produzieren, die zum Druck auf Postkarten geeignet sein sollten.

Wie bereits in der Einleitung erwähnt, werden häufig Brainstorming-Aufgaben zur Untersuchung von Kreativität und den damit verbundenen Einflussfaktoren und Prozessen herangezogen. Wenngleich auch in der Praxis Brainstorming durchgeführt wird, sind die alltäglichen kreativen Arbeitsaufgaben in Unternehmen gewöhnlich komplexerer Natur. Diesem Umstand sollte in der vorliegenden Studie Rechnung getragen werden, indem eine realistischere Aufgabe zu Grunde gelegt wurde, bei der nicht nur Ideen produziert werden sollten, sondern auch darauf hingewiesen wurde, dass diese für den angestrebten Zweck (Druck auf Grußkarten) verwendbar sein sollten. Natürlich gibt es eine solche Vielzahl an verschiedenen kreativen Arbeitsaufgaben, dass die hier gewählte Aufgabe nur einen kleinen Ausschnitt abbilden kann. Ein Begabungs-Faktor der Kreativität nach Guilford (1959), die *expressional fluency*, oder Gewandtheit im Ausdruck, lässt sich am besten durch die Produktion von Sätzen oder Wendungen messen, während *ideational fluency* die Fähigkeit beschreibt, innerhalb eines begrenzten Zeitraums durch Ideen-Produktion bestimmte Aufgaben zu erfüllen. Diese beiden Faktoren wurden zu der hier beschriebenen Aufgabe kombiniert, in einer bestimmten Zeit Grußkartenreime zu bestimmten Themenbereichen zu produzieren, die eng umgrenzte, kreative Anforderungen erfüllen mussten.

Nach dieser ersten Aufgabe wurden die Probanden in einem Film für ihre engagierte Arbeit gelobt und darüber informiert, dass diese künftig mittels eines variablen Vergütungssystems noch besser gewürdigt werden soll[11]. Dieses Vergütungssystem wurde im weiteren Verlauf des Films ausführlich dargelegt[12]. Um ein möglichst hohes Verständnis des Systems zu gewährleisten, wurde die Kreativitätsbeurteilung (vgl. Kap. 9.2.2.1, S.124) mit Hilfe von drei beispielhaft bewerteten Reimen veranschaulicht und drei Beispiele für die Gesamtvergütung vorgerechnet. Am Schluss des Films wurde die grundlegende Idee des Systems noch einmal deutlich wiederholt: „Je mehr kreative Ideen Sie haben, desto höher ist Ihre Vergütung!". Nach dem Film hatten die Probanden weiterhin die Möglichkeit, evtl. Fragen zum Vergütungssystem an die Versuchsleiterinnen zu richten. Von dieser Möglichkeit wurde kein Gebrauch gemacht. Die im Film verwendete Power Point-Präsentation mit den Informationen zum Vergütungssystem wurde den Probanden zusätzlich ausgedruckt ausgeteilt (s. Anhang 6, ab S.224). Die Form der variablen Vergütung (kleine/mittlere/große Tüten Gummibärchen oder Tafeln Schokolade) wurde den Teilnehmern anschließend von der Versuchsleitung eröffnet, wobei die Gummibärchen und Schokoladentafeln jeweils kurz gezeigt wurden. Die Teilnehmer wurden zudem gebeten sich vorzustellen, dass sie mit ihrem normalen Gehalt, hier repräsentiert durch die mittlere Tüte Gummibärchen/Tafel Schokolade, ihren aktuellen Lebensstandard angemessen finanzieren könnten, und dass mit der geringeren oder höheren Vergütung entsprechende Einbußen bzw. Gewinne verbunden wären. Es hatte sich im Pretest als notwendig herausgestellt, diese Verbindung deutlich zu machen. Auf eine echte monetäre Vergütung wurde aus unterschiedlichen Gründen verzichtet. Zum einen standen die erforderlichen finanziellen Mittel nicht zur Verfügung. Zum anderen werden bestimmte Geldsummen von einzelnen Personen sehr unterschiedlich bewertet, so dass eine Leistungsbemessung per Punktesystem vorzuziehen war. Diese bot den Probanden den notwendigen Maßstab für ihre Leistung, ohne die Gefahr unterschiedlicher Bewertungen und somit einer Verzerrung der Ergebnisse zu bergen. An dieser Stelle wurde auch auf die weitere Prämierung der

[11] Wie mehrere Untersuchungen und Modelle zeigen (z. B. Amabile, Conti, Coon, Lazenby & Herron, 1996; Amabile, Hadley & Kramer, 2002), kann, vor allem unter Zeitdruck, mehr kreative Leistung erbracht werden, wenn die eigene Aufgabe als sinnhaft empfunden wird und eine Würdigung der kreativen Anstrengungen erfolgt. Diesen Forschungsergebnissen sollte damit Rechnung getragen werden.

[12] Das eigens für diese Untersuchung designte Vergütungssystem wird im Anhang ab S. 224 ausführlich vorgestellt. Es weist eine Basisvergütung als fixe Komponente auf, die um eine variable, also leistungsabhängige Komponente ergänzt wird. Die Leistung wird mit Hilfe der Ideen-Anzahl als quantitatives Kriterium und der Kreativität der Ideen als qualitatives Kriterium bestimmt.

besten drei Ideen unabhängig vom Vergütungssystem hingewiesen. Diese sollte (auch) für die Gruppen der Bedingung „fixe Vergütung" einen Anreiz bieten, weiterhin gute Leistung zu zeigen und zudem ein soziales Faulenzen (*social loafing*)[13] verhindern helfen. Vor Bearbeitung der zweiten Aufgabe füllten alle Probanden einen weiteren Fragebogen aus.

Im Umschlag zur zweiten Aufgabe (*ftf*) bzw. auf ihrem Bildschirm (virtuell) fanden die Teilnehmer als nächstes ein „Memo der Geschäftsleitung" vor. In der einen Bedingung (variabel) wurden sie im Memo daran erinnert, dass sie nun entsprechend des variablen Vergütungssystems vergütet werden. In der zweiten Bedingung (fix) informierte die „Geschäftsleitung" darüber, dass sich die Einführung des neuen Vergütungssystems aufgrund von Einwänden einzelner Abteilungen noch verzögere und daher weiterhin fixe Vergütung erfolgen müsse.[14]

Die zweite Aufgabe des Experiments unterschied sich von der ersten lediglich durch das vorgegebene Thema für die Reime sowie die Bearbeitungszeit, die nun zehn Minuten betrug.[15] Durch die erste Aufgabe sollte einerseits eine Messbasis geschaffen werden, um den Einfluss der variablen Vergütung durch Vergleich der Ergebnisse von Aufgabe 1 mit Aufgabe 2 berechnen zu können. Andererseits sollten alle Teilnehmer sich für die ergebnisrelevante Aufgabe 2, also die, auf deren Ergebnis die wesentlichen Berechnungen basieren, bereits in die Aufgabenform einarbeiten. Die unterschiedlichen Bearbeitungszeiten in Aufgabe eins und zwei erklären sich vor allem durch die Erfordernisse einer möglichst ökonomischen Durchführung des Experiments. Wie gesagt dauerte ein Durchgang bereits ca. 60 Minuten. Um die Versuchsteilnehmer nicht über Gebühr zu strapazieren, wurden die Zeiträume für die Aufgaben so kurz wie möglich gehalten. Im Pretest hatte sich gezeigt, dass fünf Minuten für die ergebnisrelevante Aufgabe 2 nicht ausreichten, weshalb die Bearbeitungszeit für das endgültige Experiment also verdoppelt wurde.

[13] Dieser Ausdruck bezeichnet das Phänomen, dass sich die Leistung einzelner Mitglieder einer Gruppe, vor allem bei einfachen, bereits bekannten Aufgaben, reduziert, wenn die Einzelleistung nicht bekannt/belohnt wird (vgl. z. B. Latané, Williams & Harkins, 1979).

[14] Beide Memos finden sich im Anhang 7 auf S. 228.

[15] Der vollständige Text zu Aufgabe 2 findet sich im Anhang 8 auf S. 229.

Nach Ablauf der Bearbeitungszeit wurde der dritte Fragebogen ausgefüllt, woraufhin den Probanden für die Teilnahme am Experiment gedankt wurde. Sie wurden schließlich mit der Bitte um Stillschweigen zu den Inhalten des Experiments und dem Hinweis auf die „Siegerehrung", wo das jeweilige Los gegen die entsprechende Menge an Gummibärchen oder Schokolade eingetauscht werden konnte, aus dem Experiment entlassen.

Bei Untersuchungen mit multiplen Erhebungszeitpunkten sowie in Fragebogenstudien generell können mehrere unerwünschte Effekte das Untersuchungsergebnis verfälschen. Die Fragebögen wurden in der vorliegenden Untersuchung in logischer Aufeinanderfolge eingesetzt. So wurden im ersten Fragebogen globale, überdauernde Eigenschaften der Versuchspersonen, wie zum Beispiel Persönlichkeit und Kreativitätsgrad, abgefragt. Erst im zweiten Fragebogen konnten Fragen zum variablen Vergütungssystem und im dritten zur Zusammenarbeit im Team gestellt werden. Diese Reihenfolge ließ sich der zugrundeliegenden Logik wegen nicht variieren. Es kann aber zudem davon ausgegangen werden, dass die Antworten zur Zusammenarbeit im Team nicht von den Antworten auf vorhergehende Fragen zum variablen Vergütungssystem beeinflusst werden. Eine Sensibilisierung der Teilnehmer für variable Vergütung durch den großen Fragenblock zu diesem Thema ist möglich, jedoch nicht gänzlich unerwünscht, da bei der Einführung eines solchen Systems in einer realen Firma die Mitarbeiter ebenfalls stark für dieses Thema sensibilisiert und zu mehreren Zeitpunkten immer wieder dazu informiert werden. Gleiches gilt für die Fragen zur Kreativität. Amabile et al. (1996) empfehlen die klare Betonung eines zur Kreativität ermutigenden Ziels (vgl. Kap. 2.4), um den notwendigen Druck zu schaffen, der Mitarbeiter zum kreativen Arbeiten anregt (Amabile, 1988). Daher wurde im Experiment deutlich die Erwartung kreativer Lösungen kommuniziert. Darüber hinaus würde eine solche Sensibilisierung für ein Thema durch wiederholte Erwähnung in den Fragebögen für alle Probanden in gleichem Ausmaß erfolgen und sich somit nicht systematisch verzerrend auf die Ergebnisse auswirken. Entsprechend wirkt auch eine zu erwartende Ermüdung gleichermaßen auf alle Teilnehmer, so dass auch hier ein systematischer Einfluss unwahrscheinlich ist.

9.3.2 Rahmenbedingungen des Experiments

Da im Experiment neben koloziert arbeitenden Gruppen vor allem die virtuelle Zusammenarbeit im Vordergrund stand, wurde für diese eigens eine Webseite mit integriertem Chat programmiert. In diesem Kapitel werden sowohl diese virtuelle als auch die *face-to-face*-Arbeitsumgebung beschrieben.

Für die *face-to-face* (*ftf*) zusammenarbeitenden Teilnehmer wurden in einem großen Hörsaal fünf Arbeitstische vorbereitet, die so weit voneinander entfernt im Raum verteilt wurden, dass die verschiedenen Gruppen sich gegenseitig nicht hören konnten, um keinen Ideenaustausch zwischen den Gruppen zu gestatten. Pro Durchgang arbeiteten bis zu fünf Gruppen à vier Personen parallel. Auf jedem Tisch lagen folgende Materialien bereit:

- zwei Umschläge mit den Markierungen „1" und „2", die zum entsprechenden Zeitpunkt auf Anweisung geöffnet wurden. Darin waren enthalten:
    - die Arbeitsanweisung zu Aufgabe 1 bzw. 2 in doppelter Ausführung
    - vier markierte Bearbeitungsbögen zum Eintragen der Ideen
    - Umschlag „2" zusätzlich: „Memo der Geschäftsleitung" (s. Kap. 9.3.1) in doppelter Ausführung
- je ein Stift pro Gruppenmitglied
- ein Diktiergerät, das jeweils zu Beginn der Bearbeitungszeit von Helfern eingeschaltet wurde

Zu zwei Zeitpunkten im Experiment-Verlauf wurden kurze Filmclips gezeigt, die in Kapitel 9.3.1 näher beschrieben werden. Um zu gewährleisten, dass diese Filme von allen Teilnehmern gleich gut gesehen und gehört werden konnten, wurden zwei Stuhlreihen in ca. drei Metern Abstand zur Leinwand aufgestellt. Zu Beginn des Experiments und nach Beendigung der ersten Aufgabe wurden die Probanden gebeten, zur Filmvorführung in diesem „Kino" Platz zu nehmen und sich nach Ende des jeweiligen Films wieder an ihre Arbeitstische zurück zu begeben.

Die Arbeit in den virtuellen Gruppen fand in einem PC-Pool statt, wobei auch hier darauf geachtet wurde, dass die einzelnen Teilnehmer keine Sicht auf die Bildschirme der übrigen Probanden hatten und sich die Kommunikation ausschließlich virtuell abspielte. Auch hier arbeiteten in der Regel fünf Vierergruppen parallel. Der Link zur Experiment-Webseite wurde für alle gut sichtbar auf die Leinwand im vorderen Teil des Raums projiziert. Vor Beginn des Experiments wurde von den Versuchsleiterinnen und Helfern sichergestellt, dass jeder Teilnehmer sich erfolgreich am PC angemeldet und die korrekte Webseite aufgerufen hatte. Ggf. wurde hier Unterstützung geleistet. Der Login erfolgte mit der persönlichen Losnummer (s. Kap. 9.3.1). Im Versuchsverlauf wurde allen Probanden zu mehreren Zeitpunkten eine Zwischenseite angezeigt, auf der sie gebeten wurden zu warten und den Anweisungen der Versuchsleitung zu folgen. Dies war jeweils dann der Fall, wenn ein Film gezeigt oder sonstige Zwischeninformationen gegeben wurden. Nach Freischaltung durch die Versuchsleiterinnen wurde dann die jeweils entsprechende Aufgabe angezeigt. Auf ein besonderes Design der Webseite wurde bewusst verzichtet, um einerseits möglichst geringe Ablenkung und andererseits eine größtmögliche Übereinstimmung mit den auf Papier dargereichten Anweisungen der *ftf*-Gruppen zu erreichen. Zur Identifikation mit dem fiktiven Unternehmen, für das im Experiment gearbeitet werden sollte, wurde als einziges „Design-Element" am oberen Bildrand das Logo der Firma eingeblendet, das in Abbildung 8 dargestellt ist.

ABBILDUNG 8: LOGO DER FIKTIVEN FIRMA „EDWIN CARDS"

EDWIN CARDS

Quelle: eigene Darstellung

Wenn eine der drei Aufgaben bearbeitet wurde, war jeweils der Aufgabentext, in der gleichen Formatierung, wie er den *ftf*-Teilnehmern auf Papier dargereicht wurde, zu sehen, sowie darunter ein schlichtes Chat-Fenster, in das Text und Emoticons eingegeben werden konnten. Auf der rechten Seite wurden die eingeloggten Gruppenmitglieder in Form ihrer Losnummern angezeigt, unterhalb des Chat-Fensters war ein

Timer eingeblendet, der die verbleibende Zeit zur Bearbeitung der Aufgabe anzeigte. Im Pretest hatte sich herausgestellt, dass ein deutlicher Hinweis auf das Ende der Bearbeitungszeit notwendig war. Nach Ablauf der Zeit wurde jeweils automatisch wieder die Zwischenseite eingeblendet.

Es war, genau wie in der *ftf*-Bedingung, bei jedem virtuellen Durchgang ebenfalls eine Versuchsleiterin sowie zwei Helfer anwesend, und dort persönlich gegebene Informationen wurden auch hier persönlich mitgeteilt. Die Filme wurden in beiden Bedingungen auf einer Leinwand im vorderen Teil des Raumes gezeigt. Die *ftf*-Bedingung unterschied sich von der virtuellen also lediglich dadurch, dass die Aufgaben und Memos nicht auf Papier, sondern auf dem Bildschirm dargereicht wurden und die virtuellen Teilnehmer die Personen, mit denen sie ein Team bildeten, nicht unmittelbar sehen konnten. Der einzige zusätzliche Unterschied war die vorgeschaltete Übungsaufgabe, die in der virtuellen Bedingung für das notwendige sich-vertraut-machen mit dem Medium und zum Teil auch mit den Teamkollegen sorgte. In allen weiteren Punkten waren diese beiden Bedingungen kongruent.

Die Variation der Vergütung erfolgte ebenfalls sowohl in der *ftf* als auch in der virtuellen Bedingung randomisiert jeweils auf die Hälfte der Teilnehmer verteilt. Der Variationsplan findet sich im Anhang 2 auf S. 220.

9.4 Verfahren zur statistischen Hypothesentestung

T-Test ▪ Der T-Test für unabhängige Stichproben eignet sich zur Überprüfung von Unterschieden zwischen den Gruppenmittelwerten unabhängiger Stichproben. Mittels T-Tests wurde für mehrere Untersuchungshypothesen auf Basis des 5% bzw. 10%-Signifikanz-Niveaus überprüft, ob die Nullhypothese (H_0): „Es besteht hinsichtlich des untersuchten Merkmals kein Unterschied zwischen den beiden untersuchten Gruppen" jeweils zurückgewiesen werden kann. Ein T-Test überprüft die Alternativhypothese, dass sich die Werte der Stichproben unterscheiden. Bei fehlender statistischer Signifikanz gibt es zwei mögliche Interpretationen. Einerseits kann angenommen werden, dass die Nullhypothese wahr ist, dass also die Variation der unabhängigen Variablen keinen Einfluss auf das überprüfte Merkmal aufweist. Unerhebliche Mittelwertdifferenzen können dabei durch Messfehler entstanden sein. Andererseits kann fehlende Signifikanz einen Fehler zweiter Art bewirken: die Variation der *UV* hatte also einen Effekt, die Teststärke reichte jedoch nicht aus, um diesen aufzudecken, weshalb die H_0 fälschlicherweise beibehalten wird (Bortz & Döring, 2006).

Vor der Berechnung der T-Tests wurde die Normalverteilung des jeweiligen Merkmals in beiden Gruppen überprüft. Normalverteilung stellt eine Voraussetzung für die Durchführung eines T-Tests dar, wobei sie in der Praxis üblicherweise ab einer Stichprobengröße ≥ 30 als gegeben betrachtet wird. Zum Robustheitsverlust des T-Tests führt weiterhin lediglich Schiefe der Verteilung, während symmetrische Abweichungen von der Gauß'schen Normalverteilungskurve kein Problem darstellen. Unabhängigkeit der miteinander verglichenen Stichproben ist als weitere Voraussetzung zur Durchführung von T-Tests ebenfalls gegeben, da die Personen in den einzelnen Gruppen jeweils ausschließlich einer der beiden zu vergleichenden Untersuchungsbedingungen zugeordnet wurden. Weiterhin sind für die Durchführung von T-Tests intervallskalierte Daten erforderlich. Nach Bortz und Döring (2006) wird bei standardisierten Fragebogenverfahren meist „per fiat" („durch Vertrauen") Intervallskalenniveau der Daten angenommen. In ähnlicher Weise werden auch andere mittels Likert-Skalen erhobene Daten als intervallskaliert betrachtet, da von äquidistanten Kategorien der Rating Skala ausgegangen wird. Für die Daten der vorliegenden Studie kann also Intervallskalenniveau angenommen und somit die Verwendung des T-Tests legitimiert werden. Homogenität der Varianzen ist eine weitere Voraussetzung beim Einsatz von T-Tests. Liegt eine Varianzungleichheit (Heteroskedastizität) vor, muss das Ergebnis des Tests als weniger robust eingestuft werden.

Neben dem T-Wert ist beim Einsatz von T-Tests die Teststärke eine aussagekräftige Größe. Sie bezeichnet die Wahrscheinlichkeit, die Nullhypothese korrekt zurückzuweisen und wird von drei Komponenten beeinflusst: der Effektgröße, der Wahl des Alpha-Niveaus und dem Standardfehler des Mittelwertes. Die Effektgröße bezeichnet die praktisch relevante Bedeutsamkeit des Unterschieds zwischen zwei Gruppen und wird sinnvollerweise als standardisierter Wert berichtet, um eine Vergleichbarkeit der Ergebnisse unterschiedlicher Studien zu ermöglichen. Die American Psychological Association (2001) empfiehlt die Angabe und Diskussion der jeweiligen Effektgröße bei jeder quantitativen Untersuchung. Als Indikator der Effektgröße wird in der vorliegenden Studie Pearsons *r* berechnet.[16] Nach Cohen (1992) sind in der Sozialwissenschaft Effektgrößen von $r=.10$ als klein, $r=.30$ als mittel und $r=.50$ als groß zu bewerten. Die Teststärke eines Tests ist umso höher, je größer die Effektgröße ist. Ein Anheben des Alpha-Niveaus vergrößert ebenfalls die Teststärke. Alpha bezeichnet die Wahrscheinlichkeit, einen Fehler erster Art zu begehen, also eine tatsächlich richtige H_0 fälschlicherweise zu verwerfen. Die logische Folge einer Erhöhung des Alpha-Niveaus ist eine Senkung der Wahrscheinlichkeit eines Fehlers zweiter Art, also eine tatsächlich falsche H_0 beizubehalten. Eine Verringerung des Standardfehlers (z. B. durch Untersuchung einer ausreichend großen Stichprobe) wirkt sich ebenfalls positiv auf die Teststärke aus. In der vorliegenden Studie wurde, wie in den Sozialwissenschaften gebräuchlich (Bortz & Döring, 2006), ein 5% Alpha-Niveau angewandt. Es werden jedoch auch Ergebnisse diskutiert, die auf dem 10% Alpha-Niveau signifikant sind, um auch Tendenzen aufzugreifen, die u. U. aufgrund von Messfehlern nicht signifikant geworden sind. Die Stichprobengröße ist bei den einzelnen Berechnungen jeweils ≥ 30 (bzw. in einem Fall mit $n=28$ sehr knapp darunter), kann also als hinreichend gelten. Die Effektgröße wird bei der statistischen Hypothesentestung jeweils mit angegeben.

Varianzanalyse ▪ Sobald mehr als zwei Gruppen miteinander verglichen werden, empfiehlt es sich, statt mehrerer einzelner T-Tests eine Varianzanalyse (ANOVA) zu rechnen, um einen Anstieg der Wahrscheinlichkeit einen Fehler erster Art zu begehen (Kumulation des Alpha-Fehlers) zu vermeiden (Field, 2005). Ebenso wie der T-Test prüft die ANOVA die Hypothese H_0, dass die Mittelwerte der verglichenen Stichproben gleich sind, es also hinsichtlich des jeweils untersuchten Merkmals keinen systematischen Unterschied zwischen den Gruppen gibt. Wenn die H_0 zurückgewiesen werden kann, bedeutet dies, dass die experimentelle Manipulation der unabhängigen Variable (*UV*) erfolgreich war. Um allerdings in einem weiteren Schritt bestimmen zu können, wo genau der gefundene Unterschied liegt, müssen paar-

[16] Für eine Diskussion verschiedener Maße der Effektgröße vgl. Vacha-Haase und Thompson 2004.

weise *Post-Hoc*-Tests gerechnet werden. Diese klären also die Frage, ob sich bei drei Gruppen jeweils die Mittelwerte der Gruppen A und B, B und C, A und C oder A, B und C signifikant unterscheiden.

Die Voraussetzungen für einen verlässlichen Einsatz von Varianzanalysen sind die gleichen wie beim T-Test (Normalverteilung, Homoskedastizität, Unabhängigkeit und Intervallskalenniveau) und sind für die vorliegende Studie entweder erfüllt (Unabhängigkeit, Intervallskalenniveau; vgl. Ausführungen unter dem Punkt „T-Test") oder werden jeweils bei der Berechnung der ANOVA überprüft. Die ANOVA ist robust hinsichtlich der Verletzung der Annahme von Homoskedastizität, wenn die Stichprobengrößen gleich sind (Field, 2005). Da in dieser Arbeit jedoch auch ANOVAs für Gruppen mit unterschiedlicher Größe berechnet werden, werden bei Vorliegen von Heteroskedastizität jeweils die F- und Signifikanz-Werte eines geeigneten Alternativtests (Welch) berichtet.

Zusätzlich zu F-Wert und Signifikanzniveau des Ergebnisses der Varianzanalyse wird auch hier Pearsons *r* als Maß der Effektgröße berichtet.

Korrelation nach Pearson ▪ Der Pearson Produkt-Moment-Korrelationskoeffizient kann für Daten berechnet werden, die auf Intervallskalenniveau erhoben wurden und findet daher in dieser Studie Anwendung. Der Korrelationskoeffizient *r*, der zwischen -1 und +1 liegen kann, bezieht sich auf den linearen Zusammenhang zwischen zwei Variablen (*bivariate* Korrelation). Ein negatives Vorzeichen beschreibt dabei einen inversen Zusammenhang: Ein hoher Wert von Variable *a* geht mit einer geringen Ausprägung von Variable *b* einher und umgekehrt. Hat der Korrelationskoeffizient ein positives Vorzeichen, besteht ein positiver linearer Zusammenhang zwischen den Variablen, während ein Korrelationskoeffizient von 0 bedeutet, dass die betreffenden Variablen in keinerlei Beziehung zueinander stehen. Die Höhe des Koeffizienten gibt also Auskunft über die Stärke des Zusammenhangs. Die statistische Signifikanz kann entsprechenden Tabellen entnommen werden und wird in gängigen Statistikprogrammen üblicherweise mit einem oder mehreren Asterisken (*) dargestellt. Bei der Interpretation solcher Daten ist es wichtig, sich darüber im Klaren zu sein, dass einzelne Variablen auch durch Zufall signifikante Korrelationen miteinander aufweisen können (Crow, 2011). Eine solide theoretische Basis für die Berechnung von statistisch signifikanten Zusammenhängen mehrerer Variablen ist daher für eine aussagekräftige Interpretation unabdingbar.

Korrelation bezieht sich auf den symmetrischen Zusammenhang zweier Variablen, impliziert jedoch keinerlei Kausalität. Bei signifikanter Korrelation sind drei assoziative Szenarien denkbar: Es ist möglich, dass Variable *a* Variable *b* verursacht; Variable *b* kann jedoch umgekehrt auch die Ursache für die Variation in Variable *a* darstellen; möglicherweise werden jedoch sowohl Variable *a* als auch Variable *b* von einer dritten, sogenannten *intervenierenden* Variable beeinflusst (Dancey & Reidy, 2011). Korrelationsanalysen eignen sich daher als Vortest vor z. B. einer Regressionsanalyse, die bei einer experimentellen Untersuchung Informationen über die Richtung der Abhängigkeiten zwischen Variablen liefern kann.

Regression ▪ Während Korrelationen Information zum generellen Zusammenhang von Variablen liefern, ist es mittels Regressionsanalysen möglich, eine abhängige oder auch Outcome-Variable (im Fall der vorliegenden Studie das kreative Ergebnis) anhand von einer oder mehreren unabhängigen Variablen (Prädiktoren) vorherzusagen. In einem experimentellen Setting ermöglichen sie es also, Kausalaussagen zu treffen. Dazu wird ein Prädiktor-Outcome-Modell anhand der vorliegenden Daten geschätzt. Mit der Methode der kleinsten Quadrate (*ordinary least squares, OLS*) werden Steigung und Achsenabschnitt der Regressionsfunktion geschätzt, die die zugrundeliegenden Daten am besten beschreibt, die also die geringste Differenz zwischen den durch die Regressionslinie vorhergesagten und den tatsächlich gemessenen Werten aufweist. Wie gut sich die abhängige Variable (*AV*) aus der oder den unabhängigen Variablen (*UV*) tatsächlich vorhersagen lässt, wie viel Varianz der *AV* also durch die *UV* erklärt werden kann, wird durch den Koeffizienten R^2 ausgedrückt, der die quadrierte (sowie bei mehr als einer *UV*: multiple) Korrelation zwischen den vorhergesagten und den tatsächlich gemessenen Werten angibt. Die statistische Signifikanz dieses Zusammenhangs wird mittels F-Test oder T-Test bestimmt, wobei die Nullhypothese getestet (und bei Signifikanz verworfen) wird, dass der Regressionskoeffizient *b* gleich Null ist, eine Änderung der Prädiktoren sich also nicht auf die Outcome-Variable auswirkt.

Auch die Regressionsanalyse stellt einige Anforderungen an die Beschaffenheit der Daten. Eine Voraussetzung für den verlässlichen Einsatz einer Regressionanalyse ist die Abwesenheit von Multikollinearität, also einer hohen Interkorrelation der Prädiktorvariablen, da diese den Standardfehler erhöht. Weiterhin setzen multiple Regressionsanalysen voraus, dass zwischen Prädiktoren und Kriterium ein linearer Zusammenhang besteht, die Residuen Homoskedastizität aufweisen[17] und voneinander unabhängig und normalverteilt sind (Aguinis, 2004; Aguinis & Gottfredson, 2010; Aiken & West, 1991; Cohen, Cohen, West & Aiken, 2003). Diese Voraussetzungen wurden bei der Durchführung der einzelnen Regressionen jeweils geprüft.

In der vorliegenden Studie wurden die multiplen hierarchischen Regressionen mit der Einschlussmethode berechnet. Einschlussmethode bedeutet, dass der Forscher die Kontrolle darüber behält, dass die einzelnen Koeffizienten bzw. Teilmodelle in der aus der Theorie abgeleiteten Reihenfolge in die Regression aufgenommen wurden. Die schrittweise Regression wird hingegen für explorative Untersuchungen bevorzugt, da dort die Statistik-Software anhand der Höhe des signifikanten Erklärungsbeitrags der einzelnen Koeffizienten die Reihenfolge ihrer Aufnahme bestimmt. Bei in der Theorie begründeten Regressionen wird vom schrittweisen Einschlussverfahren abgeraten (Field, 2005), denn durch die strenge Orientierung des Programms an den Signifikanzwerten kann ein theoretisch hoch relevanter Faktor rein statistisch leicht vom nächst besseren Faktor abweichen, so dass der theoretisch weniger relevante Koeffizient zuerst in die Regression einfließt. Aus diesem Grund wird in dieser Studie statt der schrittweisen Regression die Einschlussmethode verwendet.

Zur Berechnung von **Moderatoreffekten** werden ebenfalls multiple Regressionsanalysen verwendet, wie in der einschlägigen Literatur empfohlen (Aguinis & Gottfredson, 2010; Aguinis, Pierce, Bosco, Dalton & Dalton, 2011; Aiken & West, 1991; Baron & Kenny, 1986; Cohen & Cohen, 1983; Cohen et al., 2003; Duncan, 1975) und in

[17] D. h. konstante Varianz über die Werte jedes Prädiktors hinweg. Residuen sind also gleichmäßig über den Regressionsgraphen verteilt.

einer Vielzahl von Studien angewandt (z. B. Baron & Tang, 2011; Jarvenpaa, Shaw & Staples, 2004; Muethel, Siebdrat & Hoegl, 2009; vgl. auch Aguinis & Gottfredson, 2010). Regressionsanalysen sind anderen Methoden hierbei vorzuziehen, da sie, anders als beispielsweise Korrelationsanalysen, von Varianzunterschieden der unabhängigen oder Messfehlerunterschieden der abhängigen Variablen unbeeinflusst bleiben (Baron & Kenny, 1986). Es gelten hier die für alle Regressionsanalysen üblichen Voraussetzungen für die Beschaffenheit der untersuchten Stichprobe, wie sie weiter oben bereits beschrieben wurden (Homoskedastizität, Abwesenheit von Multikollinearität etc.). Da die Moderatoranalyse mittels multipler Regression eine vergleichsweise geringe statistische Teststärke aufweist, ist das Risiko, einen Fehler 2. Art zu begehen, einen tatsächlich vorhandenen Moderatoreffekt also statistisch nicht nachweisen zu können, relativ hoch (Aguinis, Boik & Pierce, 2001; Aguinis & Gottfredson, 2010). Im Umkehrschluss bedeutet dies, dass ein Moderatoreffekt, der mittels Regressionsanalyse statistisch signifikant aufgedeckt werden konnte, eine hohe praktische Relevanz aufweist. Aguinis und Gottfredson (2010) empfehlen, bereits beim Design einer empirischen Untersuchung diverse Vorkehrungen zu treffen, um ein Aufdecken von Moderatoreffekten zu ermöglichen. Beispielsweise sind Selektionseffekte möglichst auszuschließen, da bereits geringe Schwankungen in der Ausprägung eines Merkmals in der Stichprobe gegenüber der Grundgesamtheit die Wahrscheinlichkeit für einen Fehler 2. Art bedeutend erhöhen (Aguinis & Stone-Romero, 1997). Auch Stichprobenumfang und Gleichmäßigkeit der Fallzahlen in den einzelnen Subgruppen sind Faktoren, die die Validität von Moderatoranalysen wesentlich beeinflussen. Diese Punkte wurden in der vorliegenden Studie bei der zufälligen, gleichmäßigen Zuteilung der Probanden auf die verschiedenen Bedingungen berücksichtigt. Die Teststärke steigt, wenn die Reliabilität der Messung von unabhängigen und abhängigen Variablen verbessert wird, was sich in den Sozialwissenschaften durch die Verwendung möglichst verlässlicher, validierter Fragebögen oder auch den Einsatz mehrerer Beurteiler erreichen lässt, wie in dieser Untersuchung geschehen. Weiterhin wird die Teststärke der moderierten multiplen Regression durch den Einsatz zu grober Antwortskalen negativ beeinflusst (Aguinis, Pierce & Culpepper, 2009). Kontinuierliche Variablen sollten mittels möglichst fein abgestufter Instrumente gemessen werden, um eine optimale Teststärke zu ermöglichen. Es bieten sich daher Messungen auf möglichst vielstufigen Skalen an, wobei die Ausprägung eines Konstrukts über mehrere Items gemittelt werden sollte. Basierend auf diesen Überlegungen wurden in dieser Untersuchung siebenstufigen Skalen und Fragebögen mit mehreren Items pro Konstrukt eingesetzt.

10 Ergebnisse

Im Folgenden wird zunächst die Stichprobe hinsichtlich ihrer demographischen Merkmale sowie ihrer Verteilung auf die Experimentalbedingungen beschrieben. Außerdem werden Mittelwerte und Standardabweichungen der einzelnen Untersuchungsinstrumente berichtet. Anschließend werden hinsichtlich der untersuchten Merkmale jeweils zunächst deskriptive Ergebnisse berichtet, bevor die in Kapitel 8 aufgestellten Hypothesen mittels statistischer Berechnungen geprüft werden.

10.1 Beschreibung der Stichprobe

Die 120 Teilnehmer am Experiment waren zu 85,2% männlich (14,8% weiblich) und im Durchschnitt 24,13 (SD=2,57) Jahre alt. Die durchschnittliche Abiturnote der Probanden liegt im Bereich „gut" (M=2,21; SD=0,48). Für diese Studie wird davon ausgegangen, dass sonstige domänenspezifische Fähigkeiten im Sinne des Komponentenmodells von Amabile (1988; Amabile & Mueller, 2008; vgl. Kap. 2.3) vorliegen, da sämtliche Probanden eine schulische Ausbildung absolviert haben und daher um die grundsätzlichen Möglichkeiten der deutschen Sprache wissen und das Prinzip von Reimen kennen. Durch die randomisierte Distribution der Probanden auf die verschiedenen Versuchsbedingungen (s. Kap. 9.3.1) wird angenommen, dass diesbezügliche Begabungen zufällig verteilt sind.

Hinsichtlich ihrer Kreativität, gemessen mit der Skala von Gough (1979), befinden sich die Probanden auf einem mittleren Niveau. Die Skala erlaubt Werte zwischen -12 und +18 Punkten, der Mittelwert liegt in diesem Experiment für die Gesamtstichprobe bei 4,91 (SD=3,54; Minimum: -3; Maximum: 15). Um zu bestimmen, ob sich die *face-to-face* oder virtuell zusammenarbeitenden Gruppen in ihrer Kreativität signifikant voneinander unterscheiden, wurde ein T-Test für unabhängige Stichproben durchgeführt. Dieser ergab, dass sich die virtuell (M=4,26; SD=3,66) und *face-to-face* (M=5,48; SD=3,36) zusammenarbeitenden Probanden hinsichtlich ihrer mittleren Kreativität nicht signifikant voneinander unterschieden ($t(115)=1.8$, $p>.05$).

Die Unsicherheitstoleranz der Probanden bewegt sich mit einem Mittelwert von 4,16 (*SD*=0,89) auf einem mittleren Niveau. Die *Big Five* Persönlichkeitsfaktoren wurden in der vorliegenden Studie mittels Fragebogen auf einer siebenstufigen Skala erhoben. In Tabelle 4 sind die Persönlichkeits-Mittelwerte der Probanden in dieser Untersuchung angetragen.

TABELLE 4: SKALENWERTE BFI-21

Skala	MW	SD
Extraversion	4,91	1,22
Neurotizismus	3,25	1,16
Verträglichkeit	3,78	1,04
Gewissenhaftigkeit	4,97	1,01
Offenheit für neue Erfahrungen	4,82	1,11

Quelle: eigene Darstellung

Intrinsische Motivation (t_1) weist in der hier untersuchten Stichprobe einen Mittelwert von 4,29 (*SD*=1,41) auf. Der Mittelwert der intrinsischen Motivation zum Zeitpunkt t_2 gemessen beträgt 3,83 (*SD*=1,72).

Die von den Probanden angegebene empfundene Freiheit bei der Aufgabenbearbeitung war im Mittel leicht unterdurchschnittlich (*M*= 3,83; *SD*=1,17), während die Kooperation in der Gruppe deutlich über dem Durchschnittswert der Skala lag (*M*=4,58; SD=1,20). Dominanz war mit einem Mittelwert von 2,24 (*SD*=1,02) entsprechend gering ausgeprägt.

Der Mittelwert der siebenstufigen Skala zu Vorerfahrungen mit virtueller Zusammenarbeit beträgt 3,60 (*SD*=1,10). Der Mittelwert für die Erfahrung mit Chats beträgt für die Subgruppe der virtuell Zusammenarbeitenden 5,22 (*SD*=1,73) und liegt damit deutlich über dem mittleren Wert.

Hinsichtlich der Vertrautheit mit ihren Teammitgliedern beträgt der Mittelwert 4,11 (*SD*=1,88). Das Vertrauen, das den jeweiligen Teammitgliedern entgegengebracht wird, liegt mit einem Mittelwert von 4,37 (*SD*=1,55) leicht über dem Durchschnittswert der siebenstufigen Skala.

Die Einschätzung der eigenen Leistung liegt zum Zeitpunkt t_1 im Schnitt bei 3,82 (*SD*=1,17), während er bis zum Zeitpunkt t_2 mit 4,10 (*SD*=1,48) etwas höher ist. Hinsichtlich des Einflusses der Teamarbeit auf die eingeschätzte Eigenleistung waren die Befragten im Schnitt der Meinung, dass die Arbeit im Team kaum zur Verbesserung der Ergebnisse beigetragen hat (*M*=3,92; *SD*=1,73) und waren im Schnitt der Meinung, dass sie alleine kreativere Ideen entwickelt hätten als im Team (*M*=4,77; *SD*=1,75).

TABELLE 5: MITTELWERTE UND STANDARDABWEICHUNGEN FÜR EINFLUSS DER ARBEITSUMGEBUNG – GESAMT UND NACH ZUSAMMENARBEITSFORM

Item	*MW*			*SD*		
	gesamt	*ftf*	*virtuell*	***gesamt***	*ftf*	*virtuell*
Das Setting, in dem ich während des Experiments gearbeitet habe, war für meine Kreativität insgesamt förderlich.	3,13	3,30	2,94	1,60	1,72	1,46
Die Arbeitsumgebung war mir zu unpersönlich, um wirklich kreativ sein zu können. (*umkodiert*)	3,70	3,53	3,91	1,94	1,96	1,91
Mit anderen Arbeits-/ Hilfsmitteln hätte ich meine Kreativität mehr entfalten können.	3,39	3,61	3,15	1,78	1,91	1,61
Es war/wäre für meine Kreativität förderlich, anonym arbeiten zu können.	4,12	4,48	3,71	2,01	1,96	2,01

Quelle: eigene Darstellung

Die Werte für den Einfluss der Arbeitsumgebung auf kreative Leistung sind in Tabelle 5 zusammenfassend dargestellt. Zusätzlich sind die Werte unterteilt nach der Zusammenarbeitsform aufgeführt. Um zu bestimmen, ob sich die virtuellen und realen Teams hinsichtlich ihrer Einschätzung der Arbeitsumgebung signifikant unterscheiden, wurden T-Tests gerechnet, die ergaben, dass sich die Gruppen nur hinsichtlich der letzten Variable signifikant unterscheiden ($t(111)=2.0$, $p<.05$).

TABELLE 6: MITTELWERTE UND STANDARDABWEICHUNGEN FÜR SKALEN ZUR MEDIA SYNCHRONICITY – GESAMT UND NACH ZUSAMMENARBEITSFORM

Item	*MW*			*SD*		
	gesamt	*ftf*	*virtuell*	***gesamt***	*ftf*	*virtuell*
Übertragungsgeschwindigkeit	4,25	4,16	4,36	1,51	1,32	1,71
Symbolvarietät	4,20	4,35	4,03	1,55	1,70	1,36
Parallelität	4,46	4,71	4,17	1,57	1,43	1,68
Überarbeitbarkeit	3,91	3,93	3,88	1,34	1,35	1,33
Wiederverwendbarkeit	3,17	3,33	3,00	1,42	1,35	1,49

Quelle: eigene Darstellung

Tabelle 6 zeigt die Mittelwerte und Standardabweichungen der Gesamtstichprobe für die Beeinflussung der kreativen Leistung durch die Arbeitsumgebung nach den einzelnen Kriterien der *Media Synchronicity*. Zusätzlich werden die Werte noch einmal aufgeteilt nach der Zusammenarbeitsform berichtet, wobei nur geringe Unterschiede erkennbar sind, die nach T-Tests für unabhängige Stichproben auch keine Signifikanz aufweisen ($p>.05$). Die einzelnen Items zu den Skalen finden sich in Kapitel 9.2.2.10.

10.2 Statistische Hypothesentestung

Die Bestimmung der vorrangig interessierenden Ergebnisvariablen *KpP* (Kreativitätswert pro Person) wurde in Kapitel 9.2.2.1 ausführlich dargestellt. Der *KpP* gibt das kreative Gesamtergebnis an, das sowohl die Kreativität der Ideen mit ihren Einzelkomponenten Neuartigkeit, Sinnhaftigkeit, und Nützlichkeit, als auch die Anzahl der produzierten Reime beinhaltet. Es ist jedoch darüber hinaus interessant zu untersuchen, welchen Anteil am kreativen Gesamtergebnis jeweils die den *KpP* konstituierenden Einzelgrößen Anzahl und kreative Qualität der Ergebnisse ausmachen. Daher werden zusätzlich zum *KpP* auch die reine *Anzahl* sowie der Wert *KPI* (Kreativitätswert pro Person und Idee[18]) betrachtet. Dabei wird jeweils unterschieden zwischen den Werten für die erste bzw. zweite Aufgabe im Experiment, also KpP_1 / KpP_2, $Anzahl_1$ / $Anzahl_2$, sowie KPI_1 / KPI_2.

Eine weitere Ergebnisvariable, die berechnet wurde um Wirkungsrichtung und -ausmaß der Variation der *UV* zu bestimmen, ist die Steigerung der kreativen Leistung zwischen den beiden Erhebungszeitpunkten im Experiment (also vor und nach Variation der unabhängigen Variablen). Dazu wird die Differenz zwischen KpP_2 und KpP_1 bestimmt. Um der Tatsache Rechnung zu tragen, dass zur Bearbeitung der Aufgabe 1 fünf, für Aufgabe 2 jedoch zehn Minuten zur Verfügung standen, wurde das Ergebnis der Aufgabe 1 für die Berechnung dieser Leistungsdifferenz durch fünf, das Ergebnis der Aufgabe 2 durch zehn dividiert. Der so erhaltene Wert wird im Folgenden mit *LpM* (Leistungssteigerung pro Minute) bezeichnet.

TABELLE 7: MITTELWERTE UND STANDARDABWEICHUNGEN DER ERGEBNISVARIABLEN

Ergebnisvariable	M	SD
KpP_1	14.08	13.54
KpP_2	37.55	29.86
$Anzahl_1$	1.42	1.13
$Anzahl_2$	4.33	4.25
KPI_1	9.91	4.13
KPI_2	9.38	4.76
LpM	0.94	2.91

Quelle: eigene Darstellung

Mittelwerte und Standardabweichungen der jeweiligen Ergebnisvariablen für die Gesamtstichprobe sind in Tabelle 7 dargestellt. Die Werte der einzelnen Unterstichproben werden bei der jeweiligen Hypothesentestung angegeben.

Im Folgenden werden die in Teil III auf Basis der Literatur aufgestellten Hypothesen einzeln betrachtet.

[18] Der *KPI* wird berechnet durch Division des *KpP* durch die Anzahl der Ideen einer Person. Er bezeichnet somit die reine Qualität der kreativen Ideen, unabhängig von ihrer Anzahl.

10.2.1Persönlichkeitsmerkmale und das kreative Ergebnis (Hypothese 1)

Für die Testung der Zusammenhänge zwischen einzelnen Persönlichkeitsmerkmalen und dem kreativen Ergebnis (Hypothesen 1 a bis 1 e) wurden Pearson Produkt-Moment-Korrelationen berechnet.

Tabelle 8 zeigt eine Übersicht über die Korrelationskoeffizienten der Big Five-Persönlichkeitsdimensionen mit der Ergebnisvariable KpP_2. Daraus wird ersichtlich, dass in der Gesamtstichprobe lediglich Extraversion und Offenheit für Erfahrungen signifikant mit dem kreativen Ergebnis korrelieren, wobei der Zusammenhang von Offenheit für Erfahrungen mit KpP_2 am höchsten ist.

TABELLE 8: KORRELATION VON PERSÖNLICHKEITSDIMENSIONEN MIT DER ERGEBNISVARIABLE

	KpP_2
Extraversion	.189*
Offenheit für Erfahrungen	.259**
Gewissenhaftigkeit	.119
Neurotizismus	-.030
Verträglichkeit	-.005

** Die Korrelation ist auf dem Niveau von .01 (2-seitig) signifikant
* Die Korrelation ist auf dem Niveau von .05 (2-seitig) signifikant
Quelle: eigene Darstellung

Somit können die **Hypothesen 1a** (Hohe Ausprägung von Extraversion korreliert positiv mit dem kreativen Ergebnis) und **1b** (Hohe Ausprägung von Offenheit für Erfahrungen korreliert positiv mit dem kreativen Ergebnis) als bestätigt gelten, während sich Hypothese ***1c*** (Hohe Ausprägung von Gewissenhaftigkeit korreliert negativ mit dem kreativen Ergebnis) und ***1d*** (Hohe Ausprägung von Neurotizismus korreliert negativ mit dem kreativen Ergebnis) für die hier untersuchte Stichprobe nicht erhärten lassen.

Der Vergleich der variierten Versuchsbedingungen *face-to-face*/virtuelle Zusammenarbeit und fixe/variable Vergütung liefert weitere interessante Erkenntnisse. Hypothese 1e besagt, dass hohe Unsicherheitstoleranz bei variabler Vergütung mit hoher kreativer Leistung einhergeht. Die Gruppe der variabel Vergüteten weist als einzige eine signifikante Korrelation zwischen Unsicherheitstoleranz und der Ergebnisvariable auf (vgl. Tabelle 9).

TABELLE 9: KORRELATION VON UNSICHERHEITSTOLERANZ MIT DER ERGEBNISVARIABLE

	KpP 2				
	gesamt	*ftf*	*virtuell*	*fix*	*variabel*
Unsicherheitstoleranz	.121	.172	.080	-.003	.297*

* Die Korrelation ist auf dem Niveau von .05 (2-seitig) signifikant
Quelle: eigene Darstellung

Somit kann **Hypothese 1e** (hohe Unsicherheitstoleranz geht bei variabler Vergütung mit hoher kreativer Leistung einher) für die hier untersuchte Stichprobe bestätigt werden.

Ergänzend wurde untersucht, inwiefern sich die Korrelationen der Persönlichkeitsmerkmale in den virtuellen und *ftf*-Gruppen unterscheiden. Mit dem kreativen Ergebnis korreliert Extraversion in der *ftf*-Gruppe hoch signifikant, in der virtuellen Gruppe die Offenheit für Erfahrungen (Tabelle 10).

TABELLE 10: KORRELATION VON PERSÖNLICHKEITSDIMENSIONEN MIT DER ERGEBNISVARIABLE – VIRTUELL/*FTF*

	KpP 2		
	gesamt	*ftf*	*virtuell*
Extraversion	.189*	.352**	.052
Offenheit für Erfahrungen	.259**	.151	.350**
Gewissenhaftigkeit	.119	.045	.204
Neurotizismus	-.030	.017	-.076
Verträglichkeit	-.005	.006	-.016
Unsicherheitstoleranz	.121	.172	.080

** Die Korrelation ist auf dem Niveau von .01 (2-seitig) signifikant
* Die Korrelation ist auf dem Niveau von .05 (2-seitig) signifikant
Quelle: eigene Darstellung

Hypothese 1f (der Zusammenhang zwischen Persönlichkeitsmerkmalen und kreativer Leistung ist bei virtueller Zusammenarbeit abgeschwächt) kann somit für die hier untersuchte Stichprobe insgesamt nicht als bestätigt gelten.

10.2.2 Effekt der Variation der unabhängigen Variablen auf das kreative Ergebnis (Hypothesen 2, 3, 4)

In diesem Kapitel werden die Ergebnisse der einfachen Mittelwertvergleiche der drei variierten unabhängigen Variablen (*UV*) Zusammenarbeitsform, Vergütungsform und Vertrautheit berichtet, um feststellen zu können, inwieweit sich ausschließlich diese Variationen der Variablen auf die Ergebnisvariable auswirken. In Tabelle 11 bis Tabelle 13 sind Mittelwerte und Standardabweichungen für die unterschiedlichen Untersuchungsbedingungen und Zielkennwerte (*KpP, Anzahl, KPI, LpM*) dargestellt. Um zu überprüfen, ob die beobachteten Mittelwertunterschiede der Kreativitätswerte jeweils signifikant sind, sich also nicht allein durch Zufall erklären lassen, wurden T-Tests für unabhängige Stichproben sowie Varianzanalysen durchgeführt. Im Sinne der besseren Lesbarkeit werden die T-Test-Kennzahlen *T*, *df* und *p* nicht im Text, sondern ebenfalls in den Tabellen berichtet. Signifikante Ergebnisse auf dem α-Niveau .05 bzw. .10 sind jeweils hervorgehoben. Die Implikationen der Testergebnisse für die Fragestellung werden in Kapitel 11 diskutiert.

Zusammenarbeitsform ▪ Hypothese 2 postuliert, dass virtuell zusammenarbeitende Gruppen eine geringere kreative Leistung erbringen als *face-to-face*-Teams.

Wie Tabelle 11 zeigt, liegen *KpP* sowie die Anzahl der kreativen Ideen in der *face-to-face*-Bedingung im Mittel jeweils höher als bei den virtuellen Gruppen. Interessanterweise ist die kreative Qualität der Ideen, ausgedrückt durch den *KPI*, in der virtuellen Bedingung jedoch für Aufgabe 2 den *ftf*-Gruppen gegenüber leicht höher. Insgesamt verringert sich in den *ftf*-Gruppen die Kreativität von der ersten zur zweiten Aufgabe, während sich die Anzahl der Ideen deutlich erhöht, was auch zur insgesamten Vergrößerung des KpP_2 im Vergleich zur ersten Aufgabe führt. Die Erhöhung des *KpP* in den virtuellen Teams ist zahlenmäßig größer, auch die Leistungssteigerung pro Minute (*LpM*) liegt deutlich höher als bei den *ftf*-Teams.

TABELLE 11: AUSWIRKUNGEN DER VARIATION DER ZUSAMMENARBEITSFORM AUF DAS KREATIVE ERGEBNIS

Ergebnisvariable	Bedingung	M	SD	T	df	p	r
KpP_1	*ftf*	16.49	13.83	2.11	118	.037*	.19
	virtuell	11.33	12.78				
KpP_2	*ftf*	37.65	26.82	.036	118	.971	
	virtuell	37.45	33.25				
$Anzahl_1$	*ftf*	1.56	1.10	1.52	118	.130	
	virtuell	1.25	1.15				
$Anzahl_2$	*ftf*	5.19	5.27	2.54	89.01	.013*	.26
	virtuell	3.34	2.32				
KPI_1	*ftf*	10.45	3.55	1.37	72.37	.174	
	virtuell	9.23	4.72				
KPI_2	*ftf*	9.01	4.71	-.85	109	.396	
	virtuell	9.79	4.83				
LpM	*ftf*	0.47	2.91	-1.92	118	.057†	.17
	virtuell	1.48	2.84				

* signifikanter Gruppenunterschied (∝=.05)
† tendenziell signifikanter Gruppenunterschied (∝=.10)
Quelle: eigene Darstellung

Bei der Testung der Mittelwertunterschiede auf Signifikanz ergibt sich in der ersten Aufgabe ein signifikanter Unterschied des *KpP* zwischen den virtuellen (M=11.33, SD=12.78) und *face-to-face* Gruppen (M=16.49, SD=13.83; T(118)=2.11, p=.037*, r=.19)[19]. Die Effektgröße von .19 ist nach Cohen (1992) als kleiner Effekt zu interpretieren. Dieser Unterschied kann zudem für Aufgabe 2 nicht mehr nachgewiesen werden.

Hypothese 2 (virtuell zusammenarbeitende Gruppen erbringen eine geringere kreative Leistung als *face-to-face*-Teams) kann somit als teilweise bestätigt betrachtet werden.

Bei der Anzahl der produzierten Ideen, ohne Berücksichtigung von Kreativitäts-Kennwerten, ergibt sich für Aufgabe 2, nicht jedoch für Aufgabe 1, ein signifikanter Unterschied bezogen auf die Zusammenarbeitsform. Wie Tabelle 11 zeigt, liegt der Mittelwert (M) in der *face-to-face*-Bedingung höher als in der virtuellen, und die Ef-

[19] T, df, p und r können für die übrigen Berechnungen dazu Tabelle 11 entnommen werden

fektgröße liegt mit .26 auf mittlerem Niveau. Die Betrachtung der relativen Leistungssteigerung von der ersten zur zweiten Aufgabe ergibt einen tendenziell (auf dem Niveau von .10) signifikanten Unterschied zwischen beiden Gruppen, wobei sich die Leistung der virtuellen Probanden mehr steigert als die der *face-to-face* arbeitenden und die Effektgröße mit .17 als gering zu betrachten ist.

Vergütungsform ▪ In Kapitel 6 wurde auf Basis der Literatur angenommen, dass variable Vergütung das kreative Ergebnis negativ beeinflusse (Hypothese 3).

Die vergleichende Betrachtung der Mittelwerte für die Versuchsbedingungen fixe und variable Vergütung (Tabelle 12) zeigt einen höheren Wert in den Gruppen mit der variablen Vergütung für fast alle Ergebniswerte, sowohl in der ersten als auch in der zweiten Aufgabe. Auch die Leistungssteigerung pro Minute ist in der variablen Bedingung höher. Die einzige Ausnahme bildet der *KPI*-Wert, also die kreative Qualität der Ideen, für die zweite Aufgabe. Hier findet sich kein signifikanter Unterschied zwischen den beiden Vergütungsformen, absolut liegt der Wert der fix vergüteten Gruppe sogar etwas höher.

TABELLE 12: AUSWIRKUNGEN DER VARIATION DER VERGÜTUNGSFORM AUF DAS KREATIVE ERGEBNIS

Ergebnisvariable	Bedingung	*M*	*SD*	*T*	*df*	*p*	*r*
KpP_1	fix	10.59	12.52	-2.81	118	.006*	.25
	variabel	17.35	13.74				
KpP_2	fix	28.35	26.65	-3.41	118	.001*	.30
	variabel	46.17	30.33				
$Anzahl_1$	fix	1.21	1.17	-1.98	118	.048*	.18
	variabel	1.61	1.06				
$Anzahl_2$	fix	2.84	2.08	-4.00	81.10	.000*	.41
	variabel	5.71	5.21				
KPI_1	fix	9.16	4.39	-1.49	91	.140	
	variabel	10.45	3.88				
KPI_2	fix	9.42	5.28	.08	109	.936	
	variabel	9.34	4.32				
LpM	fix	0.72	2.64	-.81	118	.422	
	variabel	1.15	3.15				

* signifikanter Gruppenunterschied (α=.05); † tendenziell signifikanter Gruppenunterschied (α=.10)
Quelle: eigene Darstellung

Für die Vergütungsform ergeben sich signifikante Gruppenunterschiede zwischen den fix und den variabel vergüteten Gruppen sowohl beim *KpP* als auch bei der Betrachtung der Anzahl der Ideen für beide Aufgaben. Dabei weisen die variabel vergüteten Gruppen sowohl in Aufgabe 1 als auch in Aufgabe 2 die jeweils besseren Ergebnisse auf. Die Effektgrößen liegen jeweils im mittleren Bereich, mit Ausnahme des Effekts für die Anzahl der Ideen in Aufgabe 1, der mit $r=.18$ als gering betrachtet werden muss.

Hypothese 3 (variable Vergütung beeinflusst das kreative Ergebnis negativ) kann somit nicht bestätigt werden.

Die Gruppen unterscheiden sich jedoch weder hinsichtlich der reinen Qualität der Ideen (*KPI*) noch in ihrer relativen Leistungssteigerung (*LpM*) signifikant, wobei die variabel vergüteten Probanden einen leicht höheren *LpM*-Mittelwert aufweisen.

Vertrautmachen in der Übungsaufgabe ▪ Hypothese 4 sagt aus, dass größere Vertrautheit der Teammitglieder untereinander, hier operationalisiert durch das Kennenlernen in der Übungsaufgabe, das kreative Ergebnis positiv beeinflusst.

Der Vergleich der virtuellen Gruppen, die sich in der Übungsaufgabe über persönliche (Bedingung mit Vertrautmachen) oder unpersönliche (Bedingung ohne Vertrautmachen) Themen austauschten, zeigt jeweils deutlich höhere Werte in der Bedingung mit Vertrautmachen in der Übungsaufgabe (Tabelle 13).

Der übergreifende Vergleich mit den *face-to-face*-Teams hinsichtlich des *KpP* zeigt in der zweiten Aufgabe einen deutlichen Vorteil der virtuellen Gruppen mit Vertrautmachen gegenüber den *face-to-face*-Arbeitenden (vgl. Tabellen 11 und 13). Bei der alleinigen Betrachtung der Qualität (*KPI*), liegen die *ftf*-Gruppen auch in der ersten Aufgabe bereits leicht unter dem Wert der virtuellen Teams mit Vertrautmachen. In der zweiten Aufgabe wird dieser Unterschied besonders deutlich. Die Leistungssteigerung pro Minute, die in den virtuellen Gruppen auch insgesamt höher liegt als in den *ftf*-Teams, ist für die virtuellen Teams mit Vertrautmachen nochmals erhöht. Aber auch diejenigen ohne Vertrautmachen (Austausch über unpersönliche Themen in der Übungsaufgabe) weisen einen höheren *LpM*-Wert auf als die Teams in der *ftf*-Bedingung.

TABELLE 13: AUSWIRKUNGEN DER VARIATION DER ÜBUNGSAUFGABE AUF DAS KREATIVE ERGEBNIS

Ergebnisvariable	Bedingung	*M*	*SD*	*T*	*df*	*p*	*r*
KpP₁	unpers.⁺	7.43	10.79	-2.38	54	.021*	.31
	pers.⁺⁺	15.53	13.60				
KpP₂	unpers.	25.64	26.30	-2.82	54	.007*	.36
	pers.	49.25	35.65				
Anzahl₁	unpers.	1.07	1.18	-1.17	54	.248	———
	pers.	1.43	1.10				
Anzahl₂	unpers.	2.46	1.79	-3.02	54	.004*	.38
	pers.	4.21	2.48				
KPI₁	unpers.	7.61	5.65	-1.91	26.74	.067†	.35
	pers.	10.50	3.47				
KPI₂	unpers.	8.80	5.79	-1.40	39.66	.168	———
	pers.	10.70	3.61				
LpM	unpers.	1.08	2.64	-1.05	54	.297	———
	pers.	1.88	3.03				

* signifikanter Gruppenunterschied (∝=.05); † tendenziell signifikanter Gruppenunterschied (∝=.10)
⁺ ohne Vertrautmachen in der Übungsaufgabe; ⁺⁺ mit Vertrautmachen in der Übungsaufgabe

Quelle: eigene Darstellung

Was die Signifikanztestung mittels T-Test der Unterschiede zwischen den virtuellen Gruppen mit bzw. ohne Vertrautmachen in der Übungsaufgabe betrifft, so ergeben sich signifikante Gruppenunterschiede der Ergebnisvariable *KpP* sowohl in der ersten als auch in der zweiten Aufgabe. Die Effektgrößen sind mittelhoch.

Hypothese 4 (größere Vertrautheit der Teammitglieder untereinander beeinflusst das kreative Ergebnis positiv) kann somit in vollem Umfang bestätigt werden.

Die nähere Betrachtung der einzelnen Bestandteile der Ergebnisvariable zeigt einen tendenziell signifikanten Gruppenunterschied hinsichtlich der Qualität der Ideen (*KPI*) in Aufgabe 1, während sich die Gruppen in der zweiten Aufgabe signifikant hinsichtlich der Anzahl der produzierten Ideen unterscheiden. Auch hier liegen jeweils mittelhohe Effektgrößen vor. Die relative Leistungssteigerung unterscheidet sich zwischen den Gruppen nicht signifikant, der Mittelwert liegt jedoch in den Gruppen, die sich in der Übungsaufgabe miteinander vertraut gemacht hatten, etwas höher.

Da sich bei einer ersten Betrachtung der Ergebnisse der *ftf-* mit den virtuellen Gruppen mit Vertrautmachen in der Übungsaufgabe gezeigt hat, dass letztere in KpP_2 und *KPI* sowie *LpM* jeweils höhere Werte aufwiesen, wurden zum Vergleich der Ergebnis-Mittelwerte der *face-to-face* und der beiden virtuellen Bedingungen (mit/ohne Vertrautmachen in der Übungsaufgabe) Varianzanalysen sowie Post-Hoc-Analysen nach Hochberg (GT2, für Stichproben mit unterschiedlichen Gruppengrößen sowie Games-Howell bei Heteroskedastizität; vgl. z. B. Toothaker, 1993) gerechnet. Dabei zeigt sich ein signifikant höherer Mittelwert der *face-to-face* gegenüber der virtuellen Bedingung ohne Vertrautmachen in der Übungsaufgabe für KpP_1 (F[2,117]=4.78, p=.01), KpP_2 (F[2,117]=4.64, p<.05) und $Anzahl_2$ (F[2,71.57]=8.90, p<.01), sowie ein jeweils tendenziell signifikant höherer Mittelwert in der virtuellen Bedingung mit gegenüber der ohne Vertrautmachen in der Übungsaufgabe (KpP_1: F[2,117]=4.78, p<.10; KpP_2: F[2,117]=4.64, p<.10). Die Unterschiede in den Mittelwerten der *ftf-* und der virtuellen Gruppen mit Vertrautmachen in der Übungsaufgabe unterscheiden sich hingegen lediglich hinsichtlich der $Anzahl_2$ signifikant (F[2,71.57]=8.90, p<.01), wobei der Mittelwert der virtuellen Gruppe mit Vertrautmachen hier geringer ist. Der Unterschied zwischen der Leistungssteigerung pro Minute in den *face-to-face*-Teams und den virtuellen Teams mit Vertrautmachen in der Übungsaufgabe ist ebenfalls tendenziell signifikant (F[2,117]=2.39, p<.10), hier zu Gunsten der virtuellen Bedingung mit Vertrautmachen.

10.2.3 Empfundene Freiheit, wahrgenommene Eigenleistung und Kooperation im Team und das kreative Ergebnis (Hypothese 5)

Zur Testung der Hypothesen 5a bis c, die den Einfluss empfundener Freiheit und wahrgenommener Eigenleistung sowie den von Kooperation im Team auf das kreative Ergebnis betreffen, wurden zunächst Korrelationen nach Pearson gerechnet, bevor die kausalen Beziehungen der Variablen mittels Regression getestet wurden.

Hypothese 5a zufolge verbessern mehr empfundene Freiheit bei der Bearbeitung der Aufgabe sowie eine bessere wahrgenommene Eigenleistung das kreative Ergebnis. In Übereinstimmung mit dieser Hypothese gibt es eine signifikant positive Korrelation der empfundenen Autonomie mit dem kreativen Ergebnis zum Zeitpunkt t_2, KpP_2 (r=.25, n=114, p<.01). Die Korrelation zwischen Wahrnehmung der eigenen Leistung und der Ergebnisvariable ist auf dem 0,1%-Niveau signifikant positiv (r=.348, n=113, p<.001).

Hypothese 5a (mehr empfundene Freiheit bei der Bearbeitung der Aufgabe und bessere Wahrnehmung der eigenen Leistung verbessern das kreative Ergebnis) kann somit als bestätigt gelten.

Nach Hypothese 5b sollte der Zusammenhang zwischen empfundener Freiheit, wahrgenommener eigener Leistung und kreativer Leistung bei der *face-to-face*- Zusammenarbeit stärker sein als bei virtueller Zusammenarbeit. Tatsächlich ergibt sich bei den *ftf* zusammen arbeitenden Gruppen eine signifikant positive Korrelation auf dem 5%-Niveau zwischen empfundener Freiheit und kreativem Ergebnis (r=.25, n=61, p<.05), bei den virtuellen Teams allerdings ebenfalls (r=.25, n=53, p<.05). Wahrgenommene und tatsächliche kreative Leistung korrelieren bei der direkten Zusammenarbeit auf dem 0,1%-Niveau signifikant miteinander (r=.407, n=60, p≤.001), während die Korrelation sich bei den virtuellen Teams auf dem 1%-Niveau befindet (r=304, n=53, p≤.01).

Hypothese 5b (der Zusammenhang zwischen empfundener Freiheit, wahrgenommener eigener Leistung und tatsächlicher kreativer Leistung bei der *face-to-face*- Zusammenarbeit ist stärker als bei virtueller Zusammenarbeit) kann somit in dieser Stichprobe teilweise, nämlich für die wahrgenommene eigene Leistung, bestätigt werden.

Hypothese 5c besagt, dass kompetitives Verhalten in virtuellen Teams negativ mit dem Kreativitätslevel des Ergebnisses korreliert, Kooperation und Wissensteilung hingegen in positivem Zusammenhang mit kreativer Leistung stehen.

Tatsächlich gibt es für die Gesamtstichprobe (Kooperation: r=-.06, n=111, p>.10; Dominanz: r=-.12, n=110, p>.10) und die *face-to-face* zusammenarbeitenden

Gruppen (Kooperation: $r=.02$, $n=60$, $p>.10$; Dominanz: $r=.08$, $n=57$, $p>.10$) keine signifikanten Korrelationen zwischen der Kooperations- bzw. Dominanzskala und dem kreativen Ergebnis KpP_2. In der virtuellen Bedingung korreliert die Dominanzskala signifikant negativ mit KpP_2 ($r=-.26$, $n=53$, $p\leq.05$), der Zusammenhang zwischen Kooperationsskala und KpP_2 ist jedoch nicht signifikant ($r=-.12$, $n=51$, $p>.10$).

Hypothese 5c (kompetitives Verhalten in virtuellen Teams korreliert negativ mit der kreativen Leistung, Kooperation und Wissensteilung hängen positiv mit der kreativen Qualität des Ergebnisses zusammen) kann somit für diese Stichprobe als teilweise bestätigt betrachtet werden: kompetitives Verhalten in virtuellen Teams korreliert hier signifikant negativ mit dem kreativen Ergebnis.

10.2.4 Ergebnisse zur intrinsischen Motivation (Hypothese 6)

Dieses Kapitel berichtet die Ergebnisse zur intrinsischen Motivation. Auch hier erfolgt zunächst eine deskriptive Betrachtung, bevor die in Kapitel 6 aufgestellten Hypothesen getestet werden.

Die intrinsische Motivation wurde, wie in Kapitel 9.2.2.3 beschrieben, zu zwei Zeitpunkten während des Experiments gemessen, um mögliche Änderungen feststellen zu können. Im Mittel sank die intrinsische Motivation vom ersten ($M=4.25$, $SE=0.13$) zum zweiten Messzeitpunkt ($M=3.83$, $SE=0.16$) signifikant ab ($t(112)=2.47$, $p<.05$, $r=.22$). Der Vergleich der einzelnen Versuchsgruppen zeigt ein tendenziell signifikantes Absinken der intrinsischen Motivation in der *face-to-face*-Bedingung ($M_1=4.15$, $SE_1=0.19$; $M_2=3.7$, $SE_2=0.20$, $t(59)=1.89$, $p<.10$, $r=.24$), sowie signifikantes Absinken in den Gruppen mit fixer Vergütung ($M_1=4.09$, $SE_1=0.17$; $M_2=3.37$, $SE_2=0.23$, $t(56)=3.08$, $p<.01$, $r=.38$), und bei den virtuell zusammenarbeitenden Gruppen, die in der Übungsaufgabe keine Möglichkeit hatten, sich miteinander vertraut zu machen ($M_1=4.29$, $SE_1=0.27$; $M_2=3.25$, $SE_2=0.34$, $t(27)=3.08$, $p<.01$, $r=.51$). Die Gruppe der virtuell Zusammenarbeitenden mit Vertrautmachen in der Übungsaufgabe ist die einzige, in der die intrinsische Motivation im Mittel leicht ansteigt ($M_1=4.45$, $SE_1=0.27$; $M_2=4.78$, $SE_2=0.33$). Dieser Anstieg ist jedoch nicht signifikant und weist eine geringe bis mittlere Effektgröße von r=.2 auf.

10.2.4.1 Einfluss von intrinsischer Motivation auf das kreative Ergebnis

Hypothese 6 besagt, dass hohe intrinsische Motivation positiv mit der Güte des kreativen Ergebnisses zusammenhängt. Zur Prüfung dieser Hypothese wurden zunächst Korrelationen berechnet. Tabelle 14 zeigt, dass intrinsische Motivation zu beiden Messzeitpunkten stark positiv mit Ergebnisvariable KpP_2 korreliert.

Insgesamt kann **Hypothese 6** (hohe intrinsische Motivation hängt positiv mit der Güte des kreativen Ergebnisses zusammen) somit als bestätigt gelten.

TABELLE 14: KORRELATION DER INTRINSISCHEN MOTIVATION MIT DER ERGEBNISVARIABLE (HYPOTHESE 6 & 6A)

	Intrinsische Motivation t_1			Intrinsische Motivation t_2		
	gesamt	*virtuell*	*ftf*	*gesamt*	*virtuell*	*ftf*
KpP_2	.322**	.435**	.352**	.425**	.508**	.321*

** Die Korrelation ist auf dem Niveau von .01 (2-seitig) signifikant
* Die Korrelation ist auf dem Niveau von .05 (2-seitig) signifikant
Quelle: eigene Darstellung

Die Betrachtung des Einflusses intrinsischer Motivation auf die Ergebnisvariablen in den Experimentalbedingungen virtuell und *face-to-face* (s. Tabelle 14) zeigt die höchste Korrelation zwischen intrinsischer Motivation (t_2) mit KpP_2 in der virtuellen Bedingung.

Somit kann auch **Hypothese 6a** (der Zusammenhang zwischen intrinsischer Motivation und dem kreativen Ergebnis ist bei virtueller Zusammenarbeit stärker) als bestätigt gelten.

Hypothese 6b zufolge wird die Verbesserung der kreativen Leistung von der ersten zur zweiten Runde im Experiment durch die intrinsische Motivation positiv beeinflusst. Auch dieser Einfluss wird als bei virtueller Zusammenarbeit stärker angenommen, da wegen fehlender extrinsischer Zusprache die intrinsische Motivation hier einen höheren Stellenwert einnimmt.

Tatsächlich bestätigen die Ergebnisse der Korrelationsanalysen diese Hypothese. Die intrinsischen Motivation, gemessen zu Beginn des Experiments, hängt in der virtuellen Bedingung auf dem 1%-Niveau signifikant positiv mit der Leistungssteigerung von der ersten zur zweiten Aufgabe (*LpM*) zusammen (r=.34, n=54, p<.01), in der *face-to-face*-Bedingung hingegen nicht (r=.02, n=62, p>.10). Für die Gesamtstichprobe ergibt sich ein auf dem 5%-Niveau signifikant positiver Zusammenhang, der jedoch weniger stark ist als in der virtuellen Gruppe (r=.17, n=116, p<.05).

Hypothese 6b (die Verbesserung der kreativen Leistung von der ersten zur zweiten Runde im Experiment wird durch die intrinsische Motivation positiv beeinflusst, und zwar stärker bei virtueller Zusammenarbeit) kann also für diese Untersuchung teilweise, nämlich hinsichtlich des Einflusses intrinsischer Motivation auf die Leistungssteigerung in virtuellen Gruppen, bestätigt werden.

10.2.4.2 Einflussfaktoren auf die intrinsische Motivation

Die intrinsische Motivation zum ersten Messzeitpunkt erwies sich in Regressionsanalysen erwartungsgemäß als von allen Faktoren unabhängig. Alle im Folgenden berichteten Ergebnisse beziehen sich auf den Einfluss einzelner aus dem Experiment erwachsener Größen auf die intrinsische Motivation zum zweiten Messzeitpunkt, also vor Bearbeitung der zweiten Aufgabe.

Nach Hypothese 6c wird die intrinsische Motivation durch die Wahrnehmung der eigenen Leistung sowie die wahrgenommene Freiheit bei der Aufgabenbearbeitung positiv beeinflusst. Zur Testung dieser Hypothese wurden Korrelationen gerechnet. In der Gesamtstichprobe gibt es eine hochsignifikante positive Korrelation der wahrgenommenen Freiheit mit der intrinsischen Motivation zum zweiten Messzeitpunkt (r=.384, n=106, p<.001). Ebenso korreliert die Einschätzung der eigenen Leistung hoch signifikant positiv mit der intrinsischen Motivation (r=.475, n=106, p<.001).

Hypothese 6d zufolge hängt die intrinsische Motivation auch mit der wahrgenommenen Kooperation innerhalb der Arbeitsgruppe positiv zusammen. Tatsächlich zeigt sich eine auf dem 1%-Niveau signifikant positive Korrelation der beiden Faktoren in der Gesamtstichprobe (r=.245, n=110, p<.01).

Hypothese 6c (intrinsische Motivation wird durch die Wahrnehmung der eigenen Leistung sowie die wahrgenommene Freiheit bei der Aufgabenbearbeitung positiv beeinflusst) kann also für diese Untersuchung in vollem Umfang bestätigt werden.

Hypothese 6d (intrinsische Motivation und wahrgenommene Kooperation in der Arbeitsgruppe haben einen positiven Zusammenhang) kann für die hier untersuchte Stichprobe ebenfalls als bestätigt angesehen werden.

Bei der explorativen Überprüfung des jeweiligen Einflusses von empfundener Freiheit und Einschätzung der eigenen Leistung auf die intrinsische Motivation in *face-to-face* und virtuellen Teams zeigt sich, dass bei beiden Zusammenarbeitsformen für beide Faktoren signifikant positive Zusammenhänge mit der intrinsischen Motivation gefunden werden können, diese jedoch in den virtuell arbeitenden Gruppen (wahrgenommene Freiheit: $r=.475$, $n=53$, $p<.001$; Einschätzung der eigenen Leistung: $r=.630$, $n=53$, $p<.001$) jeweils stärker sind als in den *face-to-face* Teams (wahrgenommene Freiheit: $r=.311$, $n=60$, $p<.01$; Einschätzung der eigenen Leistung: $r=.323$, $n=59$, $p<.01$).

Der Vergleich zwischen *face-to-face* und virtueller Versuchsbedingung für Kooperation in der Arbeitsgruppe ergibt keine signifikante Korrelation für die direkt zusammenarbeitenden Gruppen ($r=.11$, $n=59$, $p>.10$), während der Zusammenhang für die virtuellen Teams auf dem 0,1%-Niveau signifikant ist ($r=.42$, $n=51$, $p\leq.001$).

10.2.4.3 Mediatoreffekt der intrinsischen Motivation

Hypothese 6e zufolge wird der Einfluss von Kooperation in der Arbeitsgruppe, wahrgenommener Freiheit bei der Bearbeitung der Aufgabe und Wahrnehmung der eigenen kreativen Leistung auf das kreative Ergebnis durch intrinsische Motivation mediiert.

Für das in Abbildung 9 dargestellte Teilmodell wurden die Einflüsse auf die intrinsische Motivation sowie der Einfluss der intrinsischen Motivation auf das kreative Ergebnis KpP_2 für die Gesamtstichprobe per Regressionsanalysen berechnet. Wahrgenommene Freiheit bei der Aufgabenbearbeitung, die Wahrnehmung der eigenen Leistung, sowie die wahrgenommene Kooperation innerhalb der Arbeitsgruppe wirken sich jeweils auf dem 1%-Niveau signifikant positiv auf die intrinsische Motivation zum zweiten Messzeitpunkt aus. Ebenfalls ergibt sich ein vollständiger Mediatoreffekt der intrinsischen Motivation für den Zusammenhang zwischen wahrgenommener Freiheit und dem kreativen Ergebnis. Der Einfluss der Wahrnehmung der eigenen Leistung auf das kreative Ergebnis wird durch intrinsische Motivation partiell mediiert.[20]

Hypothese 6e (intrinsische Motivation mediiert den Einfluss wahrgenommener Kooperation, wahrgenommener Freiheit und wahrgenommener eigener Leistung auf das kreative Ergebnis) kann somit für die vorliegende Studie als teilweise bestätigt gelten: intrinsische Motivation mediiert den Einfluss wahrgenommener Freiheit und wahrgenommener eigener Leistung.

ABBILDUNG 9: GETESTETES TEILMODELL ZUM MEDIATOREFFEKT DER INTRINSISCHEN MOTIVATION - GESAMTSTICHPROBE

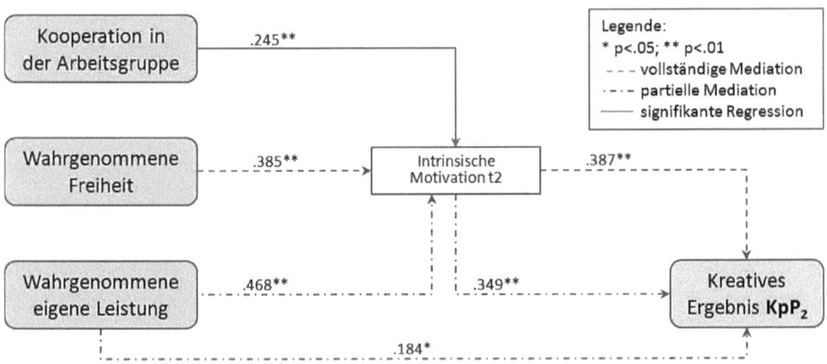

Quelle: eigene Darstellung

Um die Relevanz der einzelnen Einflussfaktoren sowie Mediatoreffekte in den unterschiedlichen Zusammenarbeitsformen feststellen zu können, wurden die gleichen Berechnungen zusätzlich für die virtuell und *face-to-face* arbeitenden Teams jeweils einzeln vorgenommen.

In der virtuellen Bedingung (Abbildung 10) wirken sich Kooperation in der Arbeitsgruppe, wahrgenommene Freiheit bei der Aufgabenbearbeitung und die Wahrneh-

[20] Die entsprechenden Regressionstabellen finden sich in Anhang 9 ab S. 230.

mung der eigenen kreativen Leistung ebenfalls jeweils positiv auf die intrinsische Motivation zum zweiten Messzeitpunkt aus. Der Einfluss ist für Kooperation und wahrgenommene Freiheit hier auf dem 0,1%-Niveau signifikant, während der Einfluss der wahrgenommenen eigenen Leistung auf das kreative Ergebnis vollständig durch die intrinsische Motivation, gemessen vor der zweiten Aufgabe im Experiment, mediiert wird.

ABBILDUNG 10: GETESTETES TEILMODELL ZUM MEDIATOREFFEKT DER INTRINSISCHEN MOTIVATION – VIRTUELLE TEAMS

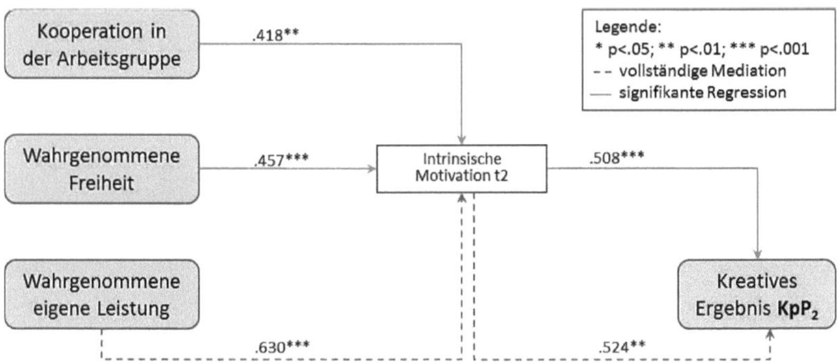

Quelle: eigene Darstellung

In der *face-to-face* Bedingung (Abbildung 11) hat die Kooperation in der Arbeitsgruppe keine signifikante Auswirkung auf intrinsische Motivation. Wahrgenommene Freiheit bei der Aufgabenbearbeitung wirkt sich auf dem 5%-Niveau signifikant aus, während die Wahrnehmung der eigenen kreativen Leistung sich auf dem 1%-Niveau positiv auf die intrinsische Motivation zum zweiten Messzeitpunkt auswirkt. Einen Mediatoreffekt der intrinsischen Motivation gibt es im Modell für die *face-to-face* zusammenarbeitenden Gruppen nicht.

ABBILDUNG 11: GETESTETES TEILMODELL ZUM MEDIATOREFFEKT DER INTRINSISCHEN MOTIVATION – *FACE-TO-FACE* TEAMS

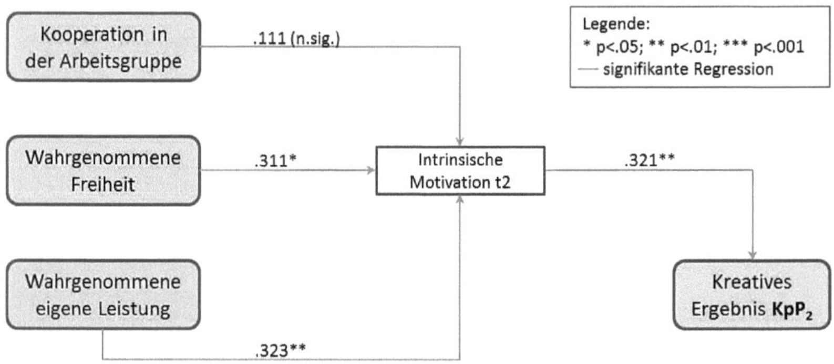

Quelle: eigene Darstellung

10.2.5 Analyse des Gesamtmodells

Nachdem in den Kapiteln 10.2.1 und 10.2.4 die einzelnen Hypothesen sowie das Teilmodell zur intrinsischen Motivation getestet wurden, wird in diesem Abschnitt darauf aufbauend das in Kapitel 8 aufgestellte Gesamtmodell mittels multipler Regression getestet. Die Testung erfolgt sowohl für die Gesamtstichprobe, als auch für die *face-to-face* und virtuell zusammenarbeitenden Gruppen jeweils einzeln. Aufgrund der nicht bestätigten Hypothese 3 zum Einfluss variabler Vergütung auf das kreative Ergebnis wird der Vergleich zwischen fix und variabel vergüteten Gruppen nicht gesondert vorgenommen.

Dieser Test des Gesamtmodells wird zeigen, welche Faktoren einen Einfluss auf das kreative Ergebnis ausüben, wenn unveränderliche Störvariablen, wie beispielsweise Persönlichkeitsfaktoren und der Kreativitätsgrad, kontrolliert werden. Im Modell für die virtuell zusammenarbeitenden Teams wird zusätzlich die Vorerfahrung mit virtueller Zusammenarbeit als Kontrollvariable mit aufgenommen.

Die Betrachtung der Korrelationsergebnisse für den Einfluss von Persönlichkeitsmerkmalen (Kap. 10.2.1) zeigt, dass ausschließlich Offenheit für Erfahrungen einen signifikanten Einfluss auf die Ergebnisvariable KpP_2 ausübt und somit potenziell den Einfluss anderer Faktoren verstärken oder abschwächen kann. Dementsprechend findet die Persönlichkeitsdimension Offenheit Einschluss in das Gesamtmodell für die Gesamt- und beide Unterstichproben. Im Modell für die *face-to-face* Zusammenarbeitenden wird Extraversion zusätzlich mit aufgenommen, da sich hier eine signifikante Korrelation dieser Persönlichkeitsdimension mit KpP_2 feststellen ließ.

Die Untermodelle zu Einflussfaktoren in der virtuellen bzw. *face-to-face*-Bedingung umfassen jeweils sowohl die fix als auch die variabel vergüteten Probanden. Da Unsicherheitstoleranz lediglich bei den variabel Vergüteten Probanden, nicht aber in der Gesamtstichprobe, einen signifikanten Zusammenhang mit der Ergebnisvariable aufweist (vgl. Kap. 10.2.1), wird dieser Faktor nicht ins Gesamtmodell mit aufgenommen.

Für empfundene Freiheit und wahrgenommene eigene Leistung wurden in Kap. 10.2.3 Korrelationsanalysen gerechnet, die Zusammenhänge dieser Faktoren mit der kreativen Leistung, sowohl in der virtuellen, als auch in der *face-to-face*-Bedingung belegen. Somit werden beide ins Gesamtmodell für die Gesamtstichprobe und die Unterstichproben mit aufgenommen.

Kompetitives Verhalten, bzw. Dominanz im Team hat, wie ebenfalls in Kap. 10.2.3 gezeigt, ausschließlich in der virtuellen Bedingung einen Einfluss auf das kreative Ergebnis. Somit wird dieser Faktor nur im Modell für die virtuelle Stichprobe in die Berechnung aufgenommen.

Da die intrinsische Motivation zu beiden Messzeitpunkten sowohl in der Gesamt- als auch in den Unterstichproben *ftf*/virtuell einen signifikanten Einfluss auf KpP_2 hat (vgl. Kap. 10.2.4.1), werden beide Variablen in alle Modelle mit aufgenommen.

Abbildungen 12 bis 14 und Tabellen 15 bis 17 zeigen die Ergebnisse für die einzelnen Stichproben[21].

[21] Angetragen ist jeweils der Koeffizient β nach dem letzten Regressionsschritt, der anzeigt, um wie viele Standardabweichungen sich KpP_2 ändert, wenn sich der jeweilige Koeffizient um eine Standardabweichung ändert.

ABBILDUNG 12: GETESTETES GESAMTMODELL - GESAMTSTICHPROBE

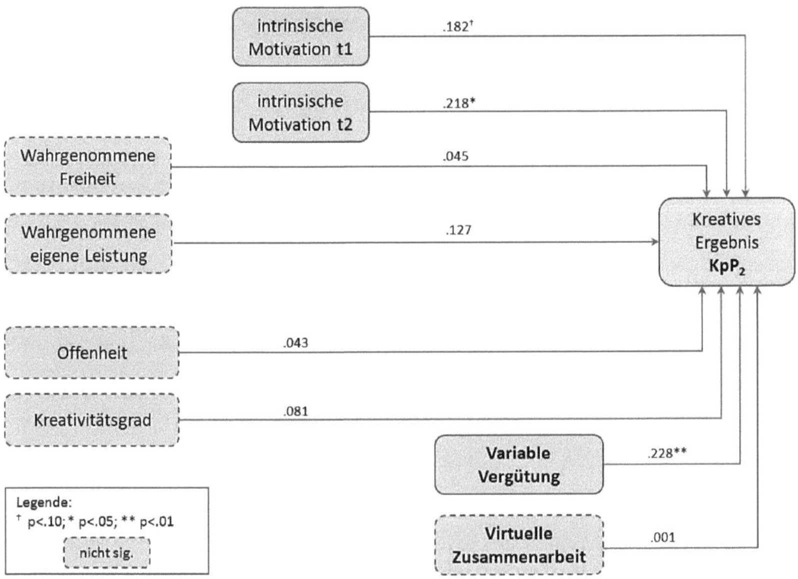

Quelle: eigene Darstellung

Die Testung des Modells für die Gesamtstichprobe zeigt, dass variable Vergütung und intrinsische Motivation besonders bedeutsamen Einfluss auf die kreative Leistung aufweisen, wenn die übrigen Faktoren konstant gehalten werden. Einen detaillierteren Überblick über diese Ergebnisse bietet die Regressionstabelle (Tabelle 15). Die jeweils neu in die Regression aufgenommenen Variablen sind zur besseren Lesbarkeit mit einer gestrichelten Linie abgesetzt.

Es zeigt sich, dass das Modell mit jeder hinzugenommenen Variable einen besseren Erklärungsgehalt (R^2) aufweist. Modell 1, in dem ausschließlich der Kreativitätsgrad zur Erklärung der Varianz in der Ergebnisvariable herangezogen wird, erklärt 3,4% dieser Varianz. Modell 5, in dem alle eingeschlossenen Variablen eingebunden sind, erklärt 32,2% der Varianz in KpP_2.

TABELLE 15: ERGEBNISSE DER LINEAREN REGRESSION ZUR ANALYSE DES GESAMTMODELLS FÜR DIE GESAMTSTICHPROBE

			KpP_2	
	Variable	*B*	*SE B*	*β*
Modell 1	Konstante	30.013	4.754	
	Kreativitätsgrad	1.780	.799	.208*
	R^2		.034	
Modell 2	Konstante	5.380	12.471	
	Kreativitätsgrad	1.181	.853	.138
	Offenheit	5.696	2.673	.208*
	R^2		.081	
Modell 3	Konstante	-24.823	14.947	
	Kreativitätsgrad	.507	.817	.059
	Offenheit	4.951	2.581	.181†
	Wahrgenommene Freiheit	4.250	2.387	.166†
	Wahrgenommene eigene Leistung	5.071	1.904	.250**
	R^2		.187	
Modell 4	Konstante	-27.283	14.509	
	Kreativitätsgrad	.410	.788	.048
	Offenheit	1.995	2.649	.073
	Wahrgenommene Freiheit	1.860	2.389	.073
	Wahrgenommene eigene Leistung	3.294	1.971	.162†
	Intrinsische Motivation t_1	4.003	2.072	.187†
	Intrinsische Motivation t_2	4.358	1.807	.249*
	R^2		.276	
Modell 5	Konstante	-23.360	14.480	
	Kreativitätsgrad	.690	.790	.081
	Offenheit	1.182	2.609	.043
	Wahrgenommene Freiheit	1.145	2.353	.045
	Wahrgenommene eigene Leistung	2.582	1.962	.127
	Intrinsische Motivation t_1	3.903	2.036	.182†
	Intrinsische Motivation t_2	3.823	1.791	.218*
	Zusammenarbeitsform	.055	5.093	.001
	Vergütungsform	13.748	5.220	.228**
	R^2		.322	

† $p \leq .10$
* $p \leq .05$
** $p \leq .01$
Quelle: eigene Darstellung

Wird nur der Kreativitätsgrad betrachtet (Modell 1), so wirkt sich dieser auf dem 5%-Niveau signifikant auf die Ergebnisvariable aus. Wird Offenheit in die Regression mit aufgenommen (Modell 2), erklärt der Kreativitätsgrad keinen signifikanten Anteil mehr an der Variation der Ergebnisvariablen, aber Offenheit hat einen signifikanten Einfluss, wenn der Kreativitätsgrad konstant gehalten wird. Die wahrgenommene Freiheit wirkt sich noch signifikant aus ($p \leq .10$), allerdings nur, bis die intrinsische Motivation in die Regression aufgenommen wird (Modell 4). Die wahrgenommene eigene Leistung erklärt jeweils signifikante Varianzanteile, bis die Vergütungsform in die Regression mit aufgenommen wird (Modell 5).

Um die dieser Arbeit zu Grunde liegende Forschungsfrage beantworten zu können, wird das Gesamtmodell jeweils auch für die Unterstichproben *virtuell* und *face-to-face* getestet.

ABBILDUNG 13: GETESTETES GESAMTMODELL – VIRTUELLE TEAMS

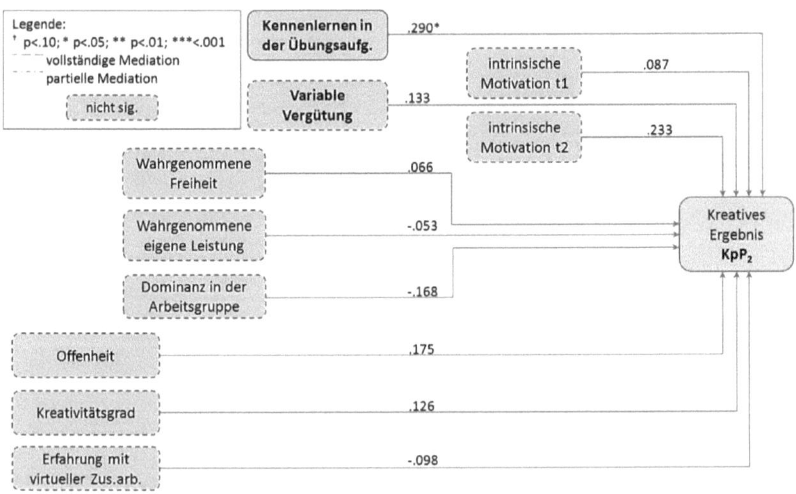

Quelle: eigene Darstellung

Bei der Analyse des Modells für die virtuell zusammenarbeitenden Teams zeigt sich, dass ausschließlich das persönliche Vertrautmachen in der Übungsaufgabe („Kennenlernen") einen signifikanten Erklärungsanteil an der Varianz der Ergebnisvariable hat, wenn die übrigen Faktoren konstant gehalten werden. Zur größeren Detailgenauigkeit sind die Einzelergebnisse der linearen Regression auch für die Unterstichprobe der virtuellen Teams in der Regressions-Tabelle 16 angetragen.

Auch hier wird das Modell mit jeder neu hinzu genommenen Variable besser: R^2 ist in Modell 6 am höchsten. Es werden insgesamt 30,3% der Varianz erklärt. Der Kreativitätsgrad trägt von Modell 1 an jeweils keinen signifikanten Erklärungsanteil bei. Offenheit und Dominanz erklären jeweils signifikante Varianzanteile, bis die intrinsische Motivation in Modell 5 in die Regression mit aufgenommen wird. Das gegenseitige Vertrautmachen in der Übungsaufgabe („Kennenlernen") ist schließlich, in Modell 6, die einzige Variable, die bei Konstanthalten der übrigen Faktoren eine signifikante Auswirkung auf das kreative Ergebnis aufweist.

TABELLE 16: ERGEBNISSE DER LINEAREN REGRESSION ZUR ANALYSE DES GESAMTMODELLS FÜR DIE VIRTUELLEN TEAMS

			KpP_2	
	Variable	*B*	*SE B*	β
Modell 1	Konstante	30.777	15.132	
	Kreativitätsgrad	1.938	1.344	.209
	Erfahrung mit virtueller Arbeit	-.118	4.286	-.004
	R^2		.005	
Modell 2	Konstante	-6.527	21.994	
	Kreativitätsgrad	1.009	1.356	.109
	Erfahrung mit virtueller Arbeit	-.722	4.129	-.024
	Offenheit	9.092	4.021	.320*
	R^2		.081	
Modell 3	Konstante	-25.395	24.383	
	Kreativitätsgrad	.460	1.384	.050
	Erfahrung mit virtueller Arbeit	-2.214	4.129	-.075
	Offenheit	8.039	3.988	.283*
	Wahrgenommene Freiheit	2.952	4.138	.104
	Wahrgenommene eigene Leistung	5.112	3.135	.231
	R^2		.117	

TABELLE 16: ERGEBNISSE DER LINEAREN REGRESSION ZUR ANALYSE DES GESAMTMODELLS FÜR DIE VIRTUELLEN TEAMS - FORTGESETZT

			KpP_2	
	Variable	*B*	*SE B*	β
Modell 4	Konstante	-1.832	26.549	
	Kreativitätsgrad	.659	1.348	.071
	Erfahrung mit virtueller Arbeit	-3.141	4.037	-.106
	Offenheit	7.707	3.876	.271*
	Wahrgenommene Freiheit	3.243	4.021	.114
	Wahrgenommene eigene Leistung	4.574	3.056	.207
	Dominanz	-7.939	4.047	-.252†
	R^2		.167	
Modell 5	Konstante	1.761	25.894	
	Kreativitätsgrad	1.234	1.306	.133
	Erfahrung mit virtueller Arbeit	-2.796	3.929	-.095
	Offenheit	4.254	4.207	.150
	Wahrgenommene Freiheit	-.326	4.133	-.011
	Wahrgenommene eigene Leistung	-.290	3.677	-.013
	Dominanz	-6.829	3.868	-.217†
	Intrinsische Motivation t_1	2.357	3.916	.093
	Intrinsische Motivation t_2	7.346	3.385	.407*
	R^2		.250	
Modell 6	Konstante	-9.823	27.960	
	Kreativitätsgrad	1.168	1.294	.126
	Erfahrung mit virtueller Arbeit	-2.888	3.893	-.098
	Offenheit	4.973	4.204	.175
	Wahrgenommene Freiheit	1.877	4.305	.066
	Wahrgenommene eigene Leistung	-1.183	3.577	-.053
	Dominanz	-5.297	3.787	-.168
	Intrinsische Motivation t_1	2.187	3.800	.087
	Intrinsische Motivation t_2	4.211	3.577	.233
	Kennenlernen	19.422	9.492	.290*
	Vergütungsform	8.928	9.125	.133
	R^2		.303	

† $p \leq .10$
* $p \leq .05$
Quelle: eigene Darstellung

Die Analyse des Modells für die *face-to-face* Gruppen (Abbildung 14) ergibt Signifikanzen für variable Vergütung, die wahrgenommene eigene Leistung und, in geringem Maße, intrinsische Motivation. Zur genaueren Betrachtung sind in Tabelle 17 die Regressionsergebnisse im Einzelnen angetragen.

ABBILDUNG 14: GETESTETES GESAMTMODELL – *FACE-TO-FACE* TEAMS

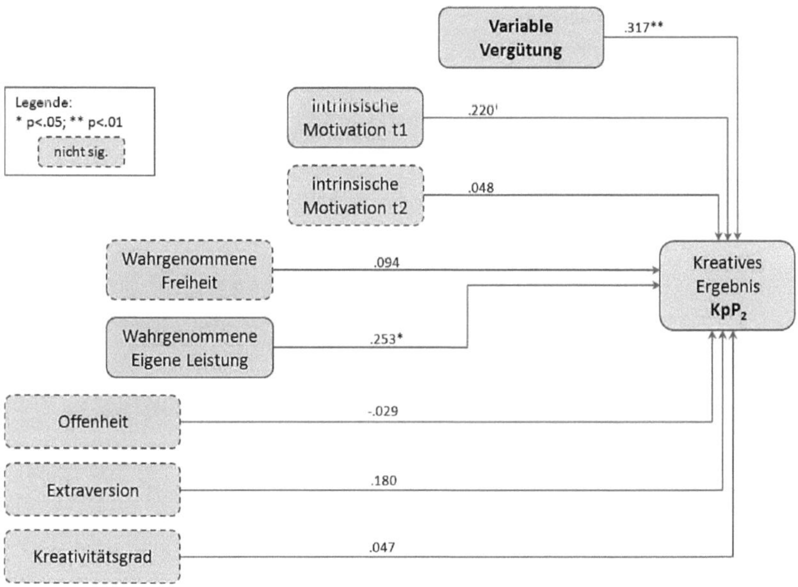

Quelle: eigene Darstellung

Auch das Modell für die *face-to-face* zusammenarbeitenden Teams erklärt von Schritt zu Schritt mehr Varianzanteile. Modell 5 erklärt 41,4% der Varianz in der kreativen Leistung KpP_2. Extraversion trägt vor Einbeziehung der wahrgenommenen eigenen Leistung in Modell 3 signifikante Erklärungsanteile bei.

TABELLE 17: ERGEBNISSE DER LINEAREN REGRESSION ZUR ANALYSE DES GESAMTMODELLS FÜR DIE *FACE-TO-FACE* TEAMS

			KpP_2	
	Variable	*B*	*SE B*	*β*
Modell 1	Konstante	29.411	6.572	
	Kreativitätsgrad	1.724	1.040	.215†
	R^2		.029	
Modell 2	Konstante	-7.013	20.834	
	Kreativitätsgrad	.685	1.137	.085
	Offenheit	1.148	3.504	.044
	Extraversion	6.999	3.078	.309*
	R^2		.084	
Modell 3	Konstante	-40.924	23.673	
	Kreativitätsgrad	.195	1.067	.024
	Offenheit	.717	3.505	.027
	Extraversion	6.780	2.841	.299
	Wahrgenommene Freiheit	3.778	2.943	.166
	Wahrgenommene eigene Leistung	5.976	2.377	.321*
	R^2		.220	
Modell 4	Konstante	-35.715	23.779	
	Kreativitätsgrad	-.055	1.074	-.007
	Offenheit	-.924	3.634	-.035
	Extraversion	4.810	3.092	.212
	Wahrgenommene Freiheit	2.411	3.070	.106
	Wahrgenommene eigene Leistung	5.720	2.418	.307*
	Intrinsische Motivation t_1	3.584	2.512	.197
	Intrinsische Motivation t_2	1.588	2.282	.093
	R^2		.323	
Modell 5	Konstante	-.37.226	22.340	
	Kreativitätsgrad	.375	1.020	.047
	Offenheit	-.774	3.414	-.029
	Extraversion	4.072	2.916	.180
	Wahrgenommene Freiheit	2.148	2.885	.094
	Wahrgenommene eigene Leistung	4.715	2.299	.253*
	Intrinsische Motivation t_1	4.009	2.364	.220†
	Intrinsische Motivation t_2	.824	2.161	.048
	Vergütungsform	16.989	6.076	.317**
	R^2		.414	

† $p \leq .10$
* $p \leq .05$
** $p \leq .01$
Quelle: eigene Darstellung

10.2.6 Zusammenhang zwischen Selbst- und Fremdeinschätzung (explorative Fragestellung)

Als zusätzlicher Beitrag zur wissenschaftlichen Diskussion wird in der vorliegenden Studie eine explorative Fragestellung mit untersucht, nämlich inwieweit die Einschätzung der kreativen Leistung durch die Probanden selbst mit der Einschätzung der Kreativitätsexperten in Zusammenhang steht. Dazu wurde die Ergebnisvariable *KpP* mit dem Wert der Skala „Einschätzung der eigenen Leistung" (s. Kap. 9.2.2.9) nach der ersten bzw. der zweiten Aufgabe im Experiment verglichen. Die Korrelationstabelle (Tabelle 18) zeigt jeweils signifikante bis hoch signifikante Korrelationen zwischen den Selbst- und Fremdeinschätzungen, wobei die zeitlich korrespondierenden Beurteilungen jeweils höher korrelieren.

TABELLE 18 KORRELATION SELBST- UND FREMDEINSCHÄTZUNG

	Selbsteinschätzung t1	Selbsteinschätzung t2
KpP_1	.315**	.305**
KpP_2	.221*	.348**

** Die Korrelation ist auf dem Niveau von .01 (2-seitig) signifikant
* Die Korrelation ist auf dem Niveau von .05 (2-seitig) signifikant
Quelle: eigene Darstellung

10.2.7 Zusammenfassung der Ergebnisse

Tabelle 19 gibt einen Überblick über die Ergebnisse der Hypothesentestung. Über diese Ergebnisse hinaus konnte festgestellt werden, dass Extraversion in der *ftf*-Gruppe hoch signifikant mit dem kreativen Ergebnis korreliert, während in der virtuellen Gruppe die Offenheit für Erfahrungen mit KpP_2 korreliert. Die reine Anzahl produzierter Ideen ist in Aufgabe 2, nicht jedoch in Aufgabe 1, bei den *ftf* zusammen Arbeitenden signifikant höher. Die Leistungssteigerung von der ersten zur zweiten Aufgabe ist in den virtuellen Gruppen tendenziell höher. Die kreative Qualität der Ideen ist in Aufgabe 2 bei den virtuellen Gruppen leicht höher, wobei dieser Unterschied jedoch nicht signifikant ist.

TABELLE 19 ERGEBNISSE DER HYPOTHESENTESTUNG

Hypothese	Ergebnis
1a: Hohe Ausprägung von Extraversion korreliert positiv mit dem kreativen Ergebnis.	bestätigt
1b: Hohe Ausprägung von Offenheit für Erfahrungen korreliert positiv mit dem kreativen Ergebnis.	bestätigt
1c: Hohe Ausprägung von Gewissenhaftigkeit korreliert negativ mit dem kreativen Ergebnis.	nicht bestätigt
1d: Hohe Ausprägung von Neurotizismus korreliert negativ mit dem kreativen Ergebnis.	nicht bestätigt
1e: Hohe Unsicherheitstoleranz geht bei variabler Vergütung mit hoher kreativer Leistung einher.	bestätigt
1f: Der Zusammenhang zwischen Persönlichkeitsmerkmalen und kreativer Leistung ist bei virtueller Zusammenarbeit abgeschwächt.	nicht bestätigt
2: Virtuell zusammenarbeitende Gruppen erbringen eine geringere kreative Leistung als *face-to-face*-Teams.	teilweise bestätigt
3: Variable Vergütung beeinflusst das kreative Ergebnis negativ.	nicht bestätigt
4: Größere Vertrautheit der virtuellen Teammitglieder miteinander beeinflusst das kreative Ergebnis positiv.	bestätigt
5a: Mehr empfundene Freiheit bei der Bearbeitung der Aufgabe sowie eine positive Wahrnehmung der eigenen kreativen Leistung verbessern das kreative Ergebnis.	bestätigt
5b: Der Zusammenhang zwischen empfundener Freiheit, *Wahrnehmung der eigenen Leistung* und kreativem Ergebnis ist bei der *face-to-face*-Zusammenarbeit stärker als in den virtuell zusammenarbeitenden Gruppen.	*teilweise* bestätigt
5c: *Kompetitives Verhalten/Dominanz in virtuellen Teams korreliert negativ mit dem Kreativitätslevel*, kooperatives Verhalten und Wissensteilung hängen positiv mit der kreativen Leistung zusammen.	*teilweise* bestätigt
6: Hohe intrinsische Motivation hängt positiv mit der Güte des kreativen Ergebnisses zusammen.	bestätigt
6a: Der positive Effekt intrinsischer Motivation auf die kreative Leistung ist bei virtueller Zusammenarbeit größer.	bestätigt
6b: Die Verbesserung der kreativen Leistung über die Zeit wird durch die intrinsische Motivation positiv beeinflusst. Dieser Einfluss ist *bei virtueller Zusammenarbeit* stärker.	*teilweise* bestätigt
6c: Intrinsische Motivation wird durch die Wahrnehmung der eigenen Leistung sowie die wahrgenommene Freiheit bei der Aufgabenbearbeitung positiv beeinflusst.	bestätigt
6d: Eine hohe wahrgenommene Kooperation innerhalb der Arbeitsgruppe hängt mit der intrinsischen Motivation positiv zusammen.	bestätigt
6e: Intrinsische Motivation mediiert den Einfluss wahrgenommener Kooperation, *wahrgenommener Freiheit und wahrgenommener eigener Leistung* auf das kreative Ergebnis.	*teilweise* bestätigt
Explorative Fragestellung: Inwieweit korrelieren die Werte der Selbst- und Fremdeinschätzung der kreativen Leistung?	signifikant

Quelle: eigene Darstellung

Legende: bestätigt nicht bestätigt teilweise bestätigt

Die variabel vergüteten Gruppen weisen bereits in der ersten Aufgabe höhere Ergebnis-Mittelwerte auf, was sich in der zweiten Aufgabe fortsetzt. Auch die Leistungssteigerung ist bei den variabel Vergüteten im Mittel höher, was jedoch keinen signifikanten Unterschied ergibt.

Die virtuellen Teams, die sich in der Übungsaufgabe über persönliche Themen austauschten, zeigen jeweils höhere Werte nicht nur als die andere virtuelle Gruppe sondern auch als die *face-to-face*-Gruppen hinsichtlich KpP_2, *KPI* und *LpM*, wobei auch die anderen virtuellen Gruppen hinsichtlich des *LpM* höhere Werte zeigen als die *ftf*-Gruppen. Allerdings ist der Unterschied der beiden virtuellen Gruppen hinsichtlich der Leistungssteigerung (*LpM*) nicht signifikant. Im Vergleich der virtuellen Gruppen mit Vertrautmachen und der *ftf*-Gruppen unterscheiden sie sich lediglich hinsichtlich der Anzahl der Ideen in der zweiten Aufgabe signifikant. Der Mittelwert der virtuellen Teams mit Vertrautmachen ist hier geringer als der der *face-to-face*-Teams. Auf der anderen Seite sind die Werte der virtuellen Gruppe mit Vertrautmachen hinsichtlich des *LpM* signifikant höher als die der *ftf*-Teams.

In der virtuellen Untersuchungsbedingung findet sich ein positiver Einfluss der Kooperation und der wahrgenommenen Freiheit bei der Aufgabenbearbeitung auf die intrinsische Motivation sowie ein vollständiger Mediatoreffekt des Einflusses der wahrgenommenen eigenen Leistung auf die Ergebnisvariable durch intrinsische Motivation. Kooperation wirkt sich in den *ftf*-Gruppen nicht signifikant auf die intrinsische Motivation aus, während wahrgenommene Freiheit und wahrgenommene eigene Leistung jeweils eine Auswirkung haben. Ein Mediatoreffekt wurde hier nicht festgestellt.

Die Testung der Gesamtmodelle für die Gesamtstichprobe und die beiden Unterstichproben virtuell und *face-to-face* zeigt, dass die kreative Leistung in der Gesamtstichprobe und in den *face-to-face*-Teams signifikant von variabler Vergütung, wahrgenommener eigener Leistung und intrinsischer Motivation beeinflusst wurde, während in den virtuell zusammenarbeitenden Gruppen ausschließlich das miteinander

Vertrautmachen in der Übungsaufgabe signifikante Varianzanteile erklärt, wenn die übrigen Faktoren konstant gehalten werden.

Die Korrelationen zwischen Selbst- und Fremdeinschätzung der kreativen Leistung sind jeweils höher zwischen den eigenen und den Expertenbeurteilungen des gleichen Zeitraums (Beurteilungen für Aufgabe 1 bzw. 2).

V. Kreativität und virtuelle Zusammenarbeit in Unternehmenspraxis und Forschung: Diskussion

In diesem Abschnitt werden die im Experiment gewonnenen Ergebnisse auf Basis der in Abschnitt II erörterten Literatur diskutiert. In Kapitel 11 werden die Ergebnisse des Experiments interpretiert, um in Konjunktion mit der theoretischen Basis Gesetzmäßigkeiten und Schlussfolgerungen ableiten zu können. In Kapitel 12 werden aus diesen Ableitungen wiederum Implikationen für die Praxis deriviert. Eine kritische Reflexion der vorliegenden Arbeit sowie des empirischen Vorgehens in dieser Studie erfolgt in Kapitel 13, das auch daraus folgende Implikationen für weitere Forschungsarbeiten enthält.

11 Interpretation und weiterführende Diskussion der Ergebnisse

Die in Kapitel 10 dargestellten Ergebnisse der empirischen Untersuchung dieser Arbeit werden in diesem Abschnitt interpretiert und in Bezug auf die in Teil II präsentierte Literatur diskutiert.

Stichprobenbeschreibung ▪ Die Probanden weisen in dieser Studie einen mittleren Kreativitätsgrad auf, so dass durch dieses Merkmal keine Verzerrungen der Ergebnisse zu erwarten sind. Auch gab es keinen signifikanten Unterschied im Kreativitätsgrad zwischen virtuell und *face-to-face* zusammenarbeitenden Gruppen, so dass die in Kapitel 10 dargestellten Ergebnisse nicht auf einen zufällig entstandenen Kreativitätsvorteil einer der beiden Gruppen zurückgeführt werden können. Die mittlere intrinsische Motivation in der Stichprobe liegt zum Messzeitpunkt t_1 etwa um 0,5 höher als zum Zeitpunkt t_2. Im Mittel sinkt die intrinsische Motivation im Verlauf des Experiments also leicht ab.

Ihre Erfahrung mit virtueller Zusammenarbeit schätzen die Probanden im Mittel eher gering bis mittelmäßig ein. Der Mittelwert für die Erfahrung mit Chats, der für die Probanden in der virtuellen Untersuchungsbedingung besonders relevant ist, liegt in den virtuellen Gruppen deutlich über dem mittleren Wert sowie von allen abgefragten Programmen am höchsten. Es ist daher nicht davon auszugehen, dass die Teilnehmer mangels Erfahrung mit Chatprogrammen an effektiver Zusammenarbeit gehindert wurden.

Hinsichtlich der Vertrautheit mit ihren Teammitgliedern hätten die Probanden im Schnitt gern etwas mehr Informationen zu ihren Teammitgliedern erhalten und ihre Ergebnisse wären ihrer Einschätzung nach etwas besser gewesen, wenn es mehr Gelegenheit zum gegenseitigen Kennenlernen gegeben hätte. Setzt man dies in Beziehung zu den Erkenntnissen, dass das Kennenlernen in der Übungsaufgabe in dieser Studie zu einer deutlichen Steigerung der kreativen Leistung geführt hat, kann geschlussfolgert werden, dass diese Selbsteinschätzung der Probanden mit der Realität übereinstimmt. Das Vertrauen, das den jeweiligen Teammitgliedern entgegengebracht wird, liegt leicht über dem Durchschnittswert der siebenstufigen Skala, was eventuell ein Hinweis auf bestehenden *swift trust* (Meyerson et al., 1996; Robert et al., 2009) sein könnte. Möglicherweise trug die künstliche Experimentalsituation auch dazu bei, dass die Probanden durch das Fehlen einer echten Bedrohung bereit waren, ohne bestehendes Vorwissen über diese ihren Teammitgliedern ein leicht überdurchschnittliches Vertrauen entgegenzubringen. Die Einschätzung der eigenen Leistung steigt zwischen den beiden Messzeitpunkten leicht an, was auf Übungseffekte hinweisen könnte. Da jedoch alle Untersuchungsteilnehmer Aufgaben im gleichen Umfang bearbeiteten, ist nicht davon auszugehen, dass solche Übungseffekte die Reliabilität der Ergebnisse negativ beeinflusst haben. Hinsichtlich des Einflusses der Teamarbeit auf die eingeschätzte Eigenleistung waren die Befragten im Schnitt der Meinung, dass die Arbeit im Team kaum zur Verbesserung der Ergebnisse beigetragen hat, und dass sie alleine kreativere Ideen entwickelt hätten als im Team.

Hinsichtlich des Einflusses der Arbeitsumgebung auf die Kreativität sahen die Probanden den größten Einfluss auf die Kreativität in der Möglichkeit, anonym arbeiten zu können. Auch der Wunsch nach einer persönlicheren Zusammenarbeit kommt jedoch deutlich heraus, was mit Ergebnissen von Kristensson und Norlander (2003) übereinstimmt, dass *ftf*-Kollaboration zu höherer Arbeitszufriedenheit führt als virtuelle Zusammenarbeit. Die Werte zum Einfluss der *Media Synchronicity* auf die Zusammenarbeit unterscheiden sich zwischen den face-to-face und den virtuell arbeitenden Gruppen nicht wesentlich. Insgesamt waren die Probanden in dieser Studie im Schnitt der Meinung, dass die Übertragungsgeschwindigkeit des jeweils verwendeten Mediums (persönliche Interaktion oder Chat) zusammen mit Symbolvarietät und Parallelität für die eigene kreative Leistung am hilfreichsten war. Überarbeitbarkeit wurde im Schnitt als mittel unterstützend für die eigene kreative Leistung empfunden, und die Wiederverwendbarkeit der Ideen anderer Teammitglieder wurde als am wenigsten hilfreich bewertet.

Persönlichkeitsmerkmale ▪ Mit dem kreativen Ergebnis korreliert Extraversion in der *ftf*-Gruppe hoch signifikant, in der virtuellen Gruppe die Offenheit für Erfahrungen.

Diese Persönlichkeitsdimension beinhaltet unter anderem eine Offenheit für Neues (Costa & McCrae, 1985), die möglicherweise bei der effektiven Arbeit über ein ungewohntes elektronisches Kommunikationsmedium unterstützt. Verschiedene Studien belegen einen positiven Einfluss von Extraversion auf kreative Leistung (Barron, 1955; Getzels & Jackson, 1962). Allerdings ist die Frage nach dem Grund für diese förderliche Auswirkung bislang noch offen. Unter Umständen hat hier das größere Mitteilungsbedürfnis extravertierter Personen einen Einfluss, welches nur *face-to-face* voll zum Tragen kommen kann. In persönlicher Interaktion wurden von extravertierten Personen daher möglicherweise mehr Ideen in die Diskussion eingebracht, während sich dieses Persönlichkeitsmerkmal in den virtuellen Gruppen nicht in gleicher Weise entfalten konnte. Für die übrigen Persönlichkeitsdimensionen konnten keine signifikanten Zusammenhänge mit der Ergebnisvariablen ermittelt werden. Baer et al. (2008) postulieren, dass Personen mit einer starken Ausprägung von Neurotizismus eher als andere offen ihre Meinung kundtun, was dem kreativen Teamprozess durchaus förderlich sein kann. Möglicherweise konnte dieser oder ein vergleichbarer Effekt die negativen Einflüsse dieses Persönlichkeitsmerkmals im Experiment ausbalancieren. Hinsichtlich der Natur des Zusammenhangs zwischen Gewissenhaftigkeit und Kreativität gab es in der Literatur bisher keinen Konsens (Fromm, 1959; Guilford, 1959). In der vorliegenden Studie wurde jedoch statt eines positiven oder negativen Zusammenhangs überhaupt keine Signifikanz festgestellt. Es ist möglich, dass die untersuchte Stichprobe nicht groß genug war, um einen signifikanten Zusammenhang feststellen zu können oder aber dass zwei gegenläufige Effekte der Gewissenhaftigkeit sich gegenseitig aufgehoben haben. Weiterhin ist möglich, dass die Ausprägungen von Neurotizismus und Gewissenhaftigkeit in der hier untersuchten Stichprobe nicht extrem genug waren, um zu statistisch relevanten Ergebnissen zu führen. Der Befund, dass Unsicherheitstoleranz nur in der Gruppe der variabel Vergüteten signifikant mit dem kreativen Ergebnis korreliert, deckt sich mit den Ausführungen von Mayer et al. (2005), die unter anderem dafür plädieren, auf eine Abstimmung von Risikoneigung des Mitarbeiters und Anreizsystem zu achten. Zu diesem Abschnitt sei abschließend darauf hingewiesen, dass die Testung des Gesamtmodells keinen signifikanten Einfluss der Persönlichkeitsmerkmale auf das kreative Ergebnis ergab, wenn die übrigen Determinanten konstant gehalten wurden.

Sie haben zwar einen signifikanten Erklärungsanteil an der Ergebnisvariable, der allerdings nur so lange besteht, bis stärkere Erklärungsvariablen wie intrinsische Motivation und variable Vergütung (Gesamtstichprobe), intrinsische Motivation und Kennenlernen in der Übungsaufgabe (virtuelle Teams) oder wahrgenommene eigene Leistung und variable Vergütung (*face-to-face* Teams) in die Regression mit aufgenommen werden. Dies lässt sich eventuell dadurch erklären, dass Kreativität bzw. kreative Leistung eine starke situative Komponente hat (Amabile, 1988; Rhodes, 1961; Woodman et al., 1993), die den Einfluss von Persönlichkeitsfaktoren überlagert.

Zusammenarbeitsform ▪ Zum Vergleich der kreativen Ergebnisse von virtuellen und *face-to-face* zusammenarbeitenden Gruppen wurden T-Tests durchgeführt. Bei Betrachtung des *KpP* (Kreativitätswert pro Person) ergibt sich für die erste Aufgabe ein signifikanter Unterschied zwischen beiden Gruppen. Der Wert ist bei den *ftf*-Gruppen höher. Allerdings wird der T-Test für die zweite Aufgabe nur dann signifikant, wenn ausschließlich die *Anzahl* der produzierten Ideen betrachtet wird. Das bedeutet also, Probanden in den *face-to-face* zusammenarbeitenden Gruppen produzierten in der ersten Aufgabe Ideen, die denen der virtuellen Gruppen überlegen waren, wenn sowohl die Anzahl als auch die Qualität der Ideen betrachtet wurden. In der zweiten Aufgabe waren die *ftf*-Gruppen den virtuellen nur noch in der Anzahl der produzierten Ideen überlegen. Im Umkehrschluss bedeutet dies, dass die *face-to-face* zusammenarbeitenden Probanden entweder die Qualität ihrer Ideen reduziert oder aber die virtuell arbeitenden Probanden in der zweiten Aufgabe qualitativ höherwertige Ideen produziert haben müssen als in der ersten Aufgabe. Bei der Berechnung der mittleren Leistungssteigerung (*LpM*) pro Gruppe zeigt sich, dass in beiden Bedingungen eine Leistungssteigerung (nicht etwa ein Leistungsabfall) vorliegt, der in der virtuellen Gruppe allerdings deutlich höher ausfällt als in der *face-to-face*-Gruppe. Obwohl sich dieser Unterschied im T-Test mit p=.057 als nur tendenziell signifikant erweist, kann jedoch festgehalten werden, dass sich virtuell zusammenarbeitende Gruppen offensichtlich mit fortdauernder Zusammenarbeit dem Qualitätsniveau realer Gruppen annähern können oder diese sogar übertreffen, wobei die rein quantitative Leistung bei *face-to-face*-Kollaboration jedoch weiterhin höher ist. Möglicherweise wurde dies durch den nivellierenden Effekt des virtuellen Kommunikationsmediums mit bewirkt. Betrachtet man, dass soziale Konventionen den produktiven Austausch von Ideen hemmen (Amabile & Khaire, 2008), mögen eventuelle Nachteile der virtuellen Arbeitsumgebung dadurch kompensiert worden sein, dass bei virtueller Zusammenarbeit individuelle Unterschiede nicht vollständig transportiert werden. Zudem wird durch die weitgehend störungsfreie virtuelle Arbeitsumgebung die Konzentration auf die kreative Aufgabe erleichtert (Amabile & Khaire, 2008), was ebenfalls zu dem eben beschriebenen Ergebnis beigetragen haben mag.

Die berichteten Effektgrößen für die signifikanten Gruppenunterschiede der kreativen Leistung in Aufgabe 1 sowie in der relativen Leistungssteigerung sind gering, während der Unterschied hinsichtlich der Anzahl in Aufgabe 2 im mittleren Bereich liegt. Daraus lässt sich folgern, dass der Vorteil, den *face-to-face*-Teams hinsichtlich der Anzahl produzierter Ideen gegenüber virtuellen Teams herausarbeiten, in der Praxis die höchste Relevanz aufweisen dürfte (vgl. zur Bedeutung der Effektgröße S. 145).

Die intrinsische Motivation sinkt im Verlauf des Experiments bei den *face-to-face*-Zusammenarbeitenden leicht ab, was zwar tendenziell signifikant wird ($p<.10$), aber nur eine geringe bis mittlere Effektgröße aufweist ($r=.24$). Möglicherweise ließe sich bei erneuter Untersuchung jeweils größerer Stichproben spezifischer feststellen, inwieweit die Zusammenarbeitsform sich direkt auf die intrinsische Motivation auswirkt. Für diese Untersuchung lässt sich keine gesicherte Aussage darüber treffen. Allerdings zeigen sich interessante Ergebnisse beim Vergleich der virtuell Arbeitenden mit und ohne Vertrautmachen in der Übungsaufgabe, was ab S.194 diskutiert wird. Davon abgesehen zeigte sich, wie oben bereits beschrieben, dass die *face-to-face* zusammenarbeitenden Gruppen im Experiment den virtuellen hinsichtlich der Anzahl der produzierten Ideen überlegen waren. Dies stimmt mit Amabile (1988) überein, dass die reine Erfüllung der Aufgabe mit abnehmender intrinsischer Motivation nicht leidet, während für gute kreative Leistungen, die auch die kreative Qualität der Ideen beinhaltet, ein hohes Maß an intrinsischer Motivation nötig ist.

Vergütungsform ▪ Die T-Tests zur Ermittlung signifikanter Gruppenunterschiede zwischen den fix und den variabel vergüteten Probanden werden für *KpP* und Anzahl der Ideen bereits für die erste Aufgabe, also vor Einführung des variablen Vergütungssystems, signifikant und weisen bis auf eine Ausnahme mittlere Effektgrößen auf. Dieses Ergebnis deutet auf einen systematischen Stichprobenunterschied hin, obwohl die Probanden den Bedingungen jeweils zufällig zugeordnet worden waren.

Es wurde auf Basis der Literatur ein negativer Zusammenhang zwischen variabler Vergütung und dem kreativen Ergebnis erwartet. Die Ergebnisse zeigen allerdings, dass die variabel vergüteten Gruppen höhere Mittelwerte aufweisen als die fix vergüteten. Die intrinsische Motivation sinkt in den fix vergüteten Gruppen zwischen der ersten und der zweiten Messung signifikant ab ($p<.01$), wobei die Effektgröße sich im mittleren Bereich befindet ($r=.38$). Allerdings sinkt auch in der Bedingung mit variabler Vergütung die intrinsische Motivation im Mittel ($M_1=4.42$, $SE_1=0.21$; $M_2=4.29$, $SE_2=0.21$), wobei hier von allen untersuchten Subgruppen die deutlich geringste Differenz festgestellt werden kann. Dieses Ergebnis zeigt, dass durch das In-Aussicht-Stellen von variabler Vergütung der intrinsische Motivationsverlust eventuell eingeschränkt werden kann. Vergleicht man diesen Befund mit den Ausführungen von Kunz und Quitmann (2011) zu Auswirkungen von Anreizsystemen auf die intrinsische Motivation, so wurde das variable Vergütungssystem von den Probanden in der vorliegenden Studie möglicherweise als kontrollierend oder auch informativ wahrgenommen, wohingegen eine amotivierende Bewertung des Systems unwahrscheinlich ist.

In der Gesamtstichprobe sowie in den *ftf*-Teams bildet die variable Vergütung eine der wichtigsten Determinanten kreativer Leistung, wie die Auswertung des Gesamtmodells zeigt. In der Gesamtstichprobe erklärt sie zusammen mit intrinsischer Motivation jeweils signifikante Varianzanteile der Ergebnisvariablen, während in den *face-to-face*-Gruppen zusätzlich auch die Wahrnehmung der Eigenleistung noch einen signifikanten Einfluss hat. Bei nicht-virtueller Arbeit kann in dieser Stichprobe also mit variabler Vergütung bessere kreative Leistung erreicht werden als mit fixer Vergütung. Es hat sich allerdings auch gezeigt, dass der Vorsprung der variabel vergüteten Gruppen vor allen Dingen auf die höhere Anzahl produzierter Ideen zurückgeführt werden kann, während die Qualität zum Teil, nämlich bei Aufgabe 2, leicht hinter die der fix vergüteten Gruppen zurück fällt. Auch die Leistungssteigerung pro Minute fällt bei den fix vergüteten Gruppen etwas höher aus. Dies deckt sich mit den Ergebnissen verschiedener Autoren, die bei weniger komplexen Aufgaben keinen negativen und mitunter auch einen positiven Effekt zusätzlicher extrinsischer Motivation auf kreative Leistung feststellen konnten (Amabile, 1988; Baer et al., 2003; McGraw, 1978). In ihrer Komplexität schwierigere Aufgaben oder Aufgaben mit offenem Ausgang profitieren andererseits bei diesen Autoren nicht von extrinsischen Anreizen, wobei sich auch hier tendenziell die Aussage treffen lässt, dass die kreative Qualität der produzierten Ideen durch die variable Vergütung nicht verbessert wurde.

Vertrautheit ▪ Die Ergebnisse der T-Tests über Unterschiede hinsichtlich der Vertrautheit zeigen, dass das Vertrautmachen in der Übungsaufgabe eine kreative Leistungssteigerung zur Folge hatte. Die Ergebnisvariable *KpP* unterscheidet sich signifikant zwischen den Gruppen, und zwar zu Gunsten der Experimentalbedingung *Vertrautmachen in der Übungsaufgabe*, die zu jeweils höheren Mittelwerten führte. In der ersten Aufgabe scheint die Qualität der Ideen (ablesbar an der Variable *KPI*) einen deutlichen Teil dazu beigetragen zu haben, denn diese liegt mit p=.067 bei den virtuellen Gruppen mit Vertrautmachen in der Übungsaufgabe tendenziell signifikant höher (p<.10). Der signifikante Gruppenunterschied in der zweiten Aufgabe lässt sich vor allem auf die signifikant höhere Anzahl der Ideen derjenigen Gruppen zurückführen, die sich in der Übungsaufgabe miteinander vertraut gemacht hatten. Wenngleich die relative Leistungssteigerung (*LpM*) sich zwischen den Bedingungen nicht signifikant unterscheidet, liegt jedoch auch hier der Mittelwert bei den miteinander vertraut gemachten Gruppen etwas höher. Auch im Gesamtmodell für die virtuellen Teams ist das Vertrautmachen in der Übungsaufgabe der einzige Faktor, der bei Konstanthalten der übrigen Determinanten signifikante Erklärungsanteile für die Varianz der Ergebnisvariablen leistet. Es lässt sich also sehr deutlich ablesen, dass in diesem Experiment bereits fünf Minuten, die damit verbracht wurden, das virtuelle Gegenüber ein wenig besser kennen zu lernen, eine signifikant höhere kreative Leistung nach sich ziehen. Die durchweg hohen Effektgrößen des Tests zeigen eine hohe praktische Relevanz an. Dieses Ergebnis lässt sich beispielsweise mit der *SIP* Theorie (Walther, 1992) erklären. Durch die in der Übungsaufgabe erhaltenen Informationen zum jeweiligen virtuellen Gegenüber war es den Probanden möglich, von Studienfach, Alter, Geburtsort o.ä. auf individuelle Persönlichkeitsmerkmale zu schließen und die Teammitglieder so besser einzuschätzen, was zu einer erheblichen Unsicherheitsreduktion beigetragen haben kann. Dadurch konnte in der Folge besser kooperiert werden und es mag den Probanden auch leichter gefallen sein, offen miteinander umzugehen.

Es stellt sich weiterhin die Frage, ob ein miteinander Vertrautmachen die kreativen Ergebnisse einer virtuellen Zusammenarbeit so weit verbessern kann, dass sie sich der Leistung von Teams angleicht, die persönlich interagierend zusammenarbeiten. Die Mittelwerte der virtuellen Gruppen mit Vertrautmachen in der Übungsaufgabe liegen hinsichtlich des Gesamtergebnisses *KpP*, der kreativen Qualität *KPI* sowie der Leistungssteigerung pro Minute *LpM* über denen der *face-to-face*-Gruppen. Die Kreativitätswerte der virtuellen Gruppen mit Vertrautmachen in der Übungsaufgabe unterscheiden sich nicht signifikant von denen der *ftf*-Gruppen. Das bedeutet, dass, obwohl die persönlich interagierenden Gruppen den virtuellen Gruppen, zumindest zu Beginn der Zusammenarbeit, insgesamt überlegen sind, ein miteinander Vertrautmachen die kreative Leistung so weit erhöhen kann, dass von Beginn an kein signifikanter Unterschied zwischen virtuellen und *face-to-face*-Gruppen mehr feststellbar ist. Interessant dabei ist, dass zwar die Anzahl der Ideen in der zweiten Aufgabe in der *face-to-face*-Bedingung signifikant höher liegt als in jeder der beiden virtuellen Bedingungen, jedoch weder bei der reinen kreativen Qualität (*KPI*) noch beim Gesamtergebnis (*KpP*) ein signifikanter Unterschied zwischen *face-to-face* und virtueller Bedingung mit Vertrautmachen in der Übungsaufgabe vorliegt. Diejenigen Gruppen, denen für fünf Minuten zu Beginn der Zusammenarbeit gestattet wurde, sich über persönliche Belange auszutauschen, leisten also den sich persönlich Gegenübersitzenden vergleichbare Arbeit, was die Kreativität betrifft. Allein die Anzahl der Ideen überwiegt bei längerer persönlicher Zusammenarbeit gegenüber der virtuellen Kooperation, auch wenn ein miteinander Vertrautmachen erfolgen konnte.

Noch einmal auf den Punkt gebracht zeigen die Ergebnisse, dass ein kurzer Austausch über persönliche Informationen zu den einzelnen Teammitgliedern die Kreativität in der virtuellen Gruppe von Anfang an auf das Niveau einer *face-to-face*-Zusammenarbeit hebt. Virtuelle Gruppen, die sich nicht über Persönliches austauschen, bleiben in ihrer Gesamtleistung hingegen zunächst signifikant hinter der von direkt Zusammenarbeitenden zurück. Auch steigern virtuelle Teams, die sich miteinander vertraut gemacht haben, ihre Leistung über mehrere Aufgaben hinweg gegenüber realen Teams signifikant mehr, während die Leistungssteigerung ohne ein miteinander Vertrautmachen in virtuellen Teams rein statistisch der von realen Teams entspricht. Bei rein quantitativen Aufgaben scheint direkte Zusammenarbeit, obwohl anfänglich Gleichstand mit virtuellen Teams herrschen kann, jedoch die bessere Lösung zu sein, denn hier gibt es auch verglichen zu virtuellen Teams, die sich miteinander vertraut machen durften, in der zweiten Aufgabe einen signifikanten Unterschied.

Die Betrachtung der intrinsischen Motivation zeigt, dass diese in der Bedingung ohne Vertrautmachen in der Übungsaufgabe hoch signifikant ($p<.01$) und mit hoher Effektgröße ($r=.51$) absinkt. Hier wird mit $\Delta=1.04$ von allen Experimentalgruppen die höchste Differenz zwischen dem ersten und dem zweiten Messzeitpunkt erreicht ($\Delta_{gesamt}=0.43$). Die Gruppe der virtuell Zusammenarbeitenden mit Vertrautmachen in der Übungsaufgabe ist die einzige, in der die intrinsische Motivation im Mittel leicht ansteigt ($M_1=4.45$, $SE_1=0.27$; $M_2=4.78$, $SE_2=0.33$). Dieser Anstieg ist jedoch nicht signifikant und weist eine geringe bis mittlere Effektgröße von $r=.2$ auf. Wie auf S.190 gezeigt wurde, ist das Absinken der intrinsischen Motivation in den *ftf*-Gruppen signifikant, während dies in den virtuellen Gruppen insgesamt nicht der Fall ist. Fällt jedoch die Möglichkeit zum miteinander Vertrautmachen zu Beginn der Zusammenarbeit aus, so verzeichnen die virtuellen Gruppen das deutlich größte Absinken der intrinsischen Motivation. Ein miteinander Vertrautmachen erweist sich also auch in dieser Hinsicht als äußerst wertvoll.

Rahmenbedingungen und Gruppenprozesse ▪ In Übereinstimmung mit den Ausführungen einer Reihe von Autoren (Amabile, 1988; Amabile et al., 1996; Amabile et al.,

2002; Amabile & Khaire, 2008; Barron, 1955; Binnewies & Wörnlein, 2011; Frese et al., 1999; Hackman & Oldham, 1974; Moll, 2006; Ohly et al., 2006; Oldham & Cummings, 1996) konnte Hypothese 5a mit dem Befund für diese Studie bestätigt werden, dass sowohl die subjektiv empfundene Freiheit bei der Aufgabenbearbeitung als auch die wahrgenommene eigene Leistung hoch signifikant mit dem kreativen Ergebnis korrelieren.

Nach Hypothese 5b ist die wahrgenommene eigene Leistung bei der *face-to-face*-Zusammenarbeit ein wichtigerer Einflussfaktor auf das kreative Ergebnis als bei der virtuellen Zusammenarbeit. Diese Hypothese wird durch die hier vorliegenden Daten gestützt. Möglicherweise kommt dies dadurch zu Stande, dass bei der virtuellen Zusammenarbeit die Rückmeldung über die eigene Leistung durch die Teamkollegen fehlt (Oldham & Cummings, 1996) und der eigenen Einschätzung dadurch eventuell weniger stark vertraut wird. Die zusätzliche Feedback-Möglichkeit in der *ftf*-Bedingung, um die eigene Einschätzung anhand von Reaktionen Anderer abzugleichen, mag zu diesem Ergebnis beigetragen haben.

Hypothese 5c, nach der kompetitives Verhalten, bzw. Dominanz in virtuellen Teams negativ mit der kreativen Leistung zusammenhängt, konnte in der vorliegenden Studie gestützt werden, obwohl die Dominanz in den Gruppen im Mittel sehr niedrig war. Ein positiver Effekt von Kooperation konnte hingegen nicht festgestellt werden. Dass dieser negative Zusammenhang zwischen Dominanz und Kreativität in der virtuellen Bedingung signifikant ist, während dies in den *face-to-face* Gruppen nicht der Fall ist, kann möglicherweise daran liegen, dass es bei virtueller Zusammenarbeit persönlichkeitsunabhängig einfacher ist, die Unterhaltung zu dominieren. Auch Tippgeschwindigkeit und Versiertheit im schriftlichen Ausdruck können hier zu einer de facto Dominierung der übrigen Teammitglieder beitragen. In persönlicher Interaktion hemmen soziale Konventionen und non-verbale Signale der Kollegen mitunter eine zu starke Verbalisierung, so dass Dominanz nur bei entsprechender Disposition auftritt. Bei virtueller Zusammenarbeit kann sie hingegen auch ungewollt vorkommen und den kreativen Ablauf im Team stören. Es ist allerdings auch denkbar, dass in face-to-face-Teams Einzelne in ihrem Dominanzstreben schnell anerkannt werden, eine strukturierende Funktion übernehmen und die Zusammenarbeit dadurch verhältnismäßig reibungslos weiter verläuft, während virtuelle Gruppen sich selbst führen und kein Bedarf nach einer Führungsperson besteht (Cordery et al., 2009; Kirkman et al., 2004), weshalb nach Dominanz strebende Team-Mitglieder eher zu Störfaktoren werden.

Die Auswertung des Gesamtmodells zeigt, dass die wahrgenommene Freiheit und eigene Leistung einen signifikanten Einfluss auf das kreative Ergebnis haben, bzw. Varianzanteile in der Ergebnisvariablen erklären. Allerdings ist allein in den *ftf*-Gruppen die wahrgenommene eigene Leistung im letzten Regressionsschritt noch signifikant, erklärt also, zusammen mit variabler Vergütung und in geringerem Maße intrinsischer Motivation, auch noch einen signifikanten Anteil an der Varianz, wenn alle übrigen Determinanten konstant gehalten werden. Demnach ist bei direkter Zusammenarbeit die Einschätzung der eigenen Leistung eine der wichtigsten Determinanten für kreative Leistung.

Intrinsische Motivation ▪ Intrinsische Motivation korreliert in dieser Untersuchung erwartungsgemäß in allen Teilgruppen stark mit dem kreativen Ergebnis, wobei die höchste Korrelation in den virtuellen Teams zu finden ist. Dies deckt sich mit der getroffenen Annahme, dass die intrinsische Motivation bei virtueller Zusammenarbeit möglicherweise den fehlenden Effekt der non-verbalen Rückmeldung (z. B. aufmunterndes Nicken) durch Teammitglieder ersetzt. Auch die Hypothese 6b stützenden Ergebnisse zur höheren Leistungssteigerung bei stärkerer intrinsischer Motivation decken sich mit den Erkenntnissen aus der Literatur (1988; Amabile et al., 1996; 2008; Deci & Ryan, 1985, 2000), dass bei hoher intrinsischer Motivation die kreative Leistung mehr gesteigert wird als bei geringer intrinsischer Motivation. Allerdings konnte dieser Effekt nur für die virtuelle Zusammenarbeit gezeigt werden, während der Zusammenhang in der *face-to-face*-Bedingung nicht signifikant ist. Auch hier hat sich also die postulierte größere Wichtigkeit der intrinsischen Motivation bei virtueller Arbeit bestätigt. Darüber hinaus konnten auch signifikante Zusammenhänge der wahrgenommenen Freiheit bei der Aufgabenbearbeitung, der wahrgenommenen eigenen Leistung und der wahrgenommenen Kooperation in der Arbeitsgruppe mit der intrinsischen Motivation gezeigt werden, die in den virtuellen Gruppen jeweils stärker waren. Für Kooperation war der Zusammenhang in den *face-to-face*-Gruppen nicht signifikant, sondern nur in der virtuellen Bedingung. Die weitergehende Analyse legte darüber hinaus verschiedene Mediatoreffekte offen. Wie sich zeigte, wurde in dieser Untersuchung der kreativitätsförderliche Effekt wahrgenommener Freiheit vollständig und derjenige wahrgenommener eigener Leistung teilweise durch intrinsische Motivation mediiert, während für Kooperation in den Regressionsanalysen kein Mediatoreffekt, sondern nur ein positiver Einfluss auf die intrinsische Motivation festgestellt werden konnte. Die getrennte Analyse für virtuelle und face-to-face-Teams ergab einen Mediatoreffekt intrinsischer Motivation für die wahrgenommene eigene Leistung in den virtuellen Gruppen und keinen Mediatoreffekt in der *ftf*-Bedingung. Die Analyse des Gesamtmodells ergab für die Gesamtstichprobe sowie die *ftf*-Teams einen signifikanten Erklärungsanteil der intrinsischen Motivation an der Varianz der Ergebnisvariablen, selbst wenn die übrigen Determinanten konstant gehalten wurden. Demnach bildete die intrinsische Motivation in den direkt zusammenarbeitenden Teams einen der wichtigsten Einflussfaktoren auf die kreative Leistung, während bei der virtuellen Zusammenarbeit die Vertrautheit mit den Teammitgliedern, vermittelt durch das kurze Kennenlernen in der Übungsaufgabe, die weitaus wichtigere Determinante darstellte, die sogar den Einfluss der intrinsischen Motivation überdeckte.

12 Handlungsempfehlungen und Implikationen für die Praxis

In diesem Kapitel werden durch die Zusammenführung von bestehender Literatur und den Ergebnissen der vorliegenden Studie Implikationen für die praktische Ausschöpfung des Potenzials von virtueller Zusammenarbeit für kreative Aufgaben abgeleitet.

Die Testung der Hypothesen 1a bis 1d, die mit dem Zusammenhang unterschiedlicher Persönlichkeitsfaktoren mit dem kreativen Ergebnis befasst sind, zeigt, dass vor allem Extraversion und Offenheit für neue Erfahrungen für das kreative Ergebnis von Belang sind. Die Testung der Hypothese 1f sowie des Gesamtmodells offenbart, dass bei virtueller Zusammenarbeit Offenheit signifikanten Einfluss auf die kreative Leistung ausübt, während bei *face-to-face* Kooperation Extraversion die wichtigere Variable darstellt. Diese Erkenntnisse haben Implikationen für Gewinnung, Bindung und Motivation von Mitarbeitern. Bei der Einstellung von Mitarbeitern für Arbeitsgruppen, in denen kreative Problemlösung eine große Rolle spielt, sowie bei der Zusammensetzung von Teams, die kreative Leistungen erbringen sollen, sollte auf diese Persönlichkeitsfaktoren deutlicher Wert gelegt werden. Der Einsatz von Persönlichkeitsfragebögen im Rahmen eines Assessment Centers wäre eine denkbare Maßnahme. Auch Personalentwicklungsmaßnahmen können unter Umständen dabei helfen, die notwendigen Rahmenbedingungen für kreatives Arbeiten zu schaffen, wenngleich Persönlichkeitsstrukturen dadurch nicht verändert werden können. Durch geeignete Weiterbildungsmaßnahmen oder auch Arbeitsplatz- und Online-Workspace-Gestaltung können Mitglieder kreativer virtueller und *face-to-face* Teams dazu angeleitet werden, bei der Problemlösung offen für ungewöhnliche Ideen zu sein und diese auch anzubringen. Es bieten sich hierzu unter anderem Teambuilding-Maßnahmen an, die eine vertrauensvolle, gemeinschaftliche Basis für die Zusammenarbeit schaffen. In einer solchen Atmosphäre können kreative Ideen optimal entfaltet werden.

Hinsichtlich der Bindung von Mitarbeitern kann im Umkehrschluss darauf geachtet werden, Unternehmensmitglieder entsprechend ihrer Persönlichkeitsstrukturen einzusetzen. So sollten für kreative Personen Arbeitsbedingungen geschaffen werden, die ihrer offenen und extravertierten Persönlichkeit entgegen kommen. Dies kann beispielsweise bedeuten, dass verstärkt Zielvereinbarungen getroffen und offene Aufgabenstellungen gegeben werden. Es kann sich bei solchen Persönlichkeiten als hilfreich erweisen, ein vorgegebenes Programm zur Problemlösung zu vermeiden und eher auf einen Plan, also das angestrebte Ziel, zu setzen. Kreative Personen werden effektiver, motivierter und zufriedener arbeiten, wenn ihrem offenen und aufgeschlossenen Charakter bei der Aufgabengestaltung entgegen gekommen wird. Zudem sollte sich dies auch positiv auf den Verbleib im Unternehmen auswirken.

Die Testung der Hypothese 1e zeigte, dass Unsicherheitstoleranz sich in dieser Studie bei variabel vergüteten Personen signifikant positiv auf das kreative Ergebnis auswirkte. Dies impliziert, dass bei der Einstellung von Mitarbeitern für eine variabel vergütete Position, die kreatives Arbeiten erfordert, hohe Unsicherheitstoleranz ein deutliches Plus darstellt. Im Umkehrschluss kann es sinnvoll sein, nur diejenigen Unternehmensmitglieder variabel zu vergüten, die dieses Persönlichkeitsmerkmal aufweisen, sofern eine Wahlmöglichkeit besteht. Auch Mayer et al. (2005) weisen darauf hin, dass bei der Ausgestaltung von Anreizsystemen auf eine paretoeffiziente Risikoverteilung geachtet werden sollte. Unsicherheitsvermeidende, also risikoaverse Mitarbeiter sollten nicht dazu gezwungen werden, durch eine bestimmte Form der Vergütung ein höheres Risiko einzugehen als sie bevorzugen würden. Variable Vergütung kann aber für unsicherheitstolerante Mitarbeiter offenbar eine zusätzlich belohnende Maßnahme sein, die sich auf die kreative Leistung unterstützend auswirkt.

Es zeigte sich bei der Testung der Hypothese 1f sowie des Gesamtmodells, wie bereits erwähnt, dass bei virtueller und *face-to-face*-Zusammenarbeit jeweils unterschiedliche Persönlichkeitsmerkmale mit dem kreativen Ergebnis signifikant zusammenhängen. Es empfiehlt sich also, bei der Zusammenstellung von Teams, die virtuell oder persönlich kooperieren sollen, auf die jeweils angemessene Persönlichkeitenkonstellation für die entsprechende Arbeitsumgebung zu achten. Da dies häufig Aufgabe des nächsten Vorgesetzten sein wird, sollten hier entsprechende Hilfsmittel an die Hand gegeben werden. Denkbar wäre etwa, dass vor der Zuteilung eines Mitarbeiters zu einem virtuellen Kreativ-Team ein Gespräch mit dem Vorgesetzten geführt wird, währenddessen jener mittels vorgegebener Leitfragen die persönlichen Dispositionen des Mitarbeiters abfragt, um zu gewährleisten, dass dieser dem optimalen Team zugeteilt wird.

Überdies hat jedoch, wie aus der Analyse des Gesamtmodells für die Gesamtstichprobe wie auch die Unterstichproben zu virtueller und *face-to-face* Zusammenarbeit ersichtlich wird, Persönlichkeit im Gegensatz zu beispielsweise Vertrautheit oder auch der wahrgenommenen eigenen Kompetenz vergleichsweise weniger Einfluss auf das kreative Ergebnis. Es kann also keineswegs schaden, individuelle Persönlichkeitsstrukturen bei der Gestaltung von Aufgaben und Arbeitsplätzen zu berücksichtigen, allerdings bietet es sich bei der Priorisierung verschiedener Maßnahmen an, zunächst diejenigen Einflussfaktoren zu fokussieren, die sich als für die unterschiedlichen Zusammenarbeitsformen besonders relevant herausgestellt haben. Darauf wird im weiteren Verlauf dieses Kapitels jeweils noch genauer eingegangen.

Hypothese 2 besagte für diese Untersuchung, dass virtuelle Teams eine geringere Leistung erbringen als *face-to-face* Teams. Dies konnte in der vorliegenden Studie nur teilweise bestätigt werden. Es zeigte sich vielmehr, dass die *face-to-face* arbeitenden Gruppen den virtuellen nur zu Anfang, während der ersten Aufgabe, überlegen waren. Bei der zweiten Aufgabe im Experiment konnte kein signifikanter Unterschied zwischen *face-to-face* und virtuell hinsichtlich des kreativen Gesamtergebnisses mehr festgestellt werden. Lediglich bei der Anzahl der kreativen Ideen waren die *face-to-face* Gruppen in der zweiten Aufgabe überlegen. Dieses Ergebnis weist darauf hin, dass auch virtuelle Teams zur kreativen Problemlösung herangezogen werden können. Die aktuelle Forschung ist zu diesem Punkt nach wie vor widersprüchlich (vgl. Kap. 7).

Besonders unter Zeitdruck kann virtuelle Zusammenarbeit die Produktion von kreativen Ideen und deren Implementierung unterstützen (Amabile et al., 2002), da sie aufgrund ihrer asynchronen und oft bilateralen Natur Zeitfresser wie unnötig ausgedehnte Gruppen-Meetings und häufige Ablenkungen minimiert und der kreativ Arbeitende sich selbst seine „geschützte Kreativ-Zeit" („protected creativity time"; Amabile et al., 2002, S. 60) schaffen kann – sofern es ihm Vorgesetzte und Unternehmenskultur erlauben (vgl. Kap. 2.4). Allerdings gilt auch hier, dass die kognitive Verarbeitung komplexer Zusammenhänge und Ideen (kreativ oder nicht) eine gewisse Zeit erfordert, die auch bei virtueller Zusammenarbeit gewährleistet sein muss. Das Ergebnis dieser Studie impliziert, dass virtuelle Gruppen für kreative Aufgaben, die auf die Anzahl der gelieferten Ideen fokussiert sind, weniger gut geeignet sind als *face-to-face* Teams. Hinsichtlich des kreativen Gesamtergebnisses, also Qualität und Quantität betrachtend, schließen sie jedoch mit etwas Zeit zu den persönlich miteinander interagierenden Gruppen auf. Wenn es die organisationalen Gegebenheiten also erforderlich machen, können zum Beispiel Unternehmensmitglieder von unterschiedlichen Standorten virtuell an einer kreativen Problemlösung arbeiten und gute Ergebnisse erzielen. Es muss ihnen nur etwas mehr Zeit eingeräumt werden als vergleichbaren *face-to-face* Teams. Dies kann angesichts zeitlicher und monetärer Einsparungen jedoch unter Umständen wirtschaftlicher sein als ein persönliches Treffen von Mitarbeitern von unterschiedlichen Standorten.

Neben dem Zeitfaktor ist auch das Schaffen einer gemeinsamen Basis, zum Beispiel durch Austausch über persönliche Themen, eine Maßnahme zur Förderung effektiver virtueller Zusammenarbeit, die häufig empfohlen wird (Cramton, 2001; DeRosa et al., 2004; Jarvenpaa et al., 1998; Jarvenpaa & Leidner, 1999; Malhotra & Majchrzak, 2004; Mockaitis et al., 2009; O'Hara-Devereaux & Johansen, 1994; Olson & Olson, 2000; Peters & Karren, 2009; Piccoli & Ives, 2003; Zülch et al., 2006) und sich auch in dieser Studie wieder als sinnvoll erwiesen hat. Hypothese 4, die besagt, dass größere Vertrautheit der Teammitglieder miteinander das kreative Ergebnis positiv beeinflusst, konnte vollständig bestätigt werden. Im hier vorliegenden Experiment war ein fünfminütiger Austausch über rudimentäre persönliche Informationen wie Studienfach und Alter ausreichend, um signifikant bessere kreative Ergebnisse hervorzubringen. In der Literatur zu virtueller Zusammenarbeit wird häufig darauf hingewiesen, dass ein persönliches Kick-Off-Meeting vor Beginn der virtuellen Kollaboration unabdingbar sei (vgl. Kap. 3.1). Mit Blick auf die hier erzielten Ergebnisse kann vorsichtig geschlossen werden, dass bereits ein virtueller Austausch persönlicher

Informationen einen wertvollen Beitrag zum Erfolg kreativen Problemlösens leistet. In vielen Unternehmen werden zum Beispiel über das Intranet Fotos und kurze Steckbriefe aller Mitarbeiter virtuell verteilt. Solcherlei Ansätze können eine Zusammenarbeit ohne persönlichen Kontakt also unter Umständen signifikant verbessern helfen, wenn gleichzeitig dafür gesorgt wird, dass diese Informationen vor einer Kollaboration auch tatsächlich abgerufen werden. Zusätzlich kann auch eine kurze Vorstellungsrunde zu Beginn einer virtuellen Zusammenarbeit eventuell wirksam sein.

Nach Hypothese 3 sollte variable Vergütung in dieser Studie das kreative Ergebnis negativ beeinflussen. Die Testung der Hypothese zeigte jedoch, dass von Beginn an die variabel vergüteten Teams den fix Vergüteten in ihrer kreativen Leistung überlegen waren. Allerdings konnte hinsichtlich der reinen Qualität der kreativen Ideen, von der Anzahl also abgesehen, kein signifikanter Unterschied zwischen den beiden Gruppen festgestellt werden. Dieser Befund deckt sich mit den Ergebnissen von Schuster (2013). Hier kann also geschlossen werden, dass sich variable Vergütung eher für quantitative, akkordfähige Aufgaben eignet, und vor allem für unsicherheitstolerante Personen (vgl. weiter oben) einen zusätzlichen, belohnenden Anreiz liefern kann, bessere kreative Leistung zu zeigen. Bei der Gestaltung eines variablen Vergütungssystems ist es jedoch wichtig darauf zu achten, dass die Bemessungsgrundlage auf realistischen Erwartungen fußt (Amabile, 1988; Amabile et al., 1996; Amabile & Mueller, 2008) und die Selbstbestimmtheit und Kompetenz der Mitarbeiter durch sie nicht eingeschränkt werden (Kunz & Quitmann, 2011), um die intrinsische Motivation und kreative Leistungsbereitschaft bzw. -fähigkeit nicht zu gefährden. Hierbei ist unter anderem auch an nicht-monetäre Belohnungen zu denken, die für kreative Aufgaben vor allem eine Erweiterung des Handlungsspielraums beinhalten können. Wie die hier vorgestellte Studie (Hypothesen 5a und 5b) und zahlreiche Belege aus der einschlägigen Literatur zeigen, sind Unabhängigkeit und ein angemessenes Maß an Freiheit bei der Aufgabenbearbeitung wesentliche Schlüsselfaktoren für kreative Leistung (vgl. z. B. Binnewies & Wörnlein, 2011; Frese et al., 1999; Moll, 2006; Ohly et al., 2006; Sauermann & Cohen, 2008). Es ist daher für Vorgesetzte und Unternehmen unabdingbar, kreativ arbeitenden Mitarbeitern diese

Freiheit zur Verfügung zu stellen. Das erfordert zuvorderst ein Bewusstsein und Wissen über die individuellen Interessen und Fähigkeiten der Mitarbeiter, um sie jeweils passenden Projekten zuordnen zu können; wenn Positionen im Unternehmen mit jeweils angemessenen Personen besetzt sind, ist es mit weniger Risiko verbunden, ihnen größere Freiheiten bei der Durchführung des Projekts zu geben. Wie auch bereits oben in Zusammenhang mit Persönlichkeitsfaktoren beschrieben, sollte bei kreativer Arbeit dem Plan, bzw. dem Ziel, der Vorzug vor einer genauen Festlegung des Prozesses gegeben werden. Bei kreativen Tätigkeiten scheint ein Führen mit Zielvereinbarungen besonders vielversprechend. Wahrgenommene Freiheit bei der Aufgabenbearbeitung ist vor allem in Konjunktion mit der intrinsischen Motivation relevant, wie die Testung der Hypothesen 5a und 5b sowie 6c und 6e zeigt. Durch die Auswertung des Gesamtmodells wird zusätzlich offenbar, dass der Wahrnehmung der eigenen Leistung bei der face-to-face-Zusammenarbeit besondere Relevanz zukommt. Es bietet sich für Unternehmen an, diesem Umstand durch die Installation von institutionalisierten Feedback-Systemen Rechnung zu tragen, um dem Mitarbeiter eine Rückmeldung von außen zu geben, anhand der er seine eigene Wahrnehmung validieren kann. Ein Vorgesetzter sollte dieses Feedback je nach erbrachter Leistung und Persönlichkeit des Teammitglieds gestalten, um eine daraus resultierende Selbstüberschätzung zu vermeiden. Ein Persönlichkeitsaspekt, auf den in diesem Zusammenhang geachtet werden sollte, ist der Locus of Control. Bei einem externalen Locus of Control, wenn also die hohe Leistung externen, durch den Mitarbeiter nicht kontrollierbaren, Einflüssen zugeschrieben wird, sollte das Feedback die eigenen Beiträge des Mitarbeiters zum Erfolg besonders hervorheben und ihn insgesamt in die Lage versetzen, die Rahmenbedingungen dieses Erfolgserlebnisses zu verstehen und wieder herbeiführen zu können. Das Feedback sollte möglichst häufig erfolgen, um die intrinsische Motivation, auf die die wahrgenommene Eigenleistung ebenfalls Auswirkungen hat, permanent aufrecht zu erhalten. Daher kann es angebracht sein, stetige Rückmeldung an Kollegen, Untergebene und Vorgesetzte in die Firmenphilosophie aufzunehmen und eine Feedback-Kultur im Unternehmen zu schaffen. Offiziellere Rückmeldungsarten wie Mitarbeiterjahresgespräche bleiben von dieser zusätzlichen Maßnahme natürlich unberührt.

Wie in Kapitel 2.4 dargestellt wurde, gibt es Ansätze kreativer Unternehmen oder Unternehmensbereiche, wie z. B. bei Google, die Mitarbeitern größte Freiheit bei der Aufgabenbearbeitung ermöglichen. Dabei sind etwa in regelmäßigen Abständen Kreativ-Nachmittage zum selbständigen Arbeiten an eigenen Fragestellungen vorgesehen. Es sind also in dem Fall sowohl das Ziel als auch der Prozess des Arbeitens völlig frei gestellt. Den vorliegenden Ergebnissen zu Folge sind solche Initiativen, vor allem in Hinblick auf Erhaltung der intrinsischen Motivation als sehr positiv und kreativitätsförderlich zu bewerten. Allerdings scheint es ebenfalls essenziell zu sein, diese Maßnahmen mit Rückmeldungen über den eigenen Arbeitserfolg zu unterstützen, um das kreative Ergebnis optimal zu verbessern.

Nach Hypothese 5b ist die wahrgenommene eigene Leistung bei der *face-to-face*-Zusammenarbeit ein wichtigerer Einflussfaktor auf das kreative Ergebnis als bei der virtuellen Zusammenarbeit. Diese Hypothese wird durch die hier vorliegenden Daten gestützt. Möglicherweise kommt dies jedoch dadurch zu Stande, dass bei der virtuellen Zusammenarbeit die Rückmeldung über die eigene Leistung durch die Teamkollegen fehlt, weshalb der eigenen Einschätzung weniger getraut wird. Da in virtuellen Arbeitssituationen Ge- oder Missfallen eines Diskussionsbeitrags nicht durch Kopfnicken oder ähnliche non-verbale Kommunikationsformen mitgeteilt werden können, ist es hier besonders wichtig, ein wirkungsvolles Feedback-System zu etablieren und durchzusetzen. Wenn auch in virtuellen Teams die Einschätzung der eigenen Leistung jedes Teammitglieds durch Rückmeldungen seiner Mitarbeiter unterstützt wird, kann dies eventuell zu einem besseren kreativen Ergebnis beitragen.

Hypothese 5c, nach der kompetitives Verhalten in virtuellen Teams negativ mit der kreativen Leistung zusammenhängt, konnte in der vorliegenden Studie in dieser Hinsicht bestätigt werden. Ein positiver Effekt von Kooperation und Wissensteilung konnte hingegen nicht festgestellt werden. Möglicherweise kommt dieser negative Zusammenhang zwischen Dominanz und Kreativität in virtuellen Teams mitunter versehentlich zu Stande, wenn sich die Teammitglieder hinsichtlich relevanter Fertigkeiten wie zum Beispiel ihrer Tippgeschwindigkeit unterscheiden. Schneller schreibende Kollegen dominieren also die Diskussion, auch wenn sie inhaltlich nicht mehr zu vermitteln haben als virtuell zurückhaltendere Mitarbeiter. Um eine Störung der kreativen Zusammenarbeit durch solche Effekte zu vermeiden, sollten klare Regeln für die virtuelle Kommunikation aufgestellt und durchgesetzt werden. Ähnlich wie Diskussionsregeln für persönliche Zusammenarbeit, wo beispielsweise darauf geachtet wird, sich gegenseitig nicht zu unterbrechen, sollten solche Vorschriften zum Beispiel sicherstellen, dass Rede-, bzw. Schreibanteile angemessen verteilt sind. Solche virtuellen Zusammenarbeitsregeln können idealerweise weiterhin dazu beitragen, eine kooperative Arbeitsatmosphäre zu schaffen, was einer eventuell auftretenden, tatsächlich gewollten Dominierung durch einzelne Teammitglieder entgegen wirken kann, die nicht auf höhere Versiertheit mit dem Medium zurück zu führen ist.

In der vorliegenden Studie konnte Hypothese 6 bestätigt werden, die besagt, dass hohe intrinsische Motivation positiv mit der Güte des kreativen Ergebnisses korreliert. Zusätzlich ergab sich, wie in Hypothese 6a formuliert, dass dieser Zusammenhang bei virtueller Zusammenarbeit stärker ist als in der *face-to-face*-Bedingung im Experiment. Daraus folgt, dass bei virtueller Zusammenarbeit noch mehr auf die Erhaltung und Förderung der intrinsischen Motivation der einzelnen Teammitglieder geachtet werden sollte als bei persönlicher Kooperation. Dies lässt sich zum Beispiel, bei entsprechender Möglichkeit, dadurch erreichen, dass Aufgaben besonders in virtuellen Teams, interessenspezifisch vergeben werden. Darüber hinaus ist variable Vergütung, bei der die Gefahr besteht, die intrinsische Motivation zu verdrängen, bei virtueller Zusammenarbeit nur vorsichtig einzusetzen. Wie diese Studie zeigt, kann variable Vergütung jedoch auch zur Erhaltung intrinsischer Motivation beitragen. Dazu ist jedoch bei der Konzeption des Systems auf verschiedene Faktoren zu achten, die weiter oben bereits diskutiert wurden. Eine Entscheidung über die Vergütungsform sollte zum Beispiel auch unter Berücksichtigung der Persönlichkeitskonstellation getroffen werden. Bei geringer Unsicherheitstoleranz sollte also vor allem bei virtueller Arbeit eher fix vergütet werden. Auch bei kreativen Aufgaben, wo es zentral auf die Qualität, weniger die Quantität der Ergebnisse ankommt, bietet sich variable Vergütung den vorliegenden Ergebnissen zu Folge, nicht an, vor allem nicht bei virtueller Zusammenarbeit.

Die Wahrnehmung der eigenen Kompetenz und die wahrgenommene Freiheit bei der Aufgabenbearbeitung sind wichtige Einflussfaktoren auf die kreative Leistung, die weiter oben bereits beschrieben wurden. Die Testung der Hypothesen 6c und 6e ergab, dass sie bei virtueller Zusammenarbeit vor allem vermittelt über die intrinsische Motivation das kreative Ergebnis beeinflussen, während bei unmittelbarer Zusammenarbeit *face-to-face* lediglich die wahrgenommene Freiheit mit intrinsischer Motivation in Zusammenhang steht. Auch diese Befunde zeigen, dass der intrinsischen Motivation bei virtueller Zusammenarbeit ein besonderer Stellenwert zukommt. Sie beeinflusst nicht nur für sich genommen die kreative Leistung sondern vermittelt auch den Einfluss weiterer wichtiger Einflussfaktoren auf die Kreativität. Um zu gewährleisten, dass wahrgenommene eigene Leistung und wahrgenommene Freiheit bei der Aufgabenbearbeitung vom Mitarbeiter realistisch und möglichst positiv eingeschätzt werden, kann es sich unter Umständen als sinnvoll erweisen, die individuelle Selbstwirksamkeit zu stärken. Dies ist neben speziellen Trainingsmaßnahmen auch durch die Zuteilung sinnhafter Aufgaben sowie stetige bestärkende Rückmeldung durch den Vorgesetzten zu erreichen (Bandura, 1991; Vancouver & Kendall, 2006).

Es ist daher, auch mit Blick auf die Literatur zu diesem Themenbereich, bei der Personalauswahl und Verteilung kreativer Aufgaben notwendig, nicht nur nach kreativitäts- und domänenrelevanten Fähigkeiten auszuwählen, sondern auch intrinsische Motivation sollte eine zentrale Rolle spielen (Amabile, 1988). Weiterhin ist ein zeitlicher Faktor bei diesen Überlegungen zu berücksichtigen: Intrinsische Motivation ist vor allem in den ersten Phasen (Problempräsentation und Ideenfindung) des kreativen Prozesses notwendig, während an späteren Zeitpunkten, wenn kognitive Flexibilität und Kreativität an Wichtigkeit verlieren, extrinsische Anreize dafür sorgen können, dass Arbeiten zeitgerecht und korrekt ausgeführt werden (1993). Vor allem zu Beginn eines Projektes sollte also darauf geachtet werden, die intrinsische Motivation zu fördern und zu erhalten. Dies ist eventuell durch einen anregenden virtuellen Workspace zu erreichen, der im Idealfall von den entsprechenden Personen mitgestaltet wurde.

In diesem Zusammenhang könnte es sich als zielführend erweisen, unter Ausnutzung sozialer Prozesse und zur Förderung eines Gefühls von Autonomie, intrinsischer Motivation und Initiative ein Inter- oder Intranet-Forum zum informellen Austausch kreativer Ideen für Mitarbeiter einer Organisation einzurichten. Zum Beispiel in der Marktforschung werden aktuell solche Foren, oder *Communities*, eingesetzt, in denen Verbraucher der entsprechenden Zielgruppe über einen Zeitraum von wenigen Wochen hinweg den interessierenden Gegenstand lebhaft diskutieren. Dies liefert tiefgehende Einblicke in ganz unterschiedliche Bereiche von Kundeninteressen, da die verwendete Plattform den sozialen Austausch fördert, der zu sehr viel offenerer Kommunikation der eigenen Ansichten führt als es beispielsweise durch Fragebögen erreichbar ist. Diesen kommunikations- und austauschfördernden Effekt sozialer Internet-Plattformen könnten sich Unternehmen auch zur Entwicklung neuer Produkt- oder Dienstleistungsideen zu Nutze machen. Während einem Teil der Arbeitszeit könnte Mitarbeitern Gelegenheit gegeben werden, neue Ideen zu individuell interessierenden Bereichen mit Kollegen zu diskutieren. Dieser Ansatz schafft einerseits ein Gefühl von Autonomie, da selbst entschieden werden kann, wann und zu welchem Thema eine neue Diskussion gestartet wird. Zum anderen wären neu ins Forum eingebrachte Ideen und deren Verfolgung intrinsisch motiviert, was eine hohe Qualität der Resultate verspricht. Idealerweise würde der Aspekt des sozialen Austauschs darüber hinaus dazu führen, dass auch außerhalb der Arbeitszeit, in der entspannten heimischen Umgebung oder von unterwegs, im Forum weiter diskutiert würde, so dass keine spontanen Einfälle verloren gehen. Denkbar wäre auch eine Ergänzung dieses Forums durch eine Smart-Phone App, die den Zugriff auf die Inhalte von unterwegs erleichtert. Sobald eine Idee im Diskurs mit ebenfalls interessierten Kollegen einen bestimmten Grad der Ausreifung erreicht hat, könnte sie gemeinsam einem oder mehreren Vorgesetzten präsentiert werden und, falls Kongruenz mit den Unternehmenszielen gegeben ist, entsprechend weiterverfolgt werden.

In der vorliegenden Studie hat sich insbesondere Offenheit für neue Erfahrungen als kreativitätsförderliche Persönlichkeitsdimension bei virtueller Zusammenarbeit herausgestellt. Da diese Eigenschaft häufig Künstlern zugeschrieben wird, wäre es unter Umständen zielführend, diese in einen innovativen Entwicklungsprozess in angemessener Form virtuell mit einzubinden. Beispielsweise könnten sie an einem Forum, wie oben beschrieben, als sporadische Input-Geber teilnehmen oder auch selbst Diskussionen starten, die für die Mitarbeiter der Organisation zunächst ungewöhnlich erscheinen und so die Beschäftigung mit einem Thema von einem neuen Blickwinkel aus anregen, was divergentes Denken fördert (Guilford, 1959).

Virtuelle Unternehmen bilden sich aktuell vor allem, um Kernkompetenzen zu bündeln, die die ressourcenoptimierte Produktion betreffen. Die Ergebnisse der vorliegenden Studie weisen jedoch darauf hin, dass virtuelle Unternehmensnetzwerke auch für Forschung und Entwicklung, wo es auf den kreativen Austausch von Ideen ankommt, einsetzbar sind. Auch zur kreativen Produktentwicklung und nicht nur dessen Produktion könnten unabhängig von geographischer Nähe oder Distanz fruchtbare Kooperationen entstehen. Auch die oben beschriebene Forums-Idee ließe sich über Unternehmensgrenzen hinweg erweitern.

13 Kritische Würdigung und Implikationen für weitere Forschung

Bei der Interpretation der Ergebnisse in Kapitel 11 wurden Hypothesen, die sich im Experiment nicht bewährt hatten, in Übereinstimmung mit dem Falsifikationismus nach Popper (1994) verworfen. Allerdings ist es möglich, dass trotz sorgfältiger Planung der Studie Artefakte die Messgenauigkeit oder andere Aspekte der Erhebung negativ beeinflusst haben. Diese Problematik ist bekannt als die *Duheme-Quine-These* (Chalmers, 2007) und lässt sich nicht vollständig ausräumen.

In diesem Kapitel wird daher das Vorgehen bei der Planung, Durchführung, Auswertung und Interpretation der empirischen Studie einer kritischen Überprüfung unterzogen. Im Anschluss daran werden Empfehlungen entwickelt, um identifizierte Schwächen bei der Datenerhebung oder -auswertung in zukünftiger Forschung zu umgehen und die betreffenden Fragen einer erneuten Prüfung unterziehen zu können.

Der Methode des Experiments, die hier gewählt wurde, um die Grundlagen eines bislang eher wenig erforschten Gebietes zu untersuchen sowie Kausalaussagen ableiten zu können, ist eine gewisse Praxisferne der vorliegenden Untersuchung geschuldet. In einem experimentellen Untersuchungssetting kann niemals die Realität in ihrer gesamten Komplexität abgebildet werden. So könnte zum Beispiel argumentiert werden, dass Punkt und Schokolade, die Anreize, die den Probanden statt monetärer Belohnung gegeben wurden, keine adäquate Repräsentation der in der Unternehmensrealität vorgenommenen Vergütungen darstellen. Daher kann möglicherweise nicht das durch ein solches Vergütungssystem intendierte Verhalten bei den Probanden hervorgerufen worden sein. Auf der anderen Seite können auch scheinbar kleine Gesten wie eine ehrliche öffentliche Anerkennung der erbrachten kreativen Leistung mehr zur Motivation beitragen als Geld (Amabile & Khaire, 2008), so dass durch die hier gewählte Maßnahme, in einer gesonderten Veranstaltung die jeweils erreichte Belohnung öffentlich zu verteilen, eventuell sogar mehr Motivation geschaffen wurde als in der Realität durch monetäre Vergütung. In welche Richtung auch immer die Ergebnisse möglicherweise verzerrt wurden, ist die Generalisierbarkeit der Ergebnisse dieser Studie in dieser Hinsicht eingeschränkt und würde von einer Überprüfung in realer Umgebung profitieren.

Amabile (1988) zufolge hemmen Einschränkungen der Entscheidungs- und Arbeitsfreiheit und unzureichende Ressourcen, wie zum Beispiel Zeit, die Kreativität. Es ist möglich, dass durch die stark vereinfachte und somit auch zeitlich verkürzte Repräsentation der Realität im Experiment, den Probanden insgesamt nicht genug Zeit zur Verfügung gestanden haben mag, um ihr volles kreatives Potenzial zu entwickeln. Weiterhin wurde im Experiment dadurch ein gewisser Zeitdruck aufgebaut, der sich, z. B. Amabile et al. (2002) und Binnewies und Wörnlein (2011) zufolge positiv oder negativ auf die kreative Arbeit der Probanden ausgewirkt haben könnte, je nach deren Bewertung der Situation. Die Bewertung des Faktors der Überarbeitbarkeit aus der *Media Synchronicity Theory*, die mittels Fragebogen erhoben wurde, zeigt, dass die Probanden den Eindruck hatten, in etwa genügend Zeit zur Überarbeitung und Ausformulierung ihrer Ideen zu haben; der Mittelwert liegt mit 3,91 auf der siebenstufigen Skala leicht über dem Mittel. Die intrinsische Motivation der Probanden sinkt im Mittel im Verlauf dieses Experiments leicht ab. Es kann im Nachhinein nicht nachvollzogen werden, worin dies begründet war. Eventuell waren die kurzen Bearbeitungszeiten von fünf und zehn Minuten jedoch von Vorteil, da die intrinsische Motivation unter Umständen noch weiter abgesunken wäre, wenn das Experiment wesentlich länger gedauert hätte. Allerdings ist auf der anderen Seite auch denkbar, dass die intrinsische Motivation deshalb abgesunken ist, weil die Probanden sich innerhalb der kurzen Bearbeitungszeit nicht voll den Aufgaben widmen konnten und dadurch frustriert wurden. Darüber hinaus mögen die Gruppen im Experiment teilweise zu klein gewesen sein, um statistisch signifikante Ergebnisse zu erhalten. Es konnte beispielsweise nicht beweiskräftig festgestellt werden, ob die Zusammenarbeitsform einen signifikanten Einfluss auf das Ausmaß der intrinsischen Motivation hatte. Hier wäre eine Untersuchung interessant, die mehr Teilnehmer untersucht und diesen auch mehr Zeit zur Bearbeitung der Aufgaben einräumt.

Dabei wäre spannend zu verfolgen, ob der hier beobachtete Anstieg der kreativen Leistung in den virtuellen Teams über die Zeit sich bei längerer Zusammenarbeit fortsetzt und bis zu welchem Ausmaß. Hierbei könnte beobachtet werden, ob die kreative Leistung virtueller Teams die von realen Teams hinsichtlich Qualität und Anzahl signifikant übertrifft, wenn ihnen zum Beispiel einige Stunden oder gar Tage oder Wochen Zusammenarbeit gewährt werden. Andererseits ist auch denkbar, dass nach der hier gegebenen Zeit ein Plateau erreicht war, das auch bei längerer Kollaboration nicht mehr überschritten wird. Weiterhin könnte untersucht werden, ob nach dem anfänglichen positiven Effekt die Leistung, vielleicht aufgrund von Langeweile, Ablenkung im unmittelbaren Umfeld oder auch Anstrengung, wieder absinkt. Dies wäre vorstellbar, da in der virtuellen Umgebung unter Umständen die anhaltende Anregung durch die Aufgabe und non-verbale Kommunikation fehlt, ebenso wie die soziale Kontrolle, die in *face-to-face*-Umgebungen zum Weitermachen anhält.

In dieser Studie kristallisierte sich weiterhin heraus, dass die virtuell zusammenarbeitenden Probanden, die in der Übungsaufgabe Gelegenheit hatten, sich über individuelle Informationen auszutauschen, hinsichtlich ihrer kreativen Leistung einen Vorteil nicht nur gegenüber den übrigen virtuellen Teams sondern zum Teil auch gegenüber den *ftf*-Teams hatten. An dieser Stelle sei nochmals darauf hingewiesen, dass die Zeit, in der dieser Austausch stattfand, fünf Minuten betrug. Es stellt sich, ähnlich wie bei der zur Verfügung stehenden Zeit für Zusammenarbeit, die Frage, ob ein Mehr an Austausch über persönliche Themen auch ein Mehr an Kreativität bedingt oder ob nach diesen fünf Minuten bereits ein Plateau erreicht ist. Im Unternehmenskontext ist weiterhin die Frage relevant, ob ein persönliches *Kick-Off*-Treffen gegenüber einem rein virtuellen Kennenlernen signifikante Vorteile birgt. Sollte dies nicht der Fall sein, ergäben sich, natürlich jeweils abhängig von den spezifischen Rahmenbedingungen, weitere Möglichkeiten für Kosteneinsparungen, wenn ein persönliches Treffen zu Beginn der Zusammenarbeit entfallen kann.

Im Komponentenmodell der Kreativität (Amabile, 1988; Amabile & Mueller, 2008) besteht die vierte Phase aus der Analyse der Angemessenheit der gefundenen Lösung mittels domänenspezifischer Fähigkeiten. Es ist denkbar, dass die virtuellen

Gruppen die Chat-Plattform als Brainstorming-Tool verwendet haben und die Bewertung der eigenen Ideen somit ausgefallen ist. Möglicherweise würde sich das kreative Ergebnis in der virtuellen Arbeitssituation weiter verbessern, wenn die Nützlichkeit des eigenen Inputs vor der Kommunikation an die Teammitglieder, oder zum Beispiel auch später in einer Diskussionsphase, gesondert reflektiert würde. In ähnlicher Weise scheint Phase fünf des Modells bei den meisten Gruppen übersprungen worden zu sein. In dieser Phase postuliert das Modell eine Entscheidung über den erfolgreichen oder mangelhaften Abschluss der Aufgabe sowie eine Weiterverfolgung der besten Lösung oder Beendigung der Arbeit. Im dieser Studie zugrunde liegenden Setting war es nicht möglich festzustellen, ob die einzelnen Gruppen oder Probanden diese Entscheidungsphase durchlaufen haben, somit stellt sich auch hier die Frage, inwieweit sich das kreative Ergebnis durch eine explizite Entscheidung möglicherweise verbessern würde. Weitere Forschung könnte diese Fragen näher beleuchten.

Im *Job-Characteristics-Model* (Hackman & Oldham, 1974) und auch von Amabile (1988; Amabile et al., 1996; Amabile et al., 2002) wird die Rückmeldung über die geleistete Arbeit als unentbehrliche Voraussetzung für intrinsische Motivation postuliert. Da zumindest in der Gruppe der virtuell Arbeitenden, die sich in der Übungsaufgabe über persönliche Themen austauschten, die intrinsische Motivation im Verlauf des Experiments leicht anstieg und sie zudem in allen Gruppen leicht überdurchschnittlich ausgeprägt war, scheint auch ohne direkte Rückmeldung intrinsische Motivation möglich zu sein. Allerdings stellt sich natürlich die Frage, wie die Ergebnisse dieser Studie durch ein Feedback über die geleistete kreative Arbeit zwischen der ersten und der zweiten Aufgabe beeinflusst worden wären. Ohne dieses Feedback sank die intrinsische Motivation in allen Gruppen außer den virtuellen mit Kennenlernen vom ersten zum zweiten Messzeitpunkt ab, obwohl die *face-to-face* Arbeitenden die grundsätzliche Möglichkeit hatten, sich über verbale und non-verbale Äußerungen über Gefallen oder Missfallen der jeweiligen Ideen auszutauschen. Auch in den virtuellen Gruppen bestand natürlich die Möglichkeit, besonders gute Ideen schriftlich zu honorieren. Es ist allerdings unwahrscheinlich, dass in der Kürze der Zeit hier von dieser Möglichkeit Gebrauch gemacht wurde. Es wäre zu erwarten, dass ein explizit implementiertes Feedback-System, zum Beispiel über eine zwischengeschaltete Abstimmungsrunde, in der die nach der jeweils eigenen Ansicht besten Ideen von Teamkollegen herausgegriffen würden, die intrinsische Motivation und darüber vermittelt auch die kreative Leistung in allen Gruppen wesentlich verbessern würde. Auch stellt sich die Frage, wie ein wirkungsvolles virtuelles Feedbacksystem gestaltet sein sollte. Von wem sollte z. B. das Feedback kommen? Wirkt es sich stärker aus, wenn es von einem Vorgesetzten, Kollegen oder vielleicht auch aus einem Leistungstest stammt?

In Kapitel 11 wurde bereits darauf hingewiesen, dass eine empirische Klärung der Gründe für den positiven Einfluss von Extraversion und Offenheit auf Kreativität bislang noch aussteht. Um fundiert Empfehlungen dazu aussprechen zu können, wie diese Eigenschaften in Unternehmenskontext optimal nutzbar gemacht werden könne, wäre eine solche Ergründung des „warum“ allerdings von Nutzen. Persönlichkeitseigenschaften von Mitarbeitern sind kaum zu verändern, allerdings könnten Rhetorikseminare oder Selbstbehauptungstrainings den kreativitätsförderlichen Effekt von Extraversion quasi simulieren, wenn sich beispielsweise zeigen würde, dass tatsächlich die höhere Expressivität extravertierter Individuen für die positive Auswirkung dieses Merkmals auf Kreativität verantwortlich zeichnet. Auch die Persönlichkeitseigenschaft der Unsicherheitstoleranz bietet sich zur weiteren Untersuchung an. Hier wäre zum Beispiel interessant zu prüfen, ob der signifikant positive Einfluss von Unsicherheitstoleranz auf das kreative Ergebnis in interkulturellen Studien mit stark respektive schwach unsicherheitsvermeidenden Kulturen replizierbar ist.

Da nur knapp 15% der in dieser Studie untersuchten Probanden weiblich waren, konnten keine Vergleiche zwischen Männern und Frauen hinsichtlich der unterschiedlichen Ergebnisvariablen angestellt werden. Da sich in Studien herausgestellt hat, dass Frauen in der virtuellen Kommunikation häufig von der Nivellierung individueller Unterschiede profitieren und gegenüber *face-to-face*-Interaktionen ihre Expressivität steigern (Caspi et al., 2008), wäre es interessant zu untersuchen, inwiefern sich Geschlechtsunterschiede auf die hier erarbeiteten Ergebnisse zusätzlich auswirken. In ähnlicher Weise könnte auch die Untersuchung weiterer Gruppenfaktoren wie zum Beispiel der Gruppengröße oder der Kohärenz im Team lohnend sein.

Durch technisch bedingte Verzögerungen bei der Datenerhebung wurden manche Experiment-Durchläufe vor, andere nach Weihnachten durchgeführt. Es ist denkbar, dass für die erst zu Beginn des neuen Jahres rekrutierten Probanden die Aufgabe, zum Thema *Advent und Weihnachten* einen anderen Motivationsgehalt aufwies als für diejenigen, die in der Weihnachtszeit am Experiment teilnahmen. Weiterhin besteht beim Einsatz von Selbsteinschätzungs-Fragebögen grundsätzlich die Gefahr einer Methodenverzerrung bzw. Einheitsmethodenvarianz (Podsakoff & Organ, 1986), wenn die Befragten selbst sowohl für Prädiktor- als auch Zielvariablen die originäre Informationsquelle darstellen. Es wurde im vorliegenden Experiment versucht, dieser Verzerrung entgegen zu wirken, indem die abhängige Variable (kreative Leistung) auf Basis von Einschätzungen mehrerer Experten berechnet wurde, was gegenüber etwa einer Selbsteinschätzung der Probanden vorzuziehen ist. Zudem wurden die verschiedenen Variablen zu unterschiedlichen Zeitpunkten im Experiment erhoben, um eine willentliche oder unbewusste Einflussnahme durch die Befragten möglichst auszuschließen.

14 Zusammenfassung und Ausblick

In dieser Arbeit wurde mit Hilfe einer experimentellen Untersuchung mit Studierenden auf Basis der einschlägigen Literatur in den Forschungsbereichen Kreativität, virtuelle Arbeit, variable Vergütung, Motivation und Persönlichkeit folgende Frage beantwortet:

Welches sind die Determinanten der Bewältigung kreativer Aufgaben bei virtueller Zusammenarbeit?

Der Fokus lag aufgrund von in der theoretischen Basis begründeten Annahmen auf der Untersuchung des Einflusses von Vertrautheit in der Gruppe, variabler Vergütung, intrinsischer Motivation und verschiedenen Personen- und Rahmenbedingungen. Es wurden zwei verschiedene Zusammenarbeitsformen (virtuell über einen Chat und *face-to-face*)miteinander verglichen, um dezidiert die Unterschiede zwischen kreativer Aufgabenbearbeitung in einem virtuellen und einem direkten Setting herausarbeiten zu können. Die virtuelle Versuchsbedingung hatte weiterhin zwei Ausprägungen: die eine Hälfte der Probanden hatte vor Beginn der ersten kreativen Aufgabe im Experiment fünf Minuten Zeit, sich über persönliche Themen, wie zum Beispiel Studienfach, Herkunftsort und Alter, auszutauschen, während die andere Hälfte sich gegenseitig Rätsel oder Mathematikaufgaben stellen sollte. Auf diese Art wurde für die eine Hälfte eine größere Vertrautheit miteinander operationalisiert. Weiterhin erhielten alle Untersuchungsgruppen nach einer ersten kreativen Aufgabe, die die Baseline für die diesbezüglichen Berechnungen bildete, ein Treatment in Form von einer Vorstellung des variablen Vergütungssystems, das in der zweiten Aufgabe zur Bemessung der Vergütung der Probanden für die Teilnahme am Experiment angewendet werde. Anschließend wurde jedoch wiederum die eine Hälfte aller Versuchsteilnehmer darüber informiert, dass sie weiterhin die von Beginn an versprochene, somit leistungsunabhängige Vergütung erhalte, während die andere Hälfte informiert wurde, dass ihre Belohnung für die Teilnahme tatsächlich von ihrer Leistung in der zweiten kreativen Aufgabe abhänge. Die Belohnung erfolgte dabei jedoch nicht monetär sondern durch Schokolade oder Gummibärchen. Die individuelle kreative Leistung wurde durch ein Team von Experten hinsichtlich ihrer Neuartigkeit, Angemessenheit und Originalität beurteilt.

Als zentrales Ergebnis der empirischen Studie kristallisierte sich eine starke Bedeutung der individuellen Vertrautheit mit den virtuellen Teammitgliedern für die kreative Leistung heraus, die den Effekt aller anderen Determinanten überstrahlt. Darüber hinaus konnte festgestellt werden, dass die pauschale Aussage, virtuelle Teams produzierten schlechtere kreative Ergebnisse als direkt kollaborierende Gruppen, so nicht getroffen werden kann. Vielmehr konnte über den Verlauf des Experiments hinweg eine Angleichung der kreativen Leistung beobachtet werden. Allein hinsichtlich der Anzahl der Ideen waren die face-to-face-Gruppen den virtuellen leicht überlegen. Diejenigen virtuellen Gruppen, die sich zu Beginn des Experiments miteinander vertraut machen durften, wiesen im kreativen Ergebnis der zweiten Aufgabe keine signifikanten Unterschiede zur *face-to-face*-Gruppe auf, leisteten also vergleichbar gute Arbeit. Variable Vergütung hingegen hatte in der virtuellen Versuchsbedingung, im Gegensatz zu den *face-to-face*-Teams, wo sie vor allen Dingen die Anzahl der produzierten Ideen erhöhte, keinen signifikanten Einfluss auf die Varianz der Ergebnisvariablen. Die intrinsische Motivation hatte erwartungsgemäß bei beiden Zusammenarbeitsformen Bedeutung für die kreative Leistung der Probanden. Darüber hinaus zeigte sich, dass der Einfluss von Persönlichkeitsmerkmalen nicht, wie ursprünglich angenommen, durch die virtuelle Arbeitsumgebung in jeweils gleichem Umfang nivelliert wurde, sondern es wirkten unterschiedliche Persönlichkeitsdimensionen in den verschiedenen Settings. Während bei den face-to-face-Gruppen Extraversion signifikant mit der kreativen Leistung korrelierte, bestand in den virtuell zusammenarbeitenden Teams ein signifikanter Zusammenhang zwischen Offenheit für neue Erfahrungen und dem kreativen Ergebnis. Hinsichtlich der wahrgenommenen Autonomie und Kompetenz ergaben sich erwartungsgemäß signifikante Zusammenhänge mit der kreativen Leistung, wobei die wahrgenommene eigene Leistung nur in der *face-to-face*-Bedingung im letzten Schritt der Regression bei der Analyse des Gesamtmodells einen signifikanten Erklärungsbeitrag an der Varianz des kreativen Ergebnisses leistet. Während für Kooperation in der Arbeitsgruppe kein relevanter Einfluss auf die Kreativität festgestellt werden konnte, wirkte sich kompetitives Verhalten in den virtuellen Teams negativ auf die kreative Leistung aus.

Der wesentliche Beitrag dieser Arbeit zur wissenschaftlichen Diskussion besteht darin, neue Einflussfaktoren auf die kreative Leistung in einem streng kontrollierten experimentellen Setting aufgedeckt zu haben, in dem sich konfundierende Faktoren nicht verzerrend auswirken konnten. Die Erkenntnisse aus der vorliegenden Arbeit bieten auch für andere Disziplinen Denkanstöße für weitere Forschung und Entwicklung. Beispielsweise wäre von einem logistischen Standpunkt zu überlegen, ob und wie die virtuell produzierten kreativen Ideen in global verteilten Netzwerkorganisationen in einem nächsten Schritt über Informations- und Kommunikationstechnologien in den Produktions- und Verbreitungsprozess implementiert und so zu Innovationen werden können. Soziologisch und für die philosophische Anthropologie mag die ein Stück weiter vorangetriebene Entschlüsselung des *virtuellen Menschen* (vgl. z. B. Schirmacher, 2002) interessant sein, die individuelles Verhalten und soziale Prozesse in virtuellen Umgebungen Stück für Stück besser verstehen hilft. Zu diesem spannenden Forschungsfeld, das mit zunehmender Technisierung der Gesellschaft und Globalisierung von Organisationen stetig wichtiger und breiter wird, wurde mit der vorliegenden Arbeit ein Beitrag zum Verständnis kreativer Leistung von Individuen bei virtueller Teamarbeit geleistet, der nicht nur zur Ableitung von Implikationen für die Organisationspraxis führte sondern auch interessante neue Ansätze für die Forschung aufzeigen konnte

Anhang

Anhang 1: Anweisung Kreativitätsexperten

Nach einer formlosen Anfrage mit kurzer Information zum Sachverhalt wurde die Datei mit den Reimen im Anhang der folgenden Email geschickt:

Sehr geehrte/r XY,

nochmals herzlichen Dank für Ihre Unterstützung! Anbei die Reime aus unserem Experiment mit der Bitte um Ihre Bewertung. Dazu noch ein paar Hinweise:

Die Aufgabe, die den Teilnehmern gestellt war, ist zur Info dieser Email angehängt. Die Teilnehmer sollten als Mitarbeiter in Kreativ-Teams einer Grußkartenfirma Reime zu verschiedenen Anlässen (Geburt, Geburtstag, Hochzeit oder Weihnachten) entwerfen.

Bitte geben Sie jeweils auf einer Skala von 1 bis 4 Ihre spontane Meinung dazu ein, wie sinnvoll, neu und originell ein Reim ist:

o Sinnvoll: der Reim könnte meiner Meinung nach auf eine Grußkarte gedruckt werden, die gratis in Bars und Gaststätten ausliegt (s. Aufgabenstellung Experiment).

o Neu: diese Idee kenne ich so noch nicht, sie ist neuartig.

o Originell: die Idee finde ich ausgefallen/einfallsreich; die Idee kann durchaus schon bekannt sein, wurde aber aus neuen Perspektiven betrachtet oder es wurden mehrere bekannte Konzepte zu etwas Neuem kombiniert.

Die Bewertungen für „neu" und „originell" können ähnlich sein, bitte geben Sie trotzdem jeweils in beiden Spalten einen Wert ein, es kommt uns auch auf Nuancen an.

Tipp- und Rechtschreibfehler bitte großzügig ignorieren – die Hälfte der Reime stammt aus Chat-Unterhaltungen. Und zur Vorwarnung: Einige unserer Teilnehmer haben beim Reimen „keine Hand vor den Mund genommen".

Legende:

ftf Zusammenarbeitsform: *face-to-face*
virt. Zusammenarbeitsform: virtuell
vertr. nur virtuelle Bedingung: Vertrautmachen in der Übungsaufgabe
n.vertr. nur virtuelle Bedingung: kein Vertrautmachen in der Übungsaufgabe
fix Vergütungsform: fix
var. Vergütungsform: variabel
BesetzungAnzahl der Personen mit dieser Variations-Konstellation

Zusammen-arbeitsform	Übungsaufgabe	Vergütungsform	geplante Besetzung	de facto Besetzung
ftf	-	fix	16	16
ftf	-	fix	16	14
ftf	-	var.	16	19
ftf	-	var.	16	15
virt.	vertr.	fix	8	8
virt.	vertr.	fix	8	4
virt.	vertr.	var.	8	8
virt.	vertr.	var.	8	8
virt.	n.vertr.	fix	8	8
virt.	n.vertr.	fix	8	8
virt.	n.vertr.	var.	8	8
virt.	n.vertr.	var.	8	4

Mein Name ist Edwin. Wie Sie wahrscheinlich wissen, bin ich einer von drei Gründern unseres erfolgreichen Grußkartenunternehmens Edwin Cards.

Ich möchte Sie heute an die Stärken und Ideale erinnern, die Edwin Cards verkörpert, und mit Ihnen zusammen unsere neue Grußkarten-Kategorie auf den Weg bringen.

Unsere Stärken kennen Sie eigentlich:

Wir sind ein junges Unternehmen, 2003 gegründet, und beschäftigen mittlerweile viele junge Teams wie Sie.

Unsere Karten sprechen allein durch ihre ganz besonderen, kreativen Texte, denn wir distanzieren uns ausdrücklich von albernen Bildchen und sprechen mit unseren Grußkarten eine offene und kreative Klientel an.

Außerdem liegen unsere Karten in Bars, Restaurants und Gaststätten aus und sind gratis erhältlich.

Unsere Karten-Serien wechseln ständig. Neben Kategorien wie beispielsweise „*Festlichkeit & Feiertage*" oder „*Liebe & Herzschmerz*" planen wir, künftig auch Karten zu dem Motto „*Was sich reimt das neckt sich*" anzubieten. Für dieses Vorhaben veranstalten wir einen internen Ideenwettbewerb.

Sie als die verschiedenen Kreativ-Teams sind also gefordert, Ideen zu entwickeln, die unser neues Motto auf den Weg bringen! Die einzelnen Aufgaben, die dabei gestellt werden, werden Ihnen von meinen Mit-Gründerinnen, Ihren Teamleiterinnen präsentiert.

Ich danke Ihnen schon jetzt für Ihre Mitarbeit und bin sehr gespannt auf die Ergebnisse!

[nur Bedingung *virtuell*:]

[Bedingung *vertraut*:]

Um sich mit diesem virtuellen Workspace und Ihren Teammitgliedern etwas vertraut zu machen, stellen Sie sich bitte in den nächsten fünf Minuten kurz einander vor (z. B. mit Name, Alter, Vertiefungsrichtung, ...). Sie können sich in dieser Zeit auch gerne ganz informell miteinander austauschen.

[Bedingung *nicht vertraut*:]

Um sich mit diesem virtuellen Workspace etwas vertraut zu machen, führen Sie bitte in den nächsten fünf Minuten die folgende „Aufwärmübung" durch:

Die Person mit Losnummer XXXXXa stellt eine Rechenaufgabe oder ein Rätsel. Wer die Aufgabe korrekt löst, darf die nächste stellen usf.

Wir als Edwin Cards stellen uns vor, dass die Texte für unsere Grußkarten gereimt sein sollen. Bitte entwickeln Sie also

- möglichst viele,
- möglichst kreative

gereimte Kurztexte für die Edwin-Karten, die in zu den Anlässen **„Geburtstag" und/oder „Geburt eines Kindes"** passen. Bei dieser Aufgabe ist es einerseits wichtig, dass Sie als Kreativ-Team uns viele und höchst kreative Vorschläge liefern, andererseits ist es natürlich auch relevant, dass die Vorschläge für unsere neue Kategorie von Grußkarten „*Was sich reimt, das neckt sich*" **brauchbar** sind.

Sie haben für diese Aufgabe fünf Minuten Zeit.

Beispiel:

Alle Gäste sind schon da und feiern Dich – den Jubilar.

[nur Bedingung *ftf.*]

An der Etablierung unserer neuen Grußkartenkategorie sollen natürlich diejenigen Mitarbeiter, die hier am besten abgeschnitten haben, mitarbeiten. Bitte machen Sie also deutlich, ***von wem*** welche Lösung gefunden wurde (**der letzte Buchstabe auf Ihrem Los**). Wenn Sie der Meinung sind, dass mehrere oder alle Teammitglieder an der Lösung beteiligt waren, vermerken Sie bitte alle Beteiligten.

EDWIN CARDS

~ Kreative Grußkarten ~

Variable Vergütung für unsere Mitarbeiter

Ziele der variablen Vergütung

Ziel ist es, die Kategorie von Grußkarten „Was sich reimt, das neckt sich" aufzubauen und zu etablieren!

- Wir möchten deshalb die Arbeit und die Zusammenarbeit in unseren Kreativ-Teams fördern,
- alle Beteiligten zu noch mehr Leistung anspornen und
- die Leistung auch entsprechend honorieren.

⇒ Um dies zu unterstützen, haben wir ein System zur variablen Vergütung erarbeitet.

Unser variables Vergütungssystem

Vergleich bisher - neu

Bisher

Fixe Vergütung

* Punktzahl stand vorher fest und war somit **unabhängig** von der eigenen Leistung (50 Punkte)

⇒ *Gesamtpunktzahl = fixe Punktzahl*

Neu

Variable Vergütung

Basisvergütung: Fixe Komponente

* Punktzahl steht vorher fest und ist somit **unabhängig** von der eigenen Leistung (15 Punkte)

Variable Komponente (flexibel)

* Punktzahl ist **abhängig** von der eigenen Leistung

* Leistung wird gemessen mit Hilfe von quantitativen und qualitativen Kriterien

⇒ *Gesamtpunktzahl = fixe Punktzahl + variable Punktzahl*

Unser variables Vergütungssystem

Leistungsbeurteilung

Quantitatives Kriterium *Anzahl*

Wie viele Ideen hatten Sie?

Die Anzahl geht degressiv in die Berechnung ein:

Idee 1-2: je 4 Punkte; Idee 3-4: je 2 Punkt; ab Idee 5: je 1 Punkte

Qualitatives Kriterium *Kreativität*

Wie kreativ waren Ihre Ideen?

Ein Expertenteam beurteilt die Kreativität und vergibt Kreativitätspunkte für die folgenden Kriterien: Die vorgeschlagene Idee…

… ist inhaltlich sinnvoll / aussagekräftig.

… passt zum Anlass.

… wahrscheinlich für die meisten neu ist.

… ist unerwartet / originell.

… reimt sich.

Erfüllte Kriterien		Punkte
5	=>	10
4	=>	7
3	=>	4
2	=>	1
1	=>	0
0	=>	0

Für jedes erfüllte Kriterium gibt es zwei Pluspunkte, für jedes nicht erfüllte einen Minuspunkt, insgesamt nicht weniger als Null Punkte. Stammt die Idee von mehreren, erhält jeder anteilige Punkte.

Unser variables Vergütungssystem

Leistungsbeurteilung

Beispiele zur Kreativitätsbeurteilung

Kreativitätskriterien

... ist inhaltlich sinnvoll / aussagekräftig.
... passt zum Anlass.
... wahrscheinlich für die meisten neu ist.
... ist unerwartet / originell.
... reimt sich.

Erfüllte Kriterien		Punkte
5	=>	10
4	=>	7
3	=>	4
2	=>	1
1	=>	0
0	=>	0

Beispiele

1) Still und leise, mit Bedacht,
hat sich ein Lebensjahr vollendet.
Nun wird heimlich, doch mit Macht,
das Lebensuhrglas neu gewendet.

2) 60 Jahre, ach du Schreck,
die Jugend und der Lack sind weg.

3) Alle Gäste sind schon da
und feiern Dich – den Jubilar.

Bewertung

Beispiele 1 und 2: je 2 + 2 + 2 +2 +2 = 10 **Beispiel 3:** 2 + 2 -1 - 1 + 2 = 4

Unser variables Vergütungssystem

Ermittlung der Gesamtpunkte

	Variable Vergütung =	Beispiel 1 Viele, eher schlechte Ideen (7 Ideen)	Beispiel 2 Wenige, aber (sehr) gute Ideen (3 Ideen)	Beispiel 3 Mehrere, mittelmäßige Ideen (5 Ideen)	Bisher
	Basisvergütung (Fixe Punkte)	15	15	15	Fixe Vergütung
Quantitativ Punkte (A)	+ Anzahl der Ideen (1-2: 4 Punkte, 3-4: 2 Punkt, ab 5: 1 Punkte)	2*4 + 2*2 + 3*1 = 15	2*4 + 1*2 = 10	2*4 + 2*2 + 1*1 = 13	
Qualitativ Punkte (K)	+ Punkte für Kreativität (0-10 Punkte je Idee) (Idee 1) + (Idee 2) +...	0 (Idee 1) + 0 (Idee 2) + 1 + 0 + 1 + 0 + 0 (Idee 7) = 2	10 (Idee 1) + 10 (Idee 2) + 7 (Idee 3) = 27	4 (Idee 1) + 4 (Idee 2) + 4+4 + 1 (Idee 5) = 17	
	Summe	**32 Punkte**	**52 Punkte**	**45 Punkte**	**50 Punkte**

Je mehr kreative Ideen Sie haben, desto höher ist Ihre Vergütung!

Unser variables Vergütungssystem
Vergütung in Abhängigkeit der Punktzahl

In Abhängigkeit der erreichten Punktzahl erhält jeder folgende Vergütung:

Fixe Vergütung in Höhe von 50 Punkten entspricht einer normalen Tafel Schokolade bzw. Tüte Gummibärchen.

< 45 Punkte	entspricht einer **kleinen** Tafel Schokolade bzw. Tüte Gummibärchen
45-59 Punkte	entspricht einer **normalen** Tafel Schokolade bzw. Tüte Gummibärchen.
> 59 Punkte	entspricht einer **großen** Tafel Schokolade bzw. Tüte Gummibärchen.

Wie jedes Jahr werden außerdem die besten drei Mitarbeiter auf der Weihnachtsfeier am 02.12.10 prämiert und erhalten ein kleines Präsent.

Vielen Dank für Ihre Aufmerksamkeit und viel Erfolg bei Ihrer weiteren Arbeit!

[nur Bedingung *variable Vergütung* :]

MEMO der Geschäftsleitung

Bitte denken Sie daran, dass Sie ab sofort entsprechend unseres **variablen Vergütungssystems** vergütet werden!

[nur Bedingung *fixe Vergütung*:]

MEMO der Geschäftsleitung

In einigen Abteilungen hat es noch Widersprüche gegen das variable Vergütungssystem gegeben. Unser Experte hat uns daher geraten, mit der Einführung noch zu warten.
Sie werden also im Folgenden **weiterhin fix** vergütet!

Wir als Edwin Cards stellen uns vor, dass die Texte für unsere Grußkarten gereimt sein sollen. Bitte entwickeln Sie also

- möglichst viele,
- möglichst kreative

gereimte Kurztexte für die Edwin-Karten, die in zu den Anlässen **„Advent & Weihnachten" und/oder „Hochzeit"** passen. Bei dieser Aufgabe ist es einerseits wichtig, dass Sie als Kreativ-Team uns viele und höchst kreative Vorschläge liefern, andererseits ist es natürlich auch relevant, dass die Vorschläge für unsere neue Kategorie von Grußkarten „*Was sich reimt, das neckt sich*" **brauchbar** sind.

Sie haben für diese Aufgabe zehn Minuten Zeit.

Beispiel:

Es hat den Wald heut' zugeschneit – ich glaub, jetzt kommt die Weihnachtszeit.

[nur Bedingung *ftf*:]

An der Etablierung unserer neuen Grußkartenkategorie sollen natürlich diejenigen Mitarbeiter, die hier am besten abgeschnitten haben, mitarbeiten. Bitte machen Sie also deutlich, ***von wem*** welche Lösung gefunden wurde (**der letzte Buchstabe auf Ihrem Los**). Wenn Sie der Meinung sind, dass mehrere oder alle Teammitglieder an der Lösung beteiligt waren, vermerken Sie bitte alle Beteiligten.

Berechnungen zum Mediatoreffekt der intrinsischen Motivation (*IMot₂*) für den Einfluss der Kooperation auf die Ergebnisvariable (*KpP₂*) – Gesamtstichprobe:

		KpP_2	
Variable	*B*	*SE B*	β
Konstante	44.114	11.202	
Kooperation	-1.364	2.368	-.055
R^2		-.006	

Quelle: eigene Darstellung

		$IMot_2$	
Variable	*B*	*SE B*	β
Konstante	2.264	.623	
Kooperation	.347	.132	.245
R^2		.051	

*** p≤.001
Quelle: eigene Darstellung

		KpP_2	
Variable	*B*	*SE B*	β
Konstante	9.600	6.341	
$IMot_2$	7.486	1.512	.425***
R^2		.173	

*** p≤.001
Quelle: eigene Darstellung

		KpP_2	
Variable	*B*	*SE B*	β
Konstante	26.149	10.757	
Kooperation	-4.122	2.214	-.166†
$IMot_2$	7.935	1.567	.453***
R^2		.181	

† p≤.10
*** p≤.001
Quelle: eigene Darstellung

Berechnungen zum Mediatoreffekt der intrinsischen Motivation für den Einfluss der Kooperation auf die Ergebnisvariable – *ftf*/virtuell:

	KpP_2 ftf			*KpP_2 virtuell*		
Variable	*B*	*SE B*	*β*	*B*	*SE B*	*β*
Konstante	34.775	17.679		50.402	15.747	
Kooperation	.612	3.525	.023	-2.972	3.600	-.117
R^2		.001			.014	

Quelle: eigene Darstellung

	$IMot_2$ ftf			*$IMot_2$ virtuell*		
Variable	*B*	*SE B*	*β*	*B*	*SE B*	*β*
Konstante	2.877	1.029		1.505	.806	
Kooperation	.173	.205	.111	.594	.184	.418**
R^2		-.005			.158	

** $p \leq .01$

Quelle: eigene Darstellung

	KpP_2 ftf			*KpP_2 virtuell*		
Variable	*B*	*SE B*	*β*	*B*	*SE B*	*β*
Konstante	17.734	8.576		2.004	9.544	
$IMot_2$	5.500	2.134	.321**	9.175	2.178	.508***
R^2		.087			.244	

** $p \leq .01$

*** $p \leq .001$

Quelle: eigene Darstellung

	KpP_2 ftf			*KpP_2 virtuell*		
Variable	*B*	*SE B*	*β*	*B*	*SE B*	*β*
Konstante	17.741	18.048		33.386	13.429	
Kooperation	-.408	3.394	-.015	-9.688	3.266	-.382**
$IMot_2$	5.896	2.179	.342**	11.305	2.299	.633***
R^2		.085			.317	

** $p \leq .01$

*** $p \leq .001$

Quelle: eigene Darstellung

Berechnungen zum Mediatoreffekt der intrinsischen Motivation für den Einfluss der wahrgenommenen Freiheit auf die Ergebnisvariable – Gesamtstichprobe:

		KpP_2	
Variable	*B*	*SE B*	β
Konstante	13.914	9.418	
Freiheit	6.371	2.355	.248**
R^2		.053	

** p≤.01
Quelle: eigene Darstellung

		$IMot_2$	
Variable	*B*	*SE B*	β
Konstante	1.671	.513	
Freiheit	.563	.128	.385***
R^2		.140	

*** p≤.001
Quelle: eigene Darstellung

		KpP_2	
Variable	*B*	*SE B*	β
Konstante	9.600	6.341	
$IMot_2$	7.486	1.512	.425***
R^2		.173	

*** p≤.001
Quelle: eigene Darstellung

		KpP_2	
Variable	*B*	*SE B*	β
Konstante	2.358	9.270	
Freiheit	2.565	2.396	.100
$IMot_2$	6.811	1.638	.387***
R^2		.175	

*** p≤.001
Quelle: eigene Darstellung

Berechnungen zum Mediatoreffekt der intrinsischen Motivation für den Einfluss der wahrgenommenen Freiheit auf die Ergebnisvariable – *ftf*/virtuell:

		KpP_2 ftf			*KpP_2 virtuell*	
Variable	*B*	*SE B*	*β*	*B*	*SE B*	*β*
Konstante	16.643	11.535		10.789	15.559	
Freiheit	5.662	2.906	.246†	7.171	3.860	.252†
R^2		.045			.045	

† p≤.10
Quelle: eigene Darstellung

		$IMot_2$ ftf			*$IMot_2$ virtuell*	
Variable	*B*	*SE B*	*β*	*B*	*SE B*	*β*
Konstante	2.110	.668		1.190	.792	
Freiheit	.418	.168	.311**	.721	.196	.457***
R^2		.081			.194	

** p≤.01
*** p≤.001
Quelle: eigene Darstellung

		KpP_2 ftf			*KpP_2 virtuell*	
Variable	*B*	*SE B*	*β*	*B*	*SE B*	*β*
Konstante	17.734	8.576		2.004	9.544	
$IMot_2$	5.500	2.134	.321**	9.175	2.178	.508***
R^2		.087			.244	

** p≤.01
*** p≤.001
Quelle: eigene Darstellung

		KpP_2 ftf			*KpP_2 virtuell*	
Variable	*B*	*SE B*	*β*	*B*	*SE B*	*β*
Konstante	6.578	12.307		.111	14.288	
Freiheit	3.779	3.004	.164	.700	3.900	.025
$IMot_2$	4.627	2.234	.270*	8.972	2.473	.497***
R^2		.096			.229	

* p≤.05
*** p≤.001
Quelle: eigene Darstellung

Berechnungen zum Mediatoreffekt der intrinsischen Motivation für den Einfluss der wahrgenommenen eigenen Leistung (Wahrg. Komp.) auf die Ergebnisvariable – Gesamtstichprobe:

		KpP_2	
Variable	*B*	*SE B*	β
Konstante	9.583	7.875	
Wahrg. Komp.	7.075	1.807	.348***
R^2		.113	

*** p≤.001
Quelle: eigene Darstellung

		$IMot_2$	
Variable	*B*	*SE B*	β
Konstante	1.593	.425	
Wahrg. Komp.	.543	.098	.468***
R^2		.212	

*** p≤.001
Quelle: eigene Darstellung

		KpP_2	
Variable	*B*	*SE B*	β
Konstante	9.600	6.341	
$IMot_2$	7.486	1.512	.425***
R^2		.173	

*** p≤.001
Quelle: eigene Darstellung

		KpP_2	
Variable	*B*	*SE B*	β
Konstante	-.184	7.969	
Wahrg. Komp.	3.748	1.949	.184†
$IMot_2$	6.128	1.683	.349***
R^2		.202	

† p≤.10
*** p≤.001
Quelle: eigene Darstellung

Berechnungen zum Mediatoreffekt der intrinsischen Motivation für den Einfluss der wahrgenommenen eigenen Leistung auf die Ergebnisvariable – *ftf*/virtuell:

	KpP_2 *ftf*			KpP_2 *virtuell*		
Variable	*B*	*SE B*	β	*B*	*SE B*	β
Konstante	6.403	10.035		12.066	12.402	
Wahrg. Komp.	7.585	2.233	.407***	6.732	2.954	.304*
R^2		.151			.075	

* p≤.05
*** p≤.001
Quelle: eigene Darstellung

	$IMot_2$ *ftf*			$IMot_2$ *virtuell*		
Variable	*B*	*SE B*	β	*B*	*SE B*	β
Konstante	2.173	.617		.947	.560	
Wahrg. Komp.	.353	.137	.323**	.772	.133	.630***
R^2		.088			.385	

** p≤.01
*** p≤.001
Quelle: eigene Darstellung

	KpP_2 *ftf*			KpP_2 *virtuell*		
Variable	*B*	*SE B*	β	*B*	*SE B*	β
Konstante	17.734	8.576		2.004	9.544	
$IMot_2$	5.500	2.134	.321**	9.175	2.178	.508***
R^2		.087			.244	

** p≤.01
*** p≤.001
Quelle: eigene Darstellung

	KpP_2 *ftf*			KpP_2 *virtuell*		
Variable	*B*	*SE B*	β	*B*	*SE B*	β
Konstante	-2.474	10.923		3.094	11.635	
Wahrg. Komp.	6.146	2.326	.330**	-.580	3.471	-.026
$IMot_2$	4.070	2.125	.239†	9.473	2.831	.524**
R^2		.189			.229	

† p≤.10
** p≤.01
Quelle: eigene Darstellung

Literaturverzeichnis

Aguinis, H. (2004). *Regression analysis for categorical moderators.* NY: Guilford.

Aguinis, H. & Gottfredson, R. K. (2010). Best-practice recommendations for estimating interaction effects using moderated multiple regression. *Journal of Organizational Behavior, 31*(6), 776–786.

Aguinis, H. & Stone-Romero, E. F. (1997). Methodological artifacts in moderated multiple regression and their effects on statistical power. *Journal of Applied Psychology, 82,* 192–206.

Aguinis, H., Boik, R. J. & Pierce, C. A. (2001). A generalized solution for approximating the power to detect effects of categorical moderator variables using multiple regression. *Organizational Research Methods, 4,* 291–323.

Aguinis, H., Pierce, C. A. & Culpepper, S. A. (2009). Scale coarseness as a methodological artifact: Correcting correlation coefficients attenuated from using coarse scales. *Organizational Research Methods, 12,* 623–652.

Aguinis, H., Pierce, C. A., Bosco, F. A., Dalton, D. R. & Dalton, C. M. (2011). Debunking myths and urban legends about meta-analysis. *Organizational Research Methods, 14*(2), 306–331.

Aiken, L. S. & West, S. G. (1991). *Multiple regression: Testing and interpreting interactions.* Newbury Park, Calif.: Sage.

Allen, T. J. (1977). *Managing the flow of technology: Technology transfer and the dissemination of technological information within the R&D organization.* Cambridge, Mass: MIT Press.

Amabile, T. M. (1982). Social psychology of creativity: A consensual assessment technique. *Journal of Personality and Social Psychology, 43,* 997–1013.

Amabile, T. M. (1985). Motivation and creativity: Effects of motivational orientation on creative writing. *Journal of Personality and Social Psychology, 48,* 393–399.

Amabile, T. M. (1988). A model of creativity and innovation in organizations. In B. M. Staw & L. L. Cummings (Eds.), *Research in organizational behavior. An annual series of analytical essays and critical reviews* (S. 123–167). Greenwich, Conn: JAI Press.

Amabile, T. M. (1993). Motivational synergy: Toward new conceptualizations of intrinsic and extrinsic motivation in the workplace. *Human Resource Management Review, 3,* 185–201.

Amabile, T. M. (1996). *Creativity in context.* Boulder, Co: Westview Press.

Amabile, T. M. (1998). How to kill creativity. *Harvard Business Review, September-October,* 76–87.

Amabile, T. M. & Gryskiewicz, S. S. (1987). *Creativity in the R & D laboratory* (Technical Report No. 30). Greensboro, NC: Center for Creative Leadership.

Amabile, T. M. & Khaire, M. (2008). Creativity and the role of the leader. *Harvard Business Review, 86*(10), 100–109.

Amabile, T. M. & Mueller, J. S. (2008). Studying creativity, its processes, and its antecedents: An exploration of the componential theory of creativity. In J. Zhou & C.

E. Shalley (Eds.), *Handbook of organizational creativity* (S. 33–64). New York, NY: Erlbaum.

Amabile, T. M., Conti, R., Coon, H., Lazenby, J. & Herron, M. (1996). Assessing the work environment for creativity. *Academy of Management Journal, 39*(5), 1154–1184.

Amabile, T. M., Hadley, C. N. & Kramer, S. J. (2002). Creativity under the gun. *Harvard Business Review, 80*(8), 52–61.

Amabile, T. M., Hennessey, B. A. & Grossman, B. S. (1986). Social influences on creativity: The effects of contracted-for reward. *Journal of Personality and Social Psychology, 50*, 14–23.

American Psychological Association (2001). *Publication manual of the American Psychological Association* (5th ed.). Washington, D.C.: Author.

Andrews, F. M. & Farris, G. F. (1972). Time pressure and performance of scientists and engineers: A five-year panel study. *Organizational Behavior and Human Performance, 8*, 185–200.

Aronson, E., Wilson, T. & Akert, R. M. (2004). *Sozialpsychologie* (4. Aufl.). München: Pearson.

Baer, M. (2010). The strength-of-weak-ties perspective on creativity: A comprehensive examination and extension. *Journal of Applied Psychology, 95*(3), 592–601.

Baer, M. & Oldham, G. R. (2006). The curvilinear relation between experienced creative time pressure and creativity: moderating effects of openness to experience and support for creativity. *Journal of Applied Psychology, 91*(4), 963–970.

Baer, M., Oldham, G. R. & Cummings, A. (2003). Rewarding creativity: when does it really matter? *The Leadership Quarterly, 14*, 569–586.

Baer, M., Oldham, G. R., Jacobsohn, G. C. & Hollingshead, A. B. (2008). The personality composition of teams and creativity: The moderating role of team creative confidence. *Journal of Creative Behavior, 42*(4), 255–282.

Bandura, A. (1991). Social cognitive theory of self-regulation. *Organizational Behavior and Human Decision Processes, 50*, 248–287.

Baron, R. A. & Tang, J. (2011). The role of entrepreneurs in firm-level innovation: Joint effects of positive affect, creativity, and environmental dynamism. *Journal of Business Venturing, 26*(1), 49–60.

Baron, R. M. & Kenny, D. A. (1986). The moderator-mediator variable distinction in social psychological research: Conceptual, strategic and statistical considerations. *Journal of Personality and Social Psychology, 51*(6), 1173–1182.

Barrick, M. R. & Mount, M. K. (2005). Yes, personality matters: Moving on to more important matters. *Human Performance, 18*(4), 359–372.

Barrick, M. R., Mount, M. K. & Judge, T. A. (2001). The BFM personality dimensions and job performance: Meta analysis of meta-analyses. *International Journal of Selection and Assessment, 9*, 9–30.

Barron, F. (1955). The disposition toward originality. *The Journal of Abnormal and Social Psychology, 51*(3), 478–485.

Barron, F. & Harrington, D. M. (1981). Creativity, intelligence, and personality. *Annual Review of Psychology, 32*, 439–476.

Barzun, J. (1960). The cults of "research" and "creativity". *Harper's Magazine, 221*(1325), 69–74.

Bebchuk, L. A. & Grinstein, Y. (2005). The growth of executive pay. *Oxford Review of Economic Policy, 21*, 283–303.

Bell, B. S. & Kozlowski, S. W. J. (2002). A Typology of Virtual Teams: Implications for Effective Leadership. *Group & Organization Management, 27*(1), 14–49.

Berger, P. L. & Luckmann, T. (1980). *Die gesellschaftliche Konstruktion der Wirklichkeit: Eine Theorie der Wissenssoziologie.* Frankfurt am Main: Fischer Taschenbuch.

Bess, L. & Harvey, R. J. (2002). Bimodal score distributions and the Myers-Briggs Type Indicator: fact or artifact? *Journal of Personality Assessment, 78*(1), 176–186.

Biebrich, R. & Kuhl, J. (2002). Neurotizismus und Kreativität: Strukturelle Unterschiede in der Beeinflussung kreativer Leistung. *Zeitschrift für Differentielle und Diagnostische Psychologie, 23*(2), 171–190.

Bierly, P. E., Stark, E. M. & Kessler, E. H. (2009). The moderating effects of virtuality on the antecedents and outcome of NPD team trust. *Journal of Product Innovation Management, 26*, 551–565.

Binet, A. (1905). New Methods for the Diangnosis of the Intellectual Level of Subnormals Alfred Binet. *L'Année Psychologique, 12*, 191–244. http://psychclassics.yorku.ca/Binet/binet1.htm[01.02.2013].

Binnewies, C. & Wörnlein, S. C. (2011). What makes a creative day?: A diary study on the interplay between affect, job stressors, and job control. *Journal of Organizational Behavior, 32*, 589–607.

Bjorn, P. & Ngwenyama, O. (2009). Virtual team collaboration: building shared meaning, resolving breakdowns and creating translucence. *Info Systems Journal, 19*, 227–253.

Block, J. (1995). A contrarian view of the five-factor approach to personality description. *Psychological Bulletin, 117*(2), 187–215.

Block, J. (2010). The Five-Factor framing of personality and beyond: Some ruminations. *Psychological Inquiry, 21*(1), 2–25.

Bortz, J. & Döring, N. (2006). *Forschungsmethoden und Evaluation für Human- und Sozialwissenschaftler: Mit ... 87 Tabellen ; [Bachelor, Master]* (4., überarb). Heidelberg: Springer.

Brehm, J. W. (1966). *A theory of psychological reactance.* New York: Academic Press.

Broadbridge, A., Maxwell, G. & Ogden, S. (2005). Expectations, perceptions and experiences of retail employment for Generation Y. *Career Development International, 12*(6), 523–544.

Bürg, O. (2005). *Akzeptanz von E-Learning in Unternehmen: Die Bedeutung von institutionellen Rahmenbedingungen, Merkmalen des Individuums und Merkmalen der Lernumgebung für die Akzeptanz von E-Learning.* Berlin: Logos-Verlag.

Burkart, R. (2002). *Kommunikationswissenschaft: Grundlagen und Problemfelder* (4. Aufl.). Wien: Böhlau.

Burke, K. & Chidambaram, L. (1999). How much bandwidth is enough?: A longitudinal examination of media characteristics and group outcomes. *MIS Quarterly, 23*(4), 557–580.

Cameron, J. & Pierce, W. D. (1994). Reinforcement, reward, and intrinsic motivation: A meta-analysis. *Review of Educational Research, 64*(3), 363–423.

Carlson, J. R. & George, J. F. (2004). Media appropriateness in den conduct and discovery of deceptive communication: The relative influence of richness and synchronicity. *Group Decision and Negotiation, 2*(13), 191–210.

Cascio, W. F. & Shurygailo, S. (2003). E-Leadership and Virtual Teams. *Organizational Dynamics, 31*(4), 362–376.

Caspi, A., Chajut, E. & Saporta, K. (2008). Participation in class and in online discussions: Gender differences. *Computers and Education, 50,* 718–724.

Cattell, R. B. (1965). *The scientific analysis of personality.* Harmondsworth: Penguin.

Cattell, R. B. (1974). How good is the modern questionnaire?: General principles for evaluation. *Journal of Personality Assessment, 38,* 115–129.

Cattell, R. B. (1995). The fallacy of five factors in the personality sphere. *The Psychologist, 8,* 207–208.

Chalmers, A. F. (2007). *Wege der Wissenschaft: Einführung in die Wissenschaftstheorie* (6., verb). Berlin [u.a.]: Springer.

Cheng, C.-Y., Sanchez-Burks, J. & Lee, F. (2007). *Identity integration and innovation* (Working Paper no. 1070). University of Michigan: Ross School of Business.

Cheng, C.-Y., Sanchez-Burks, J. & Lee, F. (2008). Taking advantage of differences: Increasing team innovation through identity integration. In E. A. Mannix, M. A. Neale, & K. Phillips (Eds.), *Research on managing groups and teams* (S. 55–73). Bingley: Emerald (MCB UP).

Cheng, C.-Y., Sanders, M., Sanchez-Burks, J., Molina, K., Lee, F., Darling, E. & Zhao, Y. (2008). Reaping the rewards of diversity: The role of identity integration. *Social and Personality Psychology Compass, 2*(3), 1182–1198.

Chidambaram, L. & Tung, L. L. (2005). Is Out of Sight, Out of Mind? An Empirical Study of Social Loafing in Technology-Supported Groups. *Information Systems Research, 16*(2), 149–168.

Chudoba, K. M., Wynn, E., Lu, M. & Watson-Manheim, M. B. (2005). How virtual are we? Measuring virtuality and understanding its impact in a global organization. *Information Systems Journal, 15*(4), 279–306.

Cisco Systems, I. (2008). *Unified communications: Use virtual collaboration to improve environmental sustainability.* Cisco Systems, Inc. http://www.cisco.com/en/US/solutions/collateral/ns340/ns394/ns165/ns152/white_paper_c11-459857.pdf[04.05.2012].

Cohen, J. (1992). A power primer. *Psychological Bulletin, 112*(1), 155–159.

Cohen, J. & Cohen, P. (1983). *Applied multiple regression/correlation analysis for the behavioral sciences* (2nd ed.). Hillsdale, NJ: Erlbaum.

Cohen, J., Cohen, P., West, S. G. & Aiken, L. S. (2003). *Applied multiple regression/correlation analysis for the behavioral sciences* (3rd ed.). Mahwah, NJ: Lawrence Erlbaum.

Cohen, S. G. & Gibson, C. B. (2003). In the beginning: Introduction and framework. In C. B. Gibson & S. G. Cohen (Eds.), *Virtual teams that work. Creating conditions for virtual team effectiveness* (1st ed., S. 1–13). San Francisco: Jossey-Bass.

Cohen, S. G. & Ledford, G. E. (1994). The effectiveness of self-managing teams: A quasi-experiment. *Human Relations, 47*, 13–43.

Coppola, N. W., Hiltz, S. R. & Rotter, N. G. (2002). Becoming a Virtual Professor: Pedagogical Roles and Asynchronous Learning Networks. *Journal of Management Information Systems, 18*(4), 169–189.

Cordery, J., Soo, C., Kirkman, B. L., Rosen, B. & Mathieu, J. E. (2009). Leading parallel global virtual teams: Lessons from Alcoa. *Organizational Dynamics, 38*(3), 204–216.

Cortina, J. M. (1993). What is coefficient alpha?: An examination of theory and applications. *Journal of Applied Psychology, 78*, 98–104.

Costa, P. T. & McCrae, R. R. (1985). *The NEO Personality Inventory manual.* Odessa, FL: Psychological Assessment Resources.

Costa, P. T. & McCrae, R. R. (1995). Domains and facets: Hierarchical personality assessment using the Revised NEO Personality Inventory. *Journal of Personality Assessment, 64*, 21–50.

Cramton, C. D. (2001). The Mutual Knowledge Problem and Its Consequences for Dispersed Collaboration. *Organization Science, 12*(3), 346–371.

Crow, I. (2011). Correlation. In V. Jupp (Ed.), *The SAGE dictionary of social research methods* (S. 43–45). London: Sage.

Cummings, L. L. (1965). Organizational climates for creativity. *Academy of Management Journal, 8*(3), 220–227.

Daft, R. L. & Lengel, R. H. (1986). Organizational information requirements, media richness and structural design. *Management Science, 32*(5), 554–571.

Daft, R. L., Lengel, R. H. & Trevino, L. (1987). Message equivocality, media selection, and manager performance: Implications for information systems. *MIS Quarterly, 11*(3), 355–366.

Dalbert, C. (1999). *Die Ungewißheitstoleranzskala: Skaleneigenschaften und Validierungsbefunde. Hallesche Berichte zur pädagogischen Psychologie: Vol. 1.* Halle, Saale.

Dalton, D. R., Daily, C. M., Certo, S. T. & Roengpitya, R. (2003). Meta-analyses of financial performance and equity: Fusion or confusion? *The Academy of Management Journal, 46*(1), 13–26.

Dancey, C. P. & Reidy, J. (2011). *Statistics without maths for psychology* (5th ed.). Harlow, England ;, New York: Prentice Hall/Pearson.

Deci, E. L. & Ryan, R. M. (1985). *Intrinsic motivation and self-determination in human behavior.* New York: Plenum.

Deci, E. L., Koestner, R. & Ryan, R. M. (1999). A meta-analytic review of experiments examining the effects of extrinsic rewards on intrinsic motivation. *Psychological Bulletin, 125*(6), 627–668.

Dekra (2010). *DEKRA Innovationsbarometer 2009/2010: Nachhaltiges Denken und Handeln fördert Dienstleistungsinnovationen.* http://www.dekra.de/de/innovationsbarometer-2010[01.02.2013].

DeLuca, D. & Valacich, J. S. (2006). Virtual teams in and out of synchronicity. *Information Technology & People, 19*(4), 323–344.

Dennis, A. R. & Kinney, S. T. (1998). Testing *Media Richness Theory* in the New Media: Cues, feedback, and task equivocality. *Information Systems Research, 9*(3), 256–274.

Dennis, A. R. & Valacich, J. S. (1999). Rethinking media richness:: Towards a theory of media synchronicity. In IEEE (Ed.), *Proceedings of the 32nd Hawaii International Conference on System Sciences* .

Dennis, A. R., Fuller, R. M. & Valacich, J. S. (2008). Media, tasks, and communication processes: A theory of media synchronicity. *MIS Quarterly, 32*(3), 575–600.

Dennis, A. R., Valacich, J. S., Speier, C. & Morris, M. G. (1998). Beyond media richness: An empirical test of *Media Synchronicity Theory*. In *Proceedings of the Thirty-First Annual Hawaii International Conference on System Sciences* (S. 48–57). IEEE.

DeRosa, D. M., Hantula, D. A., Kock, N. & D'Arcy, J. (2004). Trust and Leadership in Virtual Teamwork: A Media naturalness Perspective. *Human Resource Management, 43*(2-3), 219–232.

DeRosa, D. M., Smith, C. L. & Hantula, D. A. (2007). The medium matters:: Mining the long-promised merit of group interaction in creative idea generation tasks in a meta-analysis of the electronic group brainstorming literature. *Computers in Human Behavior, 23*(1), 1549–1581.

DeSanctis, G. & Poole, S. M. (1994). Capturing the complexity in advanced technology use: Adaptive structuration theory. *Organization Science, 5*(2), 121–147.

Donnellan, M. B., Oswald, F. L., Baird, B. M. & Lucas, R. E. (2006). The Mini-IPIP scales: Tiny-yet-effective measures of the Big Five Factors of personality. *Psychological Assessment, 18*, 192–203.

Dubé, L. & Robey, D. (2009). Surviving the paradoxes of virtual teamwork. *Info Systems Journal, 19*, 3–30.

Duncan, O. D. (1975). *Introduction to structural equation models.* New York: Academic Press.

Eisenberger, R. & Aselage, J. (2009). Incremental effects of reward on experienced performance pressure: Positive outcomes for intrinsic interest and creativity. *Journal of Organizational Behavior, 30*(1), 95–117.

Eisenberger, R., Rhoades, L. & Cameron, J. (1999). Does pay for performance increase or decrease perceived self-determination and intrinsic motivation? *Journal of Personality and Social Psychology, 77*(5), 1026–1040.

Eisner, S. P. (2005). Managing Generation Y. *SAM Advanced Management Journal, 70*(4), 4–15.

Feist, G. J. (1998). A meta-analysis of personality in scientific and artistic creativity. *Personality and Social Psychology Review, 2*(4), 290–309.

Fiedler, F. E. (1967). *A theory of leadership effectiveness.* New York: McGraw-Hill.

Field, A. P. (2005). *Discovering statistics using SPSS* (2nd). London: Sage Publications.

Findlay, C. S. & Lumsden, C. J. (1988). The creative mind: Toward an evolutionary theory of discovery and innovation. *Journal of Social and Biological Structures, 11*(1), 3–55.

Fiol, C. M. & O'Connor, E. J. (2005). Identification in Face-to-Face, Hybrid, and Pure Virtual Teams: Untangling the Contradictions. *Organization Science, 16*(1), 19–32.

Florida, R. (2002). *The rise of the Creative Class: And how It's Transforming Work, Leisure, Community and Everyday Life* (1. Aufl.). New York (NY): Basic Books.

Foti, R. J. & Hauenstein, M. A. (2007). Pattern an variable approaches in leadership emergence and effectiveness. *Journal of Applied Psychology, 92*, 347–355.

Frese, M., Teng, E. & Wijnen, C. J. D. (1999). Helping to improve suggestion systems: Predictors of making suggestions in companies. *Journal of Organizational Behavior, 20*, 1139–1155.

Fromm, E. (1959). The Creative Attitude. In H. H. Anderson (Ed.), *Creativity and its cultivation; addresses presented at the Interdisciplinary Symposia on Creativity, Michigan State University, East Lansing* (S. 44–54). New York: Harper & Row.

Furnham, A. (2008). *Personality and intelligence at work.* Hove: Routledge.

Gagné, M., Koestner, R. & Zuckerman, M. (2000). Facilitating acceptance of organizational change: The importance of self-determination. *Journal of Applied Social Psychology, 30*(9), 1843–1852.

Gallupe, R., Dennis, A. R., Cooper, W., Valacich, J. S., Bastianutti, L. & Nunamaker Jr., J. F. (1992). Electronic brainstorming and group size. *Academy of Management Journal, 35*, 350–369.

Gardner, H. (1983). *Frames of mind: The theory of multiple intelligences.* New York: Basic Books.

Geister, S., Konradt, U. & Hertel, G. (2006). Effects of Process Feedback on Motivation, Satisfaction, and Performance in Virtual Teams. *Small Group Research, 37*(5), 459–489.

George, J. M. (2008). Creativity in organizations. In J. P. Walsh & A. P. Brief (Eds.), *The academy of management annals* (S. 439–477). New York, NY: Taylor & Francis Group/Lawrence Erlbaum Associates.

Getzels, J. W. & Jackson, P. W. (1962). *Creativity and intelligence: Explorations with gifted students.* London: John Wiley.

Gibson, C. B. & Gibbs, J. L. (2006). Unpacking the concept of virtuality: The effects of geographis dispersion, electronic dependence, dynamic structure, and national diversity on team innovation. *Administrative Science Quarterly, 51*(3), 451–495.

Gibson, C. B., & Cohen, S. G. (Hrsg.) (2003). *Virtual teams that work: Creating conditions for virtual team effectiveness* (1st). San Francisco: Jossey-Bass.

Goldberg, L. R. (1990). An alternative "description of personality": the big-five factor structure. *Journal of Personality and Social Psychology, 59*(6), 1216–1229.

Gough, H. G. (1979). A creative personality scale for the adjective check list. *Journal of Personality and Social Psychology, 37*(8), 1398–1405.

Govedarica, K. (2012). Virtuelle Kommunikation: Führungskräfte vermissen den persönlichen Kontakt. *Wirtschaftswoche,* 26.06.2012.

http://www.wiwo.de/erfolg/management/virtuelle-kommunikation-fuehrungs-kraefte-vermissen-den-persoenlichen-kontakt/6800708.html[28.01.2013].

Gramke, K., Fischer, D., Schlesinger, M., & Schüssler, R. (2009). *Arbeitslandschaft 2030: Auswirkungen der Wirtschafts- und Finanzkrise. Eine Studie der Prognos AG, Basel.* http://www.bayme.de/agv/downloads/41822@agv/www.

Griffith, T. L., Sawyer, J. E. & Neale, M. A. (2003). Virtualness and knowledge in teams: Managing the love triangle of organizations, individuals, and information technology. *MIS Quarterly, 27*(2), 265–287.

Guilford, J. P. (1950). Creativity. *American Psychologist, 5*, 444–454.

Guilford, J. P. (1959). Traits of creativity. In H. H. Anderson (Ed.), *Creativity and its cultivation; addresses presented at the Interdisciplinary Symposia on Creativity, Michigan State University, East Lansing* (S. 142–161). New York: Harper & Row.

Guilford, J. P., Christensen, P. R., Frick, J. W. & Merrifield, P. R. (1957). *The Relations of creative-thinking aptitudes to non-aptitude personality traits. The University of Southern California. Reports from the Psychological laboratory, N° 20.*

Hackman, J. R. & Oldham, G. R. (1974). *The Job Diagnostic Survey: An instrument for the diagnosis of jobs and the evaluation of job redesign projects* (Technical Report No. 4). Department of Administrative Science. Yale University.

Hackman, J. R. & Oldham, G. R. (1980). *Work redesign.* Reading, MA: Addison-Wesley.

Harris, M. M. & Schaubroeck, J. (1988). A meta-analysis of self-subervisor, self-peer, and peer-supervisor ratings. *Personnel Psychology, 41*, 43–62.

heise online (2010). *Nach dem Hype: Second Life als Konferenzraum.* http://www.heise.de/newsticker/meldung/Nach-dem-Hype-Second-Life-als-Konferenzraum-937147.html[23.02.2010].

Hennessey, B. A. & Zbikowski, S. (1993). Immunizing children against the negative effects of reward: A further examination of intrinsic motivation techniques. *Creativity Research Journal, 6*, 297–308.

Hennessey, B. A., Amabile, T. M. & Martinage, M. (1989). Immunizing children against the negative effects of reward. *Contemporary Educational Psychology, 14*, 212–227.

Hertel, G., Geister, S. & Konradt, U. (2005). Managing virtual teams: A review of current empirical research. *Human Resource Management Review, 15*(1), 69–95.

Herzberg, F. (1966). *Work and the nature of man.* London: Staples Press.

Hinds, P. J. & Pfeffer, J. (2003). Why organizations don't "know what they know": Cognitive and motivational factors affecting the transfer of expertise. In M. S. Ackerman, V. Pipek, & V. Wulf (Eds.), *Sharing expertise. Beyond knowledge management* (S. 3–26). Cambridge: MIT Press.

Hirsh, R. A. (2010). Creativity: Cultural Capital in the Mathematics Classroom. *Creative Education, 01*(03), 154–161.

Hochfeld, N. & Zülch, J. (2005). Training zur Teamentwicklung in virtuellen Strukturen. In H. Neuendorff & B. Ott (Eds.), *Unternehmensübergreifende Prozesse und ganzheitliche Kompetenzentwicklung* (S. 195–204). Frankfurt am Main: Peter Lang.

Hofbauer, H. & Winkler, B. (2002). *Das Mitarbeitergespräch als Führungsinstrument: Mit Sonderteil „Leistungsorientierte Vergütung".* München: Hanser.

Hofmann, J. (2003). *Besser arbeiten in Netzwerken:: Wie virtuelle Unternehmen Erfolg haben.* Aachen: Shaker.

Hollingworth, L. S. (1926). *Gifted children: Their nature and nurture.* Washington, DC: American Psychological Association.

Howarth, E. & Browne, A. (1971). An item factor analysis of the 16 PF. *Personality and Social Psychology Review, 2,* 117–139.

Institute for Corporate Productivity (2008). *Virtual teams now a reality.* i4cp. http://www.i4cp.com/news/2008/09/04/virtual-teams-now-a-reality[28.01.2013].

Janssen, O. (2001). Fairness perceptions as a moderator in the curvilinear relationships between job demands, and job performance and job satisfaction. *Academy of Management Journal, 44,* 1039–1050.

Jarvenpaa, S. L. & Leidner, D. E. (1999). Communication and trust in global virtual teams. *Organization Science, 10*(6), 791–815.

Jarvenpaa, S. L., Knoll, K. & Leidner, D. E. (1998). Is anybody out there? Antecedents of trust in global virtual teams. *Journal of Management Information Systems, 14,* 29–64.

Jarvenpaa, S. L., Shaw, T. R. & Staples, D. S. (2004). Toward Contextualized Theories of Trust:: The Role of Trust in Global Virtual Teams. *Information Systems Research, 15*(3), 250–267.

Jasper, G., Rohwedder, A. & Schletz, A. (2001). Innovieren mit alternden Belegschaften. In J. Moser (Ed.), *Vom alten Eisen und anderem Ballast.* München: Rainer Hampp.

Johnson, J. W. (2001). The relative importance of task and contextual performance dimensions to supervisor judgments of overall performance. *Journal of Applied Psychology, 86,* 515–530.

Johnson, S. K., Bettenhausen, K. & Gibbons, E. (2009). Realities of Working in Virtual Teams: Affective and Attitudinal Outcomes of Using Computer-Mediated Communication. *Small Group Research, 40*(6), 623–649.

Jonge, A. de & Ruyter, K. de (2004). Adaptive versus proactive behavior in service recovery: The role of self-managing teams. *Decision Sciences, 35,* 457–491.

Kanter, R. M. (1983). *The change masters.* New York: Simon and Schuster.

Kayworth, T. & Leidner, D. E. (2002). The Global Virtual Manager:: A Prescription for Success. *European Management Journal, 15*(2), 183–195.

Kennedy, R. B. & Kennedy, D. A. (2004). Using the Myers-Briggs Type Indicator in career counseling. *Journal of Employment Counseling, 41,* 38–44.

Kerslake, P. (2005). Words from the Ys. *New Zealand Management, 52*(4), 44–46.

Kiesler, S. & Sproul, L. (1992). Group decision making and communication technology. *Organizational Behavior and Human Decision Processes, 52,* 96–123.

Kiesler, S., Siegel, J. & McGuire, T. W. (1984). Social psychological aspects of computer-mediated communication. *American Psychologist, 39,* 1123–1134.

Kirkman, B. L. & Mathieu, J. E. (2005). The Dimensions and Antecedents of Team Virtuality. *Journal of Management, 31*(5), 700–718.

Kirkman, B. L., Rosen, B., Tesluk, P. E. & Gibson, C. B. (2004). The impact of team empowerment on virtual team performance: The moderating role of face-to-face interaction. *Academy of Management Executive, 47*(2), 175–192.

Kline, P. (1999). *The handbook of psychological testing.* London: Routledge.

Koestner, R., Ryan, R. M., Bernieri, F. & Holt, K. (1984). Setting limits on children's behavior: The differential effects of controlling vs. informational styles on intrinsic motivation and creativity. *Journal of Personality, 52*(3), 233–248.

Konradt, U. & Hertel, G. (2002). *Management virtueller Teams: Von der Telearbeit zum virtuellen Unternehmen* (1st ed.). *Management und Karriere.* Weinheim [u.a.]: Beltz.

Köppel, P. (2007). Konflikte und Synergien in multikulturellen Arbeitsgruppen unter der Berücksichtigung virtueller Kooperation. *Zeitschrift für Personalforschung, 21*(4), 491–493.

Kossbiel, H. (1994). Überlegungen zur Effizienz betrieblicher Anreizsysteme. *Die Betriebswirtschaft, 54*(1), 75–93.

Kramer, R. M., & Tyler, T. R. (Hrsg.) (1996). *Trust in organizations: Frontiers of theory and research:* Thousand Oaks, CA: Sage.

Kristensson, P. & Norlander, T. (2003). The Creative Product and the Creative Processes in Virtual Environments. *Creativity and Innovation Management, 12*(1), 32–41.

Kubie, L. S. (1966). *Neurotische Deformation des schöpferischen Prozesses.* Reinbek bei Hamburg: Rowohlt-Taschenbuch-Verl. (Original work published 1958).

Kuhn, T. S. (1976). *Die Struktur wissenschaftlicher Revolutionen.* Frankfurt am Main: Suhrkamp.

Kunz, J. & Quitmann, A. (2011). Der Einfluss von Anreizsystemen auf die intrinsische Motivation. *Zeitschrift für Personalforschung, 25*(1), 55–76.

Landrum, G. N. (1993). *Profiles of genius.* New York: Prometheus.

Latané, B., Williams, K. D. & Harkins, S. (1979). Many hands make light the work: The causes and consequences of social loafing. *Journal of Personality and Social Psychology, 37*(6), 822–832.

Lawler, E. E., III (2003). Pay systems for virtual teams. In C. B. Gibson & S. G. Cohen (Eds.), *Virtual teams that work. Creating conditions for virtual team effectiveness* (1st ed., S. 121–144). San Francisco: Jossey-Bass.

Lechler, T. (2001). Social interaction: A determinant of entrepreneurial team venture success. *Small Business Economics, 16*(4), 263–278.

Leenders, R. T. A., van Engelen, J. M. L. & Kratzer, J. (2003). Virtuality, communication, and new product team creativity: a social network perspective. *Journal of Engineering and Technology Management, 20*(1-2), 69–92.

LePine, J. A., Colquitt, J. A. & Erez, A. (2000). Adaptability to changing task contexts: effects of general cognitive ability, conscientiousness, and openness to experience. *Personnel Psychology, 53*, 563–595.

Lepper, M. R., & Greene, D. (Hrsg.) (1978). *The hidden costs of reward.* Hillsdale, NJ: Lawrence Erlbaum Associates.

Lester, S. W., Meglino, B. M. & Korsgaard, M. A. (2002). The Antecedents and Consequences of Group Potency: A Longitudinal Investigation of Newly Formed Work Groups. *Academy of Management Journal, 45*(2), 352–368.

Lipnack, J. & Stamps, J. (1997). *Virtual teams: Reaching across space, time and organizations with technology* ([Nachdr.]). New York [u.a.]: Wiley.

Lipnack, J. & Stamps, J. (2000). *Virtual teams: People working across boundaries with technology.* New York: John Wiley & Sons.

MacKinnon, D. W. (1962). The nature and nurture of creative talent. *American Psychologist, 17,* 484–495.

Malhotra, A. & Majchrzak, A. (2004). Enabling knowledge creation in far-flung teams: best practices for IT support and knowledge sharing. *Journal of Knowledge Management, 8*(4), 75–88.

Manchen Spörri, S., Springall, L. & Grote, G. (2003). Führung virtueller Teams in der IT-Branche: Neue Herausforderungen an Führung und Kommunikation. *Wirtschaftspsychologie, 1/2003,* 209–213.

Mannix, E. A., Griffith, T. L. & Neale, M. A. (2002). The Phenomenology of Conflict in Distributed Work Teams. In P. J. Hinds & S. Kiesler (Eds.), *Distributed work* (S. 209–231). Cambridge, Mass: MIT Press.

Martens, R. L., Gulikers, J. & Bastiaens, T. (2004). The impact of intrinsic motivation on e-learning in authentic computer tasks. *Journal of Computer Assisted Learning, 20,* 368–376.

Martins, L. L., Gilson, L. L. & Maynard, M. T. (2004). Virtual Teams: What Do We Know and Where Do We Go From Here? *Journal of Management, 30*(6), 805–835.

Maruping, L. M. & Agarwal, R. (2004). Managing Team Interpersonal Processes Through Technology:: A Task–Technology Fit Perspective. *Journal of Applied Psychology, 89*(6), 975–990.

Maslow, A. H. (1943). A theory of human motivation. *Psychological Review, 50,* 370–396.

Maslow, A. H. (1956). Defense and growth. *Merril-Palmer Quarterly, 3,* 36–47.

Mayer, B., Pfeiffer, T. & Reichel, A. (2005). Zu Anforderungen und Ausgestaltungsprinzipien von Anreizsystemen aus agencytheoretischer Sicht. *Betriebswirtschaftliche Forschung und Praxis, 57,* 12–29.

Maznevski, M. L. & Chudoba, K. M. (2000). Bridging Space over Time:: Global Virtual Team Dynamics and Effectiveness. *Organization Science, 11*(5), 473–792.

McCrae, R. R. & Costa, P. T. (1997). Personality trait structure as a human universal. *American Psychologist, 52,* 509–516.

McCrae, R. R. & Terracciano, A. (2005). Universal features of personality traits form the observer's perspective: Data from fifty cultures. *Journal of Personality and Social Psychology, 88,* 547–561.

McGraw, K. (1978). The detrimental effects of reward on performance: A literature review and a prediction model. In M. R. Lepper & D. Greene (Eds.), *The hidden costs of reward.* Hillsdale, NJ: Lawrence Erlbaum Associates.

McGuire, J., Dow, S. & Argheyd, K. (2003). CEO incentives and corporate social performance. *Journal of Business Ethics, 45*(4), 341–359.

McKenna, E. (2012). *Business Psychology and Organizational Behaviour* (5th ed.). Hove: Psychology Press.

Mednick, S. A. (1962). The associative basis of the creative process. *Psychological Review, 69*(3), 220–232.

Mennecke, B. E., Valacich, J. S. & Wheeler, B. C. (2000). The Effects of Media and Task on User Performance:: A Test of the Task-Media Fit Hypothesis. *Group Decision and Negotiation, 9*(1), 507–529.

Meyerson, D., Weick, K. E. & Kramer, R. M. (1996). Swift trust and temporary groups. In R. M. Kramer & T. R. Tyler (Eds.), *Trust in organizations: Frontiers of theory and research* (S. 166–195). Thousand Oaks, CA: Sage.

Millikan, R. A. (1924). *The electron and the light-quant from the experimental point of view.* Nobel Lecture, May 23, 1924.

Mockaitis, A. I., Rose, E. L. & Zettinig, P. (2009). The determinants of trust in multicultural global virtual teams. In Academy of Management (Ed.), *Academy of Management Best Paper Proceedings.* Chicago, IL.

Moll, A. (2006). *Motivation, Zufriedenheit und Leistung bei Unternehmensberatern: Eine empirische Analyse der Zusammenhänge auf Basis des Job Characteristics Model.* Neubiberg.

Montoya-Weiss, M. M., Massey, A. P. & Song, M. (2001). Getting it together: Temporal coordination and conflict management in global virtual teams. *Academy of Management Journal, 44*(6), 1251–1262.

Morton, L. P. (2002). Targeting Generation Y. *Public Relations Quarterly, 47*(2), 46–48.

Mount, M. K., Barrick, M. R. & Strauss, J. P. (1994). Validity of observer ratings of the Big Five personality factors. *Journal of Applied Psychology, 79*, 272.

Muethel, M., Siebdrat, F. & Hoegl, M. (2009). Perceived trustworthiness in innovation teams and the moderating effect of virtuality. In Academy of Management (Ed.), *Academy of Management Best Paper Proceedings.* Chicago, IL.

Müller-Prothmann, T. & Dörr, N. (2009). *Innovationsmanagement: Strategien, Methoden und Werkzeuge für systematische Innovationsprozesse.* München: Hanser.

Münzer, S. & Holmer, T. (2009). Bridging the gap between Media Synchronicity and task performance: effects of media characteristics on process variables and task performance indicators in an information pooling task. *Communication Research, 36*(1), 76–103.

Murthy, U. S. & Kerr, D. S. (2003). Decision making performance of interacting groups: an experimental investigation of task type and communication mode. *Information & Management, 40*(1), 351–360.

Nerdinger, F. W., Blickle, G. & Schaper, N. (2008). *Arbeits- und Organisationspsychologie: Mit 32 Tabellen ; [Bachelor, Master]. Springer-Lehrbuch.* Heidelberg: Springer.

Newell, A. & Simon, H. (1979). *Human problem solving.* Englewood Cliffs/N.J.: Prentice-Hall.

Ng, T. W. H. & Feldman, D. C. (2009). How broadly does education contribute to job performance? *Personnel Psychology, 62*, 89–134.

Ngwenyama, O. & Lee, A. S. (1997). Communication richness in electronic mail: Critical social theory and contextuality of meaning. *MIS Quarterly, 21*(2), 145–167.

o. V. (2003). *Collins English Dictionary.* London: Harper Collins.

o. V. (2008). Virtuelle Teams: Entfernung spielt keine Rolle. *Focus Online,* 23.03.2008. http://www.focus.de/karriere/management/tid-9323/virtuelle-teams_aid_266495.html[28.01.2013].

O'Leary, M. & Cummings, J. N. (2007). The spatial, temporal, and configurational characteristics of geographic dispersion in work teams. *MIS Quarterly, 31*, 433–452.

Ocker, R. J. (2005). Influences on creativity in asynchronous virtual teams: A qualitative analysis of experimental teams. *IEEE Transactions on Professional Communication, 48*(1), 22–39.

Offelmann, N. & Zülch, J. (2006). Was ist an virtuellen Teams anders? In J. Zülch, L. Barrantes, & S. Steinheuser (Eds.), *Springer-11775 /Dig. Serial]. Unternehmensführung in dynamischen Netzwerken. Erfolgreiche Konzepte aus der Life-Science-Branche* (S. 117–130). Berlin, Heidelberg: Springer-Verlag Berlin Heidelberg.

O'Hara-Devereaux, M. & Johansen, R. (1994). *Global word: Bridging distance, clulture, and time.* San Francisco: Jossey-Bass.

Ohly, S., Sonnentag, S. & Pluntke, F. (2006). Routinization, work characteristics, and their relationships with creative and proactive behaviors. *Journal of Organizational Behavior, 27*, 257–279.

Oldham, G. R. (2003). Stimulating and supporting creativity in organizations. In S. E. Jackson, M. A. Hitt, & A. S. DeNisi (Eds.), *Managing knowledge for sustained competitive advantage* (S. 243–273). New York: Jossey-Bass.

Oldham, G. R. & Cummings, A. (1996). Employee creativity: Personal and contextual factors at work. *Academy of Management Journal, 39*(3), 607–634.

Oldham, G. R., Hackman, J. R. & Pearce, J. L. (1976). Conditions under which employees respond positively to enriched work. *Journal of Applied Psychology, 61*, 395–403.

Olson, G. M. & Olson, J. S. (2000). Distance matters. *Human Computer Interaction, 15*, 139–178.

Ones, D. S., Viswesvaran, C. & Dilchert, S. (2005). Personality at work: Raising awareness and correcting misconceptions. *Human Performance, 18*(4), 389–404.

Orlikowski, B. (2002). *Management virtueller Teams: Der Einfluss der Führung auf den Erfolg* (1. Aufl). *Betriebswirtschaftliche Aspekte lose gekoppelter Systeme und Electronic Business.* Wiesbaden: Dt. Univ.-Verl.

Paulus, P. B. (2008). Fostering creativity in groups and teams. In J. Zhou & C. E. Shalley (Eds.), *Handbook of organizational creativity* (S. 165–188). New York, NY: Erlbaum.

Peck, D. & Whitlow, D. (1975). *Approaches to personality theory.* London: Methuen.

Perlow, L. A. (1997). *Finding time: How corporations, individuals, and families can benefit from new work practices.* Ithaca, N.Y: ILR Press.

Peters, L. & Karren, R. J. (2009). An examination of the roles of trust and functional diversity on virtual team performance ratings. *Group & Organization Management, 34*(4), 479–504.

Piazza, K. (2006). Chefsaläre: Transparenz der Toplöhne nimmt zu. *Handelszeitung,* 23.05.2006. http://www.schweizerbank.ch/de/artikelanzeige/artikelanzeige.asp?pkBerichtNr=124055[01.02.2013].

Piccoli, G. & Ives, B. (2003). Trust and the unintended effects of behavior control in virtual teams. *MIS Quarterly, 27,* 365–395.

Pinsonneault, A., Barki, H., Gallupe, B. & Hoppen, N. (1999). Electronic Brainstorming:: The Illusion of Productivity. *Information Systems Research, 10*(2), 110–134.

Pittenger, D. J. (2005). Cautionary comments regarding the Myers-Briggs Type Indicator. *Consulting Psychology Journal: Practice and Research, 57,* 210–221.

Podsakoff, P. M. & Organ, D. W. (1986). Self-reports in organizational research: Problems and prospects. *Journal of Management, 12*(4), 531–544.

Popper, K. R. (1994). *Logik der Forschung* (10., verb. und verm). Tübingen: Mohr.

Preckel, F., Holling, H. & Wiese, M. (2006). Relationship of intelligence and creativity in gifted and non-gifted students: An investigation of threshold theory. *Personality and Individual Differences, 40*(1), 159–170.

Prendergast, C. (1999). The provision of incentives in firms. *Journal of Economic Literature, 37*(1), 7–63.

Proctor, T. (2010). *Creative problem solving for managers: Developing skills for decision making and innovation.* Oxford: Routledge.

Puccio, G. H., & Murdock, M. C. (Hrsg.) (1999). *Creativity assessment: Readings and resources.* Buffalo, NY: Creative Education Foundation.

Rammstedt, B. & John, O. P. (2005). Kurzversion des Big Five Inventory (BFI-K): Entwicklung und validierung eines ökonomischen Inventars zur Erfassung der fünf Faktoren der Persönlichkeit. *Diagnostica, 51*(4), 195–206.

Rhodes, M. (1961). An analysis of creativity. *The Phi Delta Kappan, 42*(7), 305–310.

Rindermann, H. & Neubauer, A. C. (2004). Processing speed, intelligence, creativity, and school performance: Testing of causal hypotheses using structural equation models. *Intelligence, 32,* 573–589.

Robbins, S. P., Judge, T. & Campbell, T. (2010). *Organisational behaviour* (1st European ed. /). Harlow: Financial Times Prentice Hall.

Robert, L. P., Dennis, A. R. & Hung, Y.-T. (2009). Individual swift trust and knowledge-based trust in face-to-face and virtual team members. *Journal of Management Information Systems, 26*(2), 241–279.

Robertson, I. T. (1998). Personality and organizational behaviour. *Selection and Development Review, 14,* 11–15.

Rogers, C. R. (1959). Toward a theory of creativity. In H. H. Anderson (Ed.), *Creativity and its cultivation; addresses presented at the Interdisciplinary Symposia on Creativity, Michigan State University, East Lansing* (S. 69–82). New York: Harper & Row.

Rosenstiel, L. von (2007). *Grundlagen der Organisationspsychologie* (6., überarb). Stuttgart: Schäffer-Poeschel.

Rost, K. & Osterloh, M. (2007). *Management fashion pay-for-performance* (Working Paper). University of Zurich, IOU Institute for Organization and Administrative Science. http://ssrn.com/abstract=1028753[29.01.2013].

Ryan, R. M. & Deci, E. L. (2000). Intrinsic and extrinsic motivations: Classic definitions and new directions. *Contemporary Educational Psychology, 25*, 54–67.

Ryan, R. M. & La Guardia, J. G. (2000). What is being optimized?: Self-determination theory and basic psychological needs. In S. H. Qualls & N. Abeles (Eds.), *Psychology and the aging revolution: How we adapt to longer life* (S. 145–172). Washington, DC, US: American Psychological Association.

Sackmann, S. A. (1992). Culture and subcultures: An analysis of organizational knowledge. *Administrative Science Quarterly, 37*, 140–161.

Sackmann, S. A. (2003). Technikakzeptanz durch Nutzerintegration: Eine Stellungnahme aus Sicht der Organisationspsychologie. In S. Giesecke (Ed.), *Interdisziplinäre Innovations- und Technikanalyse: Vol. 1. Technikakzeptanz durch Nutzerintegration? Beiträge zur Innovations- und Technikanalyse* (S. 137–147). Teltow: VDI/VDE-Technologiezentrum Informationstechnik GmbH.

Sackmann, S. A. (2007). *Unternehmenskultur: Erkennen, entwickeln, verändern.* München: Eigenverlag.

Sackmann, S. A. & Klaus, N. B. (2012). Creativity. In M. Marvel & J. G. Golson (Eds.), *Encyclopedia of New Venture Management* (S. 92–95). Thousand Oaks: Sage Publications.

Salt, B. (2007). *Jenseits der Babyboomer: der Aufstieg der Generation Y: Chancen und Herausforderungen für die Investmentbranche.* http://www.kpmg.de/docs/Generation_Y.pdf[06.02.2013].

Sauermann, H. & Cohen, W. M. (2008). *What makes them tick?: Employee motives and firm innovation* (Working Paper No. 14443). Cambridge, Mass: National Bureau of Economic Research. http://www.nber.org/papers/w14443.

Schiller, S. Z. & Mandviwalla, M. (2007). Virtual team research: An analysis of theory use and a framework for theory appropriation. *Small Group Research, 38*(1), 12–59.

Schirmacher, W. (2002). Der Virtuelle Mensch - Ein Trans ohne Eigenschaften? In J. Albertz (Ed.), *Anthropologie der Medien: Mensch und Kommunikationstechnologien: Vol. 20* (S. 161–172). Schriftenreihe der Freien Akademie.

Schneider, R. J. & Hough, L. M. (1995). Personality and industrial/organizational psychology. In C. L. Cooper & I. T. Robertson (Eds.), *International review of industrial and organizational psychology* (S. 75–130). Chichester: Wiley.

Schnell, R., Hill, P. B. & Esser, E. (1992). *Methoden der empirischen Sozialforschung* (3. uberarb. and erw). München ;, Wien: R. Oldenbourg.

Scholz, C. (2001). Virtuelle Teams mit darwiportunistischer Tendenz: Der Dorothy-Effekt. *Zeitschrift für Organisationsentwicklung, 20*(4), 20–29.

Schumpeter, J. A. (1997). *Theorie der wirtschaftlichen Entwicklung: Eine Untersuchung über Unternehmergewinn, Kapital, Kredit, Zins und den Konjunkturzyklus* (9. Aufl., unveränd. Nachdr.). Berlin: Duncker und Humblot.

Schumpeter, J. A. (2005). *Kapitalismus, Sozialismus und Demokratie* (8., unveränd). Tübingen [u.a.]: Francke.

Schuster, K. (2013). *Akzeptanz organisationaler Veränderungen: Eine experimentelle Studie zur Implementierung variabler Vergütung und ihrer Wirkung.* Lohmar, Eul-Verlag.

Schwartz, B. (1990). The creation and destruction of value. *American Psychologist, 45,* 7–15.

Shalley, C. E. (1995). Effects of Coaction, Expected Evaluation, and Goal Setting on Creativity and Productivity. *The Academy of Management Journal, 38*(2), 483–503.

Shalley, C. E. & Perry-Smith, J. E. (2001). Effects of social-psychological factors on creative performance: The role of informational and controlling expected evaluation and modeling experience. *Organizational Behavior and Human Decision Processes, 84*(1), 1–22.

Shalley, C. E., Zhou, J. & Oldham, G. R. (2004). The Effects of Personal and Contextual Characteristics on Creativity: Where Should We Go from Here? *Journal of Management, 30*(6), 933–958.

Short, J., Williams, E. A. & Christie, B. (1976). *The social psychology of telecommunications.* London: Wiley.

Simon, A. F. (2006). Computer-mediated communication: Task performance and satisfaction. *Journal of Social Psychology, 146*(3), 349–379.

Simon, H. (1967). Understanding creativity. In C. Gowan, G. D. Demons, & E. P. Torrance (Eds.), *Creativity. Its educational implications.* New York: Wiley.

Spears, R., Postmes, T., Lea, M. & Wolbert, A. (2002). The power of influence and the influence of power in virtual groups: A SIDE look at CMC and the Internet. *The Journal of Social Issues, 58,* 91–108.

Specht, J. & Schmukle, S. C. (2011). Stability and change of personality across the life course: The impact of age and major life events on mean-level and rank-order stability of the Big Five. *Journal of Personality and Social Psychology, 101,* 862–882.

Stein, M. I. (1974). *Stimulating Creativity* (Vol. 1). New York: Academic Press.

Sternberg, R. J. (1982). *Handbook of human intelligence.* Cambridge, NY: Cambridge University Press.

Sternberg, R. J. (1999). The theory of successful intelligence. *Review of General Psychology, 3*(4), 292–316.

Sternberg, R. J. (2003). A broad view of intelligence: The theory of successful intelligence. *Consulting Psychology Journal: Practice and Research, 55*(3), 139–154.

Stone-Romero, E. F. & Rosopa, P. J. (2010). Research design options for testing mediation models and their implications for facets of validity. *Journal of Managerial Psychology, 25*(7), 697–712.

Sulzbacher, M. (2003). *Virtuelle Teams: Eine Möglichkeit, komplexe Aufgaben über Raum, Zeit und Organisationsgrenzen hinweg effektiv zu meistern?* Marburg: Tectum Verlag.

Tang, S. H. & Hall, V. C. (1995). The overjustification effect: A meta-analysis. *Applied Cognitive Psychology, 9,* 365–404.

Terman, L. (1954). The discovery and encouragement of exceptional talent. *American Psychologist, 9*(6), 221–230.

Terpitz, K. (2007). Virtuelle Teams: "Hello Muelheim, Orlando calling...". *Handelsblatt Online,* 26.11.2007. http://www.handelsblatt.com/unternehmen/strategie/hello-muelheim-orlando-calling;1353289[28.01.2013].

Thatcher, S. M. B. & Greer, L. L. (2008). Does it really matter if you recognize who I am?: The implications of identity comprehension for individuals in work teams. *Journal of Management, 34*(1), 5–24.

Toothaker, L. E. (1993). *Multiple comparison procedures. Quantitative Applications in the Social Sciences: Vol. 89.* Newbury Park, Calif.: Sage.

Tosi, H. L., Katz, K. P. & Gomez-Mejia, L. R. (1997). Disaggregating the agency contract: Effects of monitoring, incentive alignment, and term in office on agent decision making. *Academy of Management Journal, 40*(3), 584–602.

Tosi, H. L., Werner, S., Katz, J. P. & Gomez-Mejia, L. R. (2000). How much does performance matter?: A meta-analysis of CEO pays studies. *Journal of Management, 26*(2), 301–339.

Townsend, A. M., Demarie, S. M. & Henrickson, A. R. (1998). Virtual teams: technology and the workspace of the future. *Academy of Management Executive, 12*(3), 17–29.

Trevino, L. K., Lengel, R. H., Bodensteiner, W., Gerloff, E. & Muir, N. K. (1990). The richness imperative and cognitive style: The role of individual differences in media choice behavior. *Management Communication Quarterly, 4*(2), 176–197.

Tuska, C. D. (1957). *Inventors and inventions.* New York: McGraw-Hill.

Tyler, J. R. & Tang, J. C. (2003). When can I expect an email response?: A study of rhythms in email usage. In K. Kuutti, E. H. Karsten, G. Fitzpatrick, P. Dourish, & K. Schmidt (Eds.), *Proceedings of the eighth conference on European Conference on Computer Supported Cooperative Work* (S. 239–258). Norwell: Kluwer Academic Publishers.

Vacha-Haase, T. & Thompson, B. (2004). How to Estimate and Interpret Various Effect Sizes. *Journal of Counseling Psychology, 51*(4), 473–481.

Valacich, J. S., Dennis, A. R. & Connolly, T. (1994). Idea generation in computer based groups: A new ending to an old story. *Organizational Behavior and Human Decision Processes, 57*, 448–467.

van de Ven, A. H. (1986). Central problems in the management of innovation. *Management Science, 32*, 590–607.

Vancouver, J. B. & Kendall, L. N. (2006). When self-efficacy negatively relates to motivation and performance in a learning context. *Journal of Applied Psychology, 91*(5), 1146–1153.

Walther, J. B. (1992). Interpersonal effects in computer-mediated interaction: A relational perspective. *Communication Research, 19*, 52–90.

Warkentin, M. & Beranek, P. M. (1999). Training to improve virtual team communication. *Information Systems Journal, 9*(1), 271–289.

Wasson, C. (2004). Multitasking During Virtual Meetings. *Human Resource Planning, 27*(4), 47–61.

Wechsler, D., Bondy, C., Hardesty, A., Hoyos, K., Lauber, H. & Riegel, K. (1961). *Die Messung der Intelligenz Erwachsener (The measurement of adult intelligence, dt.-Übertr. v. Klaus Riegel u. Karl Graf Hoyos.).* Bern: Huber.

Weibel, A., Rost, K. & Osterloh, M. *Crowding-Out of intrinsic motivation: Opening the black box* (Working Paper). http://papers.ssrn.com/abstract=957770[29.01.2013].

West, M. A. & Anderson, N. R. (1996). Innovation in top management teams. *Journal of Applied Psychology, 81*, 680–693.

Winter, S. (1997). Möglichkeiten der Gestaltung von Anreizsystemen für Führungskräfte. *Die Betriebswirtschaft, 57*(5), 615–629.

Woodman, R. W., Sawyer, J. E. & Griffin, R. W. (1993). Toward a Theory of Organizational Creativity. *The Academy of Management Review, 18*(2), 293–321.

Wright, D. S., Taylor, A., Davies, D. R., Sluckin, W., Lee, S. G. M., Reason, J. T., et al. (1970). *Introducing psychology: An experimental approach.* London: Penguin.

Wüthrich, H. A. & Philipp, A. F. (1998). Virtuelle Unternehmensnetzwerke: Agilität als Alternative zur "Unternehmensgröße"? *Management Zeitschrift io, 67*(11), 38–42.

Wüthrich, H. A. & Philipp, A. F. (2001). Temporalisierung von Unternehmensgrenzen: Effekte und Implikationen eines grenzenlosen (Welt)Wirtschaftens. In H. A. Wüthrich, W. B. Winter, & A. F. Philipp (Eds.), *Grenzen ökonomischen Denkens. Auf den Spuren einer dominanten Logik* (S. 413–433). Wiesbaden: Gabler.

Zakaria, N., Amelinckx, A. & Wilemon, D. (2004). Working Together Apart?: Building a Knowledge-Sharing Culture for Global Virtual Teams. *Creativity and Innovation Management, 13*(1), 15–29.

Ziegler, R., Diehl, M. & Zijlstra, G. (2000). Idea Production in Nominal and Virtual Groups: Does Computer-Mediated Communication Improve Group Brainstorming? *Group Processes & Intergroup Relations, 3*(2), 141–158.

Zigurs, I. (2003). Leadership in Virtual Teams?: Oxymoron or opportunity? *Organizational Dynamics, 31*(4), 339–351.

Zingheim, P. K. & Schuster, J. R. (1997). Best practices for small-team pay. *ACA Journal, 6*(1), 40–49.

Zülch, J., Barrantes, L., & Steinheuser, S. (Hrsg.) (2006). *Springer-11775 /Dig. Serial]. Unternehmensführung in dynamischen Netzwerken: Erfolgreiche Konzepte aus der Life-Science-Branche.* Berlin, Heidelberg: Springer-Verlag Berlin Heidelberg.